21世纪高等学校电子商务专业规划教材

李春葆 蒋林 陈良臣 喻丹丹 曾平 编著

数据仓库与数据挖掘应用教程

清华大学出版社

北京

内 容 简 介

本书以 SQL Server 分析服务为环境介绍数据仓库和数据挖掘应用技术,包括数据仓库和数据挖掘概述、OLAP 和多维数据模型、数据仓库设计和 SQL Server 数据仓库开发实例、关联分析算法、决策树分类算法、贝叶斯分类算法、神经网络算法、回归分析算法、时间序列分析和聚类算法。

本书内容翔实,循序渐进地介绍各个知识点,并提供全面而丰富的教学资源,可作为各类高等院校计算机及相关专业"数据仓库和数据挖掘应用技术"和"SQL Server 高级应用"课程的教学用书,也适合计算机应用人员和计算机爱好者参考。

图书在版编目(CIP)数据

数据仓库与数据挖掘应用教程/李春葆等编著. —北京:清华大学出版社,2016(2024.2重印)
(21 世纪高等学校电子商务专业规划教材)
ISBN 978-7-302-43077-3

Ⅰ. ①数… Ⅱ. ①李… Ⅲ. ①数据库系统—教材 ②数据采集—教材 Ⅳ. ①TP311.13②TP274

中国版本图书馆 CIP 数据核字(2016)第 034105 号

责任编辑:魏江江 薛 阳
封面设计:常雪影
责任校对:时翠兰
责任印制:杨 艳

出版发行:清华大学出版社
      网   址:https://www.tup.com.cn,https://www.wqxuetang.com
      地   址:北京清华大学学研大厦 A 座   邮   编:100084
      社 总 机:010-83470000   邮   购:010-62786544
      投稿与读者服务:010-62776969,c-service@tup.tsinghua.edu.cn
      质量反馈:010-62772015,zhiliang@tup.tsinghua.edu.cn
      课件下载:https://www.tup.com.cn,010-83470236
印 装 者:三河市铭诚印务有限公司
经   销:全国新华书店
开   本:185mm×260mm   印   张:20   字   数:509 千字
版   次:2016 年 10 月第 1 版   印   次:2024 年 2 月第 13 次印刷
印   数:13901~15400
定   价:39.50 元

产品编号:067892-01

出 版 说 明

　　电子商务是以信息网络技术为手段,以商品交换为中心的商务活动,是"互联网＋"的杰作之一。特别是在 2015 年年初的政府工作报告中,李克强总理首次提出"制定'互联网＋'行动计划",极大地推进了电子商务在我国的蓬勃发展,改造和影响着众多传统行业。电子商务系统是保证以电子商务为基础的网上交易实现的体系。

　　电子商务应用的快速发展,需要大量的专业技术人员,据专家测算,未来 10 年我国电子商务人才缺口将达到 200 万。为了加快电子商务系统人才培养,我们以国家卓越工程师计划为契机规划并出版本系列教材。

　　电子商务网站是电子商务系统的核心,电子商务网站开发涉及多方面的技术。本系列教材以 Visual Studio 为开发环境,以案例为向导,全面介绍电子商务网站的开发技术,涵盖的教程如下:

- C♯语言与数据库技术基础教程
- 电子商务网站开发教程
- 数据仓库与数据挖掘应用教程

　　本系列教材具有专业培养定位清晰、可操作性强的特点。《C♯语言与数据库技术基础》从零基础开始,循序渐进地介绍 C♯语言的基本语法、面向对象编程、Windows 窗体应用程序设计、SQL Server 数据库操作、C♯访问数据库方法以及 Windows 界面的电子商务系统开发技术。《电子商务网站开发教程》以 ASP. NET 为背景,介绍动态网站的开发技术。《数据仓库与数据挖掘应用教程》介绍数据仓库数据和电子商务数据分析技术。

　　教程中涉及的相关案例如下。

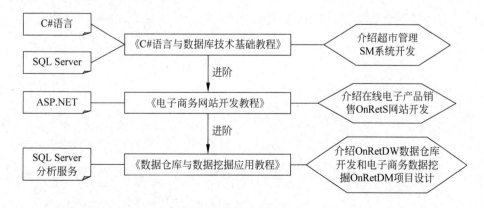

本系列教材是武汉大学计算机学院和解放军理工大学在探索电子商务人才培养并结合国家卓越工程师计划的教学实践,总结和提炼的教学成果。教学改革是教育工作永恒不变的主题,也是需要不断探索的课题,需要不断地努力实践和完善。本系列教材虽然经过细致的编写与校订,仍然难免有疏漏和不足之处,需要不断地补充、修订和完善,我们热情欢迎使用本系列教材的教师、学生和读者朋友提出宝贵意见和建议,使之更臻成熟。

　　　　　　　　　　"21世纪高等学校电子商务专业规划教材"编委会

前　　言

数据仓库是企业决策支持系统和联机分析处理(OLAP)的结构化数据环境,具有面向主题、集成性、稳定性和随时间变化的(时变性)的特征。数据挖掘(Data Mining)是从大量的、有噪声的、不完全的数据中提取隐含的、人们事先未知的有用知识和信息的过程。数据仓库和数据挖掘是电子商务数据分析的有效手段。本书讨论数据仓库和数据挖掘应用的相关技术,其内容组织如下。

第 1 章为数据仓库和数据挖掘概述,介绍数据仓库的特征、数据仓库系统及开发工具、商业智能和数据仓库的关系、数据挖掘的定义和数据挖掘过程。

第 2 章为 OLAP 和多维数据模型,介绍 OLAP 定义和特性、多维数据模型和数据仓库的维度建模。

第 3 章为数据仓库设计,介绍数据仓库规划与需求分析、数据仓库建模、数据仓库物理模型设计和数据仓库部署与维护。

第 4 章为 SQL Server 数据仓库开发实例,介绍一个基于在线电子产品销售数据的 OnRetDW 数据仓库的设计过程,包括需求分析、建模、数据抽取工具设计等。

第 5 章为关联分析算法,介绍关联分析的相关概念、Apriori 算法、SQL Server 挖掘关联规则方法和电子商务数据的关联规则挖掘过程。

第 6 章为决策树分类算法,介绍基本分类步骤、决策树分类、SQL Server 决策树分类方法和电子商务数据的决策树分类过程。

第 7 章为贝叶斯分类算法,介绍贝叶斯公式、朴素贝叶斯分类原理、SQL Server 朴素贝叶斯分类方法和电子商务数据的贝叶斯分类过程。

第 8 章为神经网络算法,介绍人工神经网络相关概念、用于分类的前馈神经网络、SQL Server 神经网络分类方法和电子商务数据的神经网络分类过程。

第 9 章为回归分析算法,介绍回归分析相关概念、线性回归分析、非线性回归分析、逻辑回归分析方法和电子商务数据的逻辑回归分析过程。

第 10 章为时间序列分析,介绍时间序列分析相关概念、确定性时间序列分析、随机时间序列模型、SQL Server 时间序列分析方法和电子商务数据的时间序列分析过程。

第 11 章为聚类算法,介绍聚类相关概念、k-均值算法及其应用、EM 算法及其应用、电子商务数据的聚类分析过程以及 Microsoft 顺序分析和聚类分析算法。

书中提供了大量的练习题和上机实验题供读者选用,附录 A 给出了部分练习题参考答案,附录 B 给出了所有上机实验题参考答案,附录 C 给出了书中数据库和包含的数据表。其中带"＊"部分为选修内容。

本书紧扣数据仓库和数据挖掘开发所需要的知识、技能和素质要求,以技术应用能力培养为主线构建教材内容,具有以下特色:

☑ 内容全面、知识点翔实:在内容讲授上力求翔实和全面,细致解析每个知识点和各知识点的联系。

☑ 条理清晰、讲解透彻:从介绍数据仓库和数据挖掘的基本概念出发,由简单到复杂,循序渐进介绍数据仓库和数据挖掘系统的开发过程。

☑ 精选实例、实用性强:列举了大量的应用示例,读者通过上机模仿可以大大提高使用应用系统开发能力。

☑ 配套教学资源丰富:提供了教学 PPT、书中所有示例代码、相关数据库文件和 ETL 源程序,便于读者打开和调试。配套的教学资源可以从清华大学出版社网站下载。

本教材的编写工作得到武汉大学教务部教改项目的资助,解放军理工大学和清华大学出版社给予了大力支持,连续多届选课的同学提出了许多宝贵的建议,编者在此表示衷心感谢。

编　者

2016 年 4 月

目　　录

第1章　数据仓库和数据挖掘概述

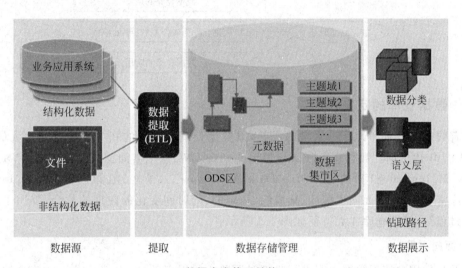

数据源　　　　提取　　　　数据存储管理　　　　数据展示

数据仓库体系结构

本章指南

1.1　数据仓库概述

知识梳理

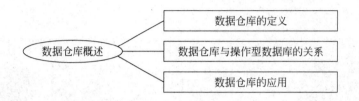

1.1.1　数据仓库的定义

随着数据库技术和计算机网络的成熟，以数据处理为基础的相关技术得到巨大的发展。20 世纪 80 年代中期，"数据仓库"(Data Warehouse，DW)这个名词首次出现在号称"数据仓库之父"W. H. Inmon(恩门)的 *Building Data Warehouse* 一书中。在该书中，W. H. Inmon 把数据仓库定义为"一个面向主题的、集成的、稳定的、随时间变化的数据的集合，以用于支持管理决策过程"。数据仓库 4 大特征如图 1.1 所示。

1. 面向主题

主题是指用户使用数据仓库进行决策时所关心的重点领域，也就是在一个较高的管理层次上对信息系统的数据按照某一具体的管理对象进行综合、归类所形成的分析对象。例如，某保险公司有人寿保险和财产保险两类业务，构建有人寿保险和财产保险两个管理信息系统，如果要对所有顾客进行分析，需要构建面向顾客主题的数据仓库；如果要对所有保单进行分析，需要构建面向保单主题的数据仓库；如果要对所有保费进行分析，需要构建面向保费主题的数据仓库，如图 1.2 所示。

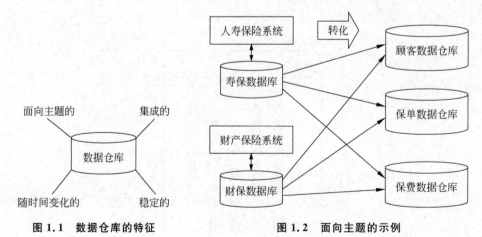

图 1.1　数据仓库的特征　　　　　　图 1.2　面向主题的示例

从数据组织的角度看，主题是一些数据集合，这些数据集合对分析对象做了比较完整的、一致的描述，这种描述不仅涉及数据自身，而且涉及数据之间的关系。面向主题的数据组织方式，就是在较高层次上对分析对象的数据的一个完整、一致的描述，能完整、统一地刻画各个分析对象所涉及的企业的各项数据,以及数据之间的联系。

操作型数据库(如人寿保险数据管理系统)中的数据针对事务处理任务(如处理某顾客的人寿保险),各个业务系统之间各自分离,而数据仓库中的数据是按照一定的主题进行组织的。

面向主题组织的数据具有以下特点:

(1) 各个主题有完整、一致的内容以便在此基础上做分析处理。

(2) 主题之间有重叠的内容,反映主题间的联系。重叠是逻辑上的,不是物理上的。

(3) 各主题的综合方式存在不同。

(4) 主题域应该具有独立性(数据是否属于该主题有明确的界限)和完备性(对该主题进行分析所涉及的内容均要在主题域内)。

2. 集成性

数据仓库中存储的数据一般从企业原来已建立的数据库系统中提取出来,但并不是原有数据的简单拷贝,而是经过了抽取、筛选、清理、转换、综合等工作得到的数据。例如,某顾客数据仓库中的数据是从应用 A、B、C 中集成的,则需要将性别数据统一转换成 m、f,如图 1.3 所示。

原有数据库系统记录的是每一项业务处理的流水账,这些数据不适合于分析处理。在进入数据仓库之前必须经过综合、计算,同时抛弃一些分析处理不需要的数据项,必要时还要增加一些可能涉及的外部数据。

数据仓库每一个主题所对应的源数据在源分散数据库中有许多重复或不一致之处,必须将这些数据转换成全局统一的定义,消除不一致和错误之处,以保证数据的质量。显然,

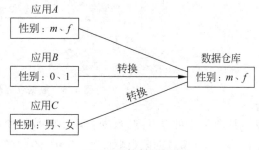

图 1.3　性别的集成

对不准确,甚至不正确的数据分析得出的结果将不能用于指导企业做出科学的决策。

源数据加载到数据仓库后,还要根据决策分析的需要对这些数据进行概括、聚集处理。

3. 稳定性

数据仓库在某个时间段内来看是保持不变的。

操作型数据库系统中一般只存储短期数据,因此其数据是不稳定的,它记录的是系统中数据变化的瞬态。但对于决策分析而言,历史数据是相当重要的,许多分析方法必须以大量的历史数据为依托。没有大量历史数据的支持是难以进行企业的决策分析的,因此数据仓库中的数据大多表示过去某一时刻的数据,主要用于查询、分析,不像业务系统中的数据库那样,要经常进行修改、添加,除非数据仓库中的数据是错误的。

例如,操作型应用数据库中的数据可以随时被插入、更新、删除和访问(查询),可以从中抽取 10 年的数据构建数据仓库,用于对这 10 年的数据进行分析,一旦数据仓库构建完成,它主要用于访问,一般不会被修改,具有相对的稳定性,如图 1.4 所示。

4. 随时间而变化

数据仓库大多关注的是历史数据,其中数据是批量载入的,即定期从操作型应用系统中接收新的数据内容,这使得数据仓库中的数据总是拥有时间维度。从这个角度看,数据仓库实际是记录了系统的各个瞬态(快照),并通过将各个瞬态连接起来形成动画(即数据仓库的快照集

图 1.4　数据仓库稳定性的示例

合),从而在数据分析的时候再现系统运动的全过程。数据批量载入(提取)的周期实际上决定了动画间隔的时间,数据提取的周期短,则动画的速度快。

一般而言,为了提高运行速度,操作型应用数据库中的数据期限为 60～90 天,而数据仓库中的数据的时间期限为 5～10 年,采用批量载入方式将应用数据库中的数据载入数据仓库,如每 2 个月载入一次,如图 1.5 所示。

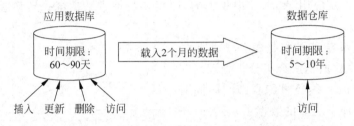

图 1.5　数据仓库随时间而变化的示例

从图 1.5 可以看到,数据仓库中的数据并不是一成不变的,会随时间变化不断增加新的数据内容,去掉超过期限(例如 5～10 年)的数据,因此数据仓库中的数据也具有时变性,只是时变周期远大于应用数据库。

数据仓库的稳定性和时变性并不矛盾,从大时间段来看,它是时变的,但从小时间段看,它是稳定的。

除了上述 4 大特征外,数据仓库还具有高效率、高数据质量、扩展性好和安全性好等特点。

1.1.2　数据仓库与操作型数据库的关系

1. 从数据库到数据仓库

传统的数据库技术是以单一的数据资源,即数据库为中心,进行 OLTP(联机事务处理)、批处理、决策分析等各种数据处理工作,主要划分为两大类:操作型处理和分析型处理(或信息型处理)。操作型处理称为事务处理,是指对操作型数据库的日常操作,通常是对一个或一组记录的查询和修改,主要是为企业的特定应用服务的,注重响应时间、数据的安全性和完整性。分析型处理则用于管理人员的决策分析,经常要访问大量的分析型历史数据。操作型数据和分析型数据的区别如表 1.1 所示。

传统数据库系统侧重于企业的日常事务处理工作,但难于实现对数据的分析处理要求,已经无法满足数据处理多样化的要求。操作型处理和分析型处理的分离成为必然。

近年来,随着数据库技术的应用和发展,人们尝试对数据库中的数据进行再加工,形成一个综合的、面向分析的环境,以更好地支持决策分析,从而形成了数据仓库技术。

表 1.1　操作型数据和分析型数据的区别

操作型数据	分析型数据
细节的	综合的
存取瞬间	历史数据
可更新	不可更新
事先可知操作需求	事先不可知操作需求
符合软件开发生命周期	完全不同的生命周期
对性能的要求较高	对性能的要求较为宽松
某一时刻操作一个单元	某一时刻操作一个集合
事务驱动	分析驱动
面向应用	面向分析
一次操作的数据量较小	一次操作的数据量较大
支持日常操作	支持管理需求

2. 数据仓库为什么是分离的

操作型数据库存放了大量数据，为什么不直接在这种数据库上进行联机分析处理，而是另外花费时间和资源去构造一个与之分离的数据仓库？主要原因是提高两个系统的性能。

操作数据库是为已知的任务和负载设计的，如使用主关键字索引，检索特定的记录和优化查询；支持多事务的并行处理，需要加锁和日志等并行控制和恢复机制，以确保数据的一致性和完整性。

数据仓库的查询通常是复杂的，涉及大量数据在汇总级的计算，可能需要特殊的数据组织、存取方法和基于多维视图的实现方法。对数据记录进行只读访问，以进行汇总和聚集。

如果 OLTP 和 OLAP（联机分析处理）都在操作型数据库上运行，会极大地降低数据库系统的吞吐量。

总之，数据仓库与操作型数据库分离是由于这两种系统中数据的结构、内容和用法都不相同。操作型数据库一般不维护历史数据，其数据很多，但对于决策是远远不够的。数据仓库系统用于决策支持需要历史数据，将不同来源的数据统一（如聚集和汇总），产生高质量、一致和集成的数据。

3. 数据仓库与操作型数据库的对比

归纳起来，数据仓库与操作型数据库的对比如表 1.2 所示。显然数据仓库的出现并不是要取代数据库，目前大部分数据仓库还是用关系数据库管理系统来管理的。可以说数据库、数据仓库相辅相成、各有千秋。

表 1.2　数据仓库与操作型数据库的对比

数 据 仓 库	操作型数据库
面向主题	面向应用
容量巨大	容量相对较小
数据是综合的或提炼的	数据是详细的
保存历史的数据	保存当前的数据
通常数据是不可更新的	数据是可更新的
操作需求是临时决定的	操作需求是事先可知的
一个操作存取一个数据集合	一个操作存取一个记录

数　据　仓　库	操作型数据库
数据常冗余	数据非冗余
操作相对不频繁	操作较频繁
所查询的是经过加工的数据	所查询的是原始数据
支持决策分析	支持事务处理
决策分析需要历史数据	事务处理需要当前数据
需做复杂的计算	鲜有复杂的计算
服务对象为企业高层决策人员	服务对象为企业业务处理方面的工作人员

1.1.3　数据仓库的应用

数据仓库技术是目前已知的最为成熟和被广泛采用的解决方案。利用数据仓库整合金融企业内部所有分散的原始的业务数据，并通过便捷有效的数据访问手段，可以支持企业内部不同部门、不同需求、不同层次的用户随时获得自己所需的信息。

现代企业的运营很大程度上依赖于信息系统的支持，以客户为中心的业务模式需要强大的数据仓库系统提供信息支持，在业务处理流程中，数据仓库的应用体现在决策支持、客户分段和评价以及市场自动化等方面。

1. 决策支持

数据仓库系统提供各种业务数据，用户利用各种访问工具从数据仓库获取决策信息，了解业务的运营情况。企业关键绩效指标(KPI)用来量化企业的运营状况，它可以反映企业在盈利、效率、发展等各方面的表现，决策支持系统为用户提供 KPI 数据。

2. 客户分类与评价

以客户为中心的业务策略，最重要的特征是细分市场，即把客户或潜在客户分为不同的类别，针对不同种类的客户提供不同的产品和服务，采用不同的市场和销售策略。客户的分类和评价是细分市场的主要手段。

数据仓库系统中累积了大量的客户数据可以作为分类和评价的依据，而且数据访问十分简单方便，建立在数据仓库系统之上的客户分类和评价系统，可以达到事半功倍的效果。

客户分类是以客户的某个或某几个属性进行分类，例如年龄、地区、收入、学历、消费金额等或它们的组合。

客户评价是建立一个评分模型对客户进行评分，这样可以综合客户各方面的属性对客户做出评价，例如新产品推出前，可以建立一个模型，确定最可能接受新产品的潜在客户。

3. 市场自动化

决策支持帮助企业制定产品和市场策略，客户分类和评价为企业指出了目标客户的范围，下一步是对这些客户展开市场攻势。

市场自动化的最主要内容是促销管理，促销管理的功能包括：

(1) 提供目标客户的列表。

(2) 指定客户接触的渠道。

(3) 指定促销的产品、服务或活动。

(4) 确定与其他活动的关系。

　　综上所述,数据仓库系统已经成为现代化企业必不可少的基础设施之一,它是现代企业运营支撑体系的重要组成,是企业对市场需求快速准确响应的有力保证。

1.2　数据仓库系统及开发工具

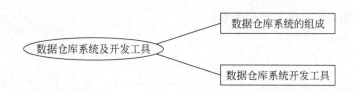

1.2.1　数据仓库系统的组成

　　数据仓库系统以数据仓库为核心,将各种应用系统集成在一起,为统一的历史数据分析提供坚实的平台,通过数据分析与报表模块的查询和分析工具 OLAP(联机分析处理)、决策分析、数据挖掘完成对信息的提取以满足决策的需要。

　　数据仓库系统通常指一个数据库环境,而不是指一件产品。数据仓库系统的一般体系结构如图 1.6 所示,整个数据仓库系统分为源数据层、数据存储与管理层、OLAP 服务器层和前端分析工具层。

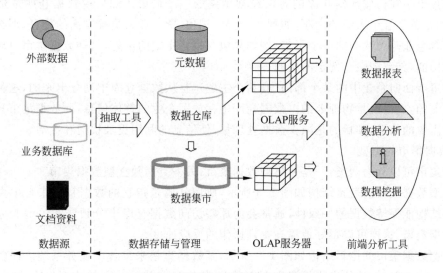

图 1.6　数据仓库系统的体系结构

　　其中数据仓库是整个数据仓库环境的核心,是数据存放的地方,并提供对数据检索的支持。相对于操作型数据库来说,其突出的特点是对海量数据的支持和快速的检索技术。OLAP 服务指的是对存储在数据仓库中的数据提供分析的一种软件,它能快速提供复杂数据查询和聚集,并帮助用户分析多维数据中的各维情况。

1. 抽取工具

用于把数据从各种各样的存储环境中提取出来,进行必要的转化、整理,再存放到数据仓库内。对各种不同数据存储方式的访问能力是数据抽取工具的关键。其功能包括删除对决策应用没有意义的数据,转换到统一的数据名称和定义,计算统计和衍生数据,填补缺失数据,统一不同的数据定义方式。

ETL 一词常用在数据仓库,但其对象并不限于数据仓库。它是 Extract、Transform、Load 三个单词的首字母缩写,也就是抽取、转换和装载。ETL 负责完成数据从数据源向目标数据仓库转化的过程,如空值处理、规范化数据格式、拆分数据、验证数据正确性和数据替换等,如图 1.7 所示,是实施数据仓库的重要步骤。

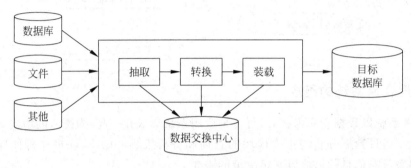

图 1.7　ETL 的过程

2. 数据集市

数据集市是在构建数据仓库的时候经常用到的一个词语。如果说数据仓库是企业范围的,收集的是关于整个组织的主题,如顾客、商品、销售、资产和人员等方面的信息,那么数据集市则是包含企业范围数据的一个子集,例如只包含销售主题的信息,这样数据集市只对特定的用户是有用的,其范围限于选定的主题。

数据集市面向企业中的某个部门(或某个主题),是从数据仓库中划分出来的,这种划分可以是逻辑上的,也可以是物理上的。数据仓库中存放了企业的整体信息,而数据集市只存放了某个主题需要的信息,其目的是减少数据处理量,使信息的利用更加快捷和灵活。

1) 数据集市的类型

数据集市可以分为两类,一是从属型数据集市,另一类是独立型数据集市。

从属型数据集市的逻辑结构如图 1.8 所示,所谓从属是指它的数据直接来自中央数据仓库。这种结构能保持数据的一致性,通常会为那些访问数据仓库十分频繁的关键业务部门建立从属数据集市,这样可以很好地提高查询操作的反应速度。

独立型数据集市的逻辑结构如图 1.9 所示,其数据直接来自各个业务系统。许多企业在计划实施数据仓库时,往往出于投资方面的考虑,最终建成的是独立的数据集市,用来解决个别部门较为迫切的决策问题。从这个意义上讲,它和企业数据仓库除了在数据量和服务对象上存在差别外,逻辑结构并无多大区别,也许这就是把数据集市称为部门级数据仓库的主要原因。

总之,数据集市可以是数据仓库的一种继承,只不过在数据的组织方式上,数据集市处于相对较低的层次。

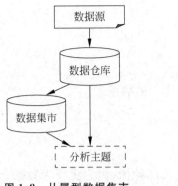

图 1.8 从属型数据集市

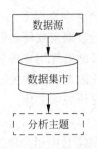

图 1.9 独立型数据集市

2）数据集市与数据仓库的区别

数据集市与数据仓库之间的区别可以从下三个方面进行理解。

（1）数据仓库向各个数据集市提供数据。前者是企业级的，规模大，后者是部门级，相对规模较小。

（2）若干个部门的数据集市组成一个数据仓库。数据集市开发周期短、速度快，数据仓库开发的周期长、速度慢。

（3）从其数据特征进行分析，数据仓库中的数据结构采用规范化模式（第三范式），数据集市中的数据结构采用星形模式。通常数据仓库中的数据粒度比数据集市的粒度要细。

3. 元数据及其管理

元数据是关于数据的数据，在数据仓库中元数据位于数据仓库的上层，是描述数据仓库内数据的结构、位置和建立方法的数据。通过元数据进行数据仓库的管理和通过元数据来使用数据仓库。

1）元数据的分类

按照用途对元数据进行分类是最常见的分类方法，可将其分为两类：管理元数据和用户元数据。

管理元数据主要为负责开发、维护数据仓库的人员所使用。管理元数据是存储关于数据仓库系统技术细节的数据，是用于开发和管理数据仓库使用的数据，它主要包括以下信息：

（1）数据仓库结构的描述，包括仓库模式、视图、维、层次结构和导出数据的定义，以及数据集市的位置和内容。

（2）业务系统、数据仓库和数据集市的体系结构和模式。

（3）汇总用的算法，包括度量和维定义算法，数据粒度、主题领域、聚集、汇总、预定义的查询与报告。

（4）由操作环境到数据仓库环境的映射，包括源数据和它们的内容、数据分割、数据提取、清理、转换规则和数据刷新规则、安全（用户授权和存取控制）。

用户元数据从业务角度描述了数据仓库中的数据，它提供了介于使用者和实际系统之间的语义层，使得不懂计算机技术的业务人员也能够"读懂"数据仓库中的数据。用户元数据是从最终用户的角度来描述数据仓库。通过用户元数据，用户可以了解如下内容：

（1）应该如何连接数据仓库。

（2）可以访问数据仓库的哪些部分。

（3）所需要的数据来自哪一个源系统。

2）元数据的作用

元数据的作用主要体现在以下几个方面：

（1）元数据是进行数据集成所必需的。

（2）元数据可以帮助最终用户理解数据仓库中的数据。

（3）元数据是保证数据质量的关键。

（4）元数据可以支持需求变化。

3）元数据的管理

元数据可以作为数据仓库用户使用数据仓库的地图，但它更要为数据仓库开发人员和管理人员提供支持。元数据管理的具体内容如下。

（1）获取并存储元数据：数据仓库中数据的时间跨度较长（5～10 年），此间，源系统可能会发生变化，则与之对应的数据抽取方法、数据转换算法以及数据仓库本身的结构和内容也有可能变化。因此，数据仓库环境中的元数据必须具有跟踪这些变动的能力。这也意味着元数据管理必须提供按照合适的版本来获取和存储元数据的方法使元数据可以随时间变化。

（2）元数据集成：不论是管理元数据和用户元数据，还是来自源系统数据模型的元数据和来自数据仓库数据模型的元数据，都必须以一种用户能够理解的统一方式集成。元数据集成是元数据管理中的难点。

（3）元数据标准化：每一个工具都有自己专用的元数据，不同的工具（如抽取工具和转换工具）中存储的同一种元数据必须用同一种方式表示，不同工具之间也应该可以自由、容易地交换元数据。元数据标准化是对元数据管理提出的另一个巨大挑战。

（4）保持元数据的同步：关于数据结构、数据元素、事件、规则的元数据必须在任何时间、在整个数据仓库中保持同步。同时，如果数据或规则变化导致元数据发生变化时，这个变化也要反映到数据仓库中。在数据仓库中保持统一的元数据版本控制的工作是十分繁重的。

目前，实施对元数据管理的方法主要有两种：对于相对简单的环境，按照通用的元数据管理标准建立一个集中式的元数据知识库；对于比较复杂的环境，分别建立各部分的元数据管理系统，形成分布式元数据知识库。然后，通过建立标准的元数据交换格式，实现元数据的集成管理。

1.2.2　数据仓库系统开发工具

为了支持数据仓库系统的开发，Microsoft、Oracle、IBM、SAS、Teradata 和 Sybase 等有实力的公司相继通过收购或研发的途径推出了自己的数据仓库解决方案。

1. SQL Server 分析服务

Microsoft 公司的 SQL Server 提供了三大服务和一个工具来实现数据仓库系统的整合，为用户提供了可用于构建典型和创新的分析应用程序所需的各种特性、工具和功能，可以实现建模、ETL、建立查询分析或图表、定制 KPI（企业关键绩效指标）、建立报表和构造数据挖掘应用及发布等功能。

其核心服务是 SQL Server 分析服务（SQL Server Analysis Services）。在 SQL Server 2012 分析服务中引入了商业智能（BI）语义模型，如图 1.10 所示，它是一种可供用户以多种方式构建商业智能解决方案的统一模型，可为强大的 OLAP 技术提供持续支持。

归纳起来，SQL Server 分析服务具有如下特点。

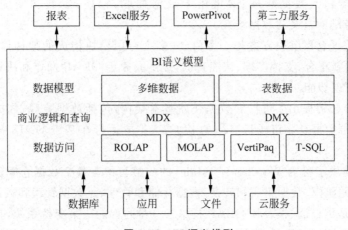

图 1.10　BI 语义模型

1）灵活性

SQL Server 2012 分析服务可支持一系列商业智能解决方案（包括报表和分析等），适用于各种范围的业务环境。

随着统一维度模型的发展，商业智能语义模型将强大的多维分析技术与常见的表格格式数据模型紧密结合，从而实现分析模型创建的灵活性。另外，利用微软的 Visual Studio 集成工具可帮助简化和加速数据仓库设计和开发流程。

2）丰富性

SQL Server 2012 分析服务能够与大量开发工具和技术构建基块搭配使用，如可以和 Office 和 SharePoint 实现互操作，因而商业智能专家和其他 IT 专业人员既能构建简单的商业解决方案，又能构建复杂的商业解决方案。

另外，利用 SQL Server 分析服务丰富多样的建模功能简化构建复杂解决方案的过程，能够满足各种不同类型的需求。

3）扩展性和高性能

SQL Server 2012 分析服务支持最新硬件，如 VertiPaq（针对最新的 x86 和 x64 芯片集进行优化），可以适应最具挑战性的企业部署。具有可扩展的基础架构，有效利用改进的聚合设计器优化 OLAP 性能并消除不必要的分区计算聚合。

通过采用主动缓存技术启用实时更新与 MOLAP 性能组合，提供卓越的查询性能，并将数据源系统与分析查询工作分隔开来。通过利用可扩展的备份解决方案提供可与文件复制操作性能相媲美的优越性能，轻松优化备份性能。使用商业智能语义模型提供一个整合的业务视图，显示包含业务实体、业务逻辑、计算以及指标的关系数据和多维数据。

2. 其他数据仓库系统开发工具

Oracle 公司的数据仓库解决方案包含了业界领先的数据库平台、开发工具和应用系统，能够提供一系列的数据仓库工具集和服务，具有多用户数据仓库管理能力、多种分区方式、较强的与 OLAP 工具的交互能力，以及快速和便捷的数据移动能力等。

IBM 公司提供了一套基于可视数据仓库的商业智能（BI）解决方案，包括 Visual Warehouse（VW）、Essbase/DB2 OLAP Server 5.0、IBM DB2 UDB，以及来自第三方的前端数据展现工具（如 BO）和数据挖掘工具（如 SAS）。其中，VW 是一个功能很强的集成环境，既可用于数据仓库建模和元数据管理，又可用于数据抽取、转换、装载和调度。Essbase/DB2 OLAP Server 支持维的定义和数据装载。

SAS 公司的数据仓库解决方案是一个由 30 多个专用模块构成的架构体系，适应于对企业级的数据进行重新整合，支持多维、快速查询，提供服务于 OLAP 操作和决策支持的数据采集、管理、处理和展现功能。

NCRTeradata 公司提出了可扩展数据仓库基本架构，包括数据装载、数据管理和信息访问几个部分，是高端数据仓库市场最有力的竞争者，主要运行在基于 UNIX 操作系统平台的 NCR 硬件设备上。

Sybase 公司提供了称为 Warehouse Studio 的一整套覆盖整个数据仓库建立周期的产品包，包括数据仓库的建模、数据集成和转换、数据存储和管理、元数据管理和数据可视化分析等产品；Businessts 是集查询、报表和 OLAP 技术于一身的智能决策支持系统，具有较好的查询和报表功能，提供多维分析技术，支持多种数据库，同时它还支持基于 Web 浏览器的查询、报表和分析决策。

CA 公司作为全球最大的数据仓库产品和服务提供商之一，为企业用户提供了完整的数据仓库解决方案。这些一体化的解决方案涵盖了数据仓库构造过程的每一个环节，不仅有完整的数据仓库所需的产品和技术，而且开放的接口可以集成其他的产品和技术。在 CA 可伸缩数据仓库架构基础上设计的数据仓库具有以下的优势和特点：能够从任何数据源获取数据、开放、分布式的数据存储、灵活多样的信息访问方式、完善的构造过程管理和方便的系统扩展。

BO(Business Objects)是集查询、报表和 OLAP 技术为一身的智能决策支持系统。它使用独特的"语义层"技术和"动态微立方"技术来表示数据库中的多维数据，具备较好的查询和报表功能，提供钻取等多维分析技术，支持多种数据库，同时它还支持基于 Web 浏览器的查询、报表和分析决策。虽然 BO 在不断增加新的功能，但从严格意义上说，BO 只能算是个前端工具。也许正因为如此，几乎任何的数据仓库解决方案都把 BO 作为可选的数据展现工具。

根据各个公司提供的数据仓库工具的功能，可以将其分为三大类：解决特定功能的产品（主要包括 BO 的数据仓库解决方案）、提供部分解决方案的产品（主要包括 Oracle、IBM、Sybase、NCR、Microsoft 及 SAS 等公司的数据仓库解决方案）和提供全面解决方案的产品（CA 是目前的主要厂商）。

1.3　商业智能和数据仓库

知识梳理

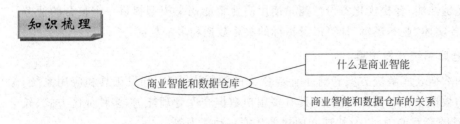

1.3.1　什么是商业智能

商业智能又名商务智能，英文为 Business Intelligence，简写为 BI。商业智能通常被理解为将企业中现有的数据转化为知识,帮助企业做出明智的业务经营决策的工具。这里所谈的数据包括来自企业业务系统的订单、库存、交易账目、客户和供应商等来自企业所处行业和竞争对手的数据以及来自企业所处的其他外部环境中的各种数据。而商业智能能够辅助的业务经营决策,既可以是操作层的,也可以是战术层和战略层的决策,BI 示意图如图 1.11 所示。

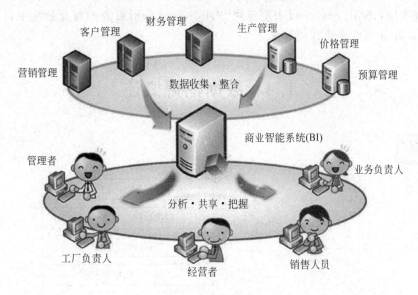

图 1.11　BI 示意图

为了将数据转化为知识,需要利用数据仓库、OLAP 工具和数据挖掘等技术。因此,从技术层面上讲,商业智能不是什么新技术,它只是数据仓库、OLAP 和数据挖掘等技术的综合运用。可以认为,商业智能是对商业信息的搜集、管理和分析过程,目的是使企业的各级决策者获得知识或洞察力,以便做出对企业更有利的决策。

因此,把商业智能看成是一种解决方案应该比较恰当。商业智能的关键是从许多来自不同的企业运作系统的数据中提取出有用的数据并进行清理,以保证数据的正确性,然后经过 ETL 过程,合并到一个企业级的数据仓库里,从而得到企业数据的一个全局视图,在此基础上利用合适的查询和分析工具、数据挖掘工具、OLAP 工具等对其进行分析和处理(这时信息变为辅助决策的知识),最后将知识呈现给管理者,为管理者的决策过程提供支持。

1.3.2　商业智能和数据仓库的关系

从前面的定义可以看出,商业智能是数据仓库、联机分析处理和数据挖掘等相关技术走向商业应用后形成的一种应用技术。

数据仓库是商业智能的基础,商业智能的应用必须基于数据仓库技术,所以数据仓库的设计工作占一个商业智能项目的核心位置。在很多项目命名时,往往是把数据仓库和商业智能相提并论,要么把它们等同起来,有时这会给人一种很混淆的感觉,觉得商业智能和数据仓库是相同的概念,造成了很多初学者在认识上的误区。一般来说,上面所描述的是一个广义上的商业智能概念,在这个概念层面上,数据仓库是其中非常重要的组成部分,数据仓库从概念上更多地侧重于对企业各类信息的整合和存储工作,包括数据的迁移、数据的组织和存储、数据的管理与维护,这些称为后台基础性的数据准备工作。与之对应,狭义的商业智能概念则侧重于数据查询和报告、多维/联机数据分析、数据挖掘和数据可视化工具这些平常称为前台的数据分析应用方面,其中数据挖掘是商业智能中比较高层次的一种应用。目前广义商业智能概念是主流的观点。

正是因为商业智能和数据仓库的紧密关系,所以许多数据仓库开发工具都将两者整合在一起。例如,在 SQL Server 中提供了包含 SQL Server 集成服务、SQL Server RDBMS(关系数据库管理系统)、SQL Server 报表服务和 SQL Server 分析服务的商业智能平台,通过 SQL Server Data Tool 开发商业智能系统。

1.4 数据挖掘概述

知识梳理

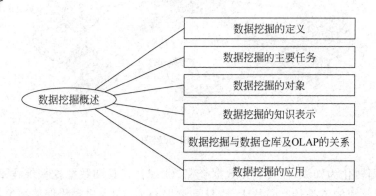

1.4.1 数据挖掘的定义

从技术角度看,数据挖掘(Data Mining,DM)是从大量的、不完全的、有噪声的、模糊的、随机的实际数据中,提取隐含在其中的、人们所不知道的、但又是潜在有用的信息和知识的过程,数据挖掘示意图如图 1.12 所示。

图 1.12 数据挖掘示意图

从商业应用角度看,数据挖掘是一种崭新的商业信息处理技术,其主要特点是对商业数据库中的大量业务数据进行抽取、转化、分析和模式化处理,从中提取辅助商业决策的关键知识。

数据挖掘通常具有如下特点:

(1) 处理的数据规模十分庞大,达到 GB、TB 数量级,甚至更大。

(2) 其目标是寻找决策者可能感兴趣的规则或模式。

(3) 发现的知识要可接受、可理解、可运用。

(4) 在数据挖掘中,规则的发现是基于统计规律的。所发现的规则不必适用于所有数据,而是当达到某一阈值时,即认为有效。因此,利用数据挖掘技术可能会发现大量的规则。

(5) 数据挖掘所发现的规则是动态的,它只反映了当前状态的数据库具有的规则,随着不断地向数据库中加入新数据,需要随时对其进行更新。

　　数据挖掘与传统的数据分析(如查询、报表、联机分析处理)的本质区别是,数据挖掘是在没有明确假设的前提下去挖掘信息、发现知识,数据挖掘所得到的信息应具有预先未知、有效和实用三个特征。

　　传统的数据分析方法一般都是先给出一个假设然后通过数据验证,在一定意义上是假设驱动的;与之相反,数据挖掘在一定意义上是发现驱动的,其结果都是通过大量的搜索工作从数据中自动提取出来的。即数据挖掘是要发现那些不能靠直觉发现的信息或知识,甚至是违背直觉的信息或知识,挖掘出的信息越是出乎意料,就可能越有价值。

1.4.2　数据挖掘的主要任务

　　在缺乏强有力的数据分析工具的情况下,历史数据变成了"数据坟墓",也就是说,极有价值的信息被"淹没"在海量数据堆中,领导者决策时还只能凭自己的经验和直觉。因此改进原有的数据分析方法,使之能够智能地处理海量数据,即演化为数据挖掘。

　　数据挖掘的两个高层目标是预测和描述。前者是指用一些变量或数据库的若干已知字段预测其他感兴趣的变量或字段的未知的或未来的值;后者是指找到描述数据的可理解模式,这些模式展示了一些有价值的信息,可用于报表中以指导商业策略,或更重要的是进行预测。

　　根据发现知识的不同,可以将数据挖掘的任务归纳为以下几类。

　　(1) 关联分析:关联是某种事物发生时其他事物也会发生的这样一种联系。例如每天购买啤酒的人也有可能购买香烟,比重有多大,可以通过关联的支持度和置信度来描述。关联分析的目的是挖掘隐藏在数据间的满足一定条件的关联关系,如 buy(computer) → buy (software)关联规则表示顾客购买计算机和软件之间的关联关系。

　　(2) 时序分析:与关联分析不同,时序分析产生的时序序列是一种与时间相关的纵向联系。例如今天银行调整利率,明天股市的变化。

　　(3) 分类:按照分析对象的属性、特征,建立不同的组类来描述事物。例如银行部门根据以前的数据将客户分成了不同的类别,现在就可以根据这些来区分新申请贷款的客户,以采取相应的贷款方案。

　　(4) 聚类:识别出分析对象内在的规则,按照这些规则把对象分成若干类。例如将申请人分为高度风险申请者、中度风险申请者、低度风险申请者。

　　(5) 预测:把握分析对象发展的规律,对未来的趋势做出预见。例如对未来经济发展的判断。

　　需要注意的是,数据挖掘的各项任务不是独立存在的,在数据挖掘中互相联系、发挥作用。

1.4.3　数据挖掘的对象

　　原则上讲,数据挖掘可以在任何类型的数据上进行,可以是商业数据,可以是社会科学、自然科学处理产生的数据或者卫星观测得到的数据。数据形式和结构也各不相同,可以是层次的、网状的、关系的数据库,可以是面向对象和对象-关系的高级数据库系统,可以是面向特殊应用的数据库,如空间数据库、时间序列数据库、文本数据库和多媒体数据库,还可以是 Web 信息。当然数据挖掘的难度和采用的技术也因数据存储系统而异。

1. 关系数据库

　　关系数据库中的数据是最丰富、最详细的。因此数据挖掘可以从关系数据库中找到大量的数据。基于关系数据库中数据的特点,在进行数据挖掘之前要对数据进行清洗和转换。数据的真实性和一致性是进行数据挖掘的前提和保证。

2. 数据仓库

数据仓库中的数据已经被清洗和转换,数据中不会存在错误或不一致的情况,因此数据挖掘从数据仓库中获取数据后无需再进行数据处理工作了。

3. 事务数据库

数据仓库的工程是浩大的,对于有些企业来说并非是必需的,如果只是进行数据挖掘,没有必要专门建立数据仓库。数据挖掘可以从事务数据库中抽取数据。事务数据库中的每条记录代表一个事务,如一个顾客一次购买的商品构成一个事务记录,在进行数据挖掘时,可以只将一个或几个事务数据库集中到数据挖掘中进行挖掘。

4. 高级数据库

随着数据库技术的不断发展,出现了面向特殊应用的各种高级数据库系统,包括面向对象数据库、空间数据库、时间序列数据库和多媒体数据库等。这些结构更复杂的数据库为数据挖掘提供更加全面、多元化的数据,也为数据挖掘技术提出了更大的挑战。

1.4.4　数据挖掘的知识表示

数据挖掘各种方法获得知识的表示形式主要有如下几种。

1. 规则

规则知识由前提条件和结论两部分组成,前提条件由字段(或属性)的取值的合取(与,AND,$\wedge$)析取(或,OR,$\vee$)组合而成,结论为决策字段(或属性)的取值或者类别组成,如 if $A=a \wedge B=b$ then $C=c$,或者 $A(a)$ AND $B(b) \rightarrow C(c)$。

2. 决策树

决策树采用树的形式表示知识,叶子结点表示结论属性的类别,非叶子结点表示条件属性,每个非叶子结点引出若干条分支线,表示该条件属性的各种取值,一棵决策树可以转换成若干条规则。如图 1.13 所示的决策树对应的规则如下:

if $A=a_1 \wedge B=b_1$ then $D=d_1$

if $A=a_1 \wedge B=b_2$ then $D=d_2$

if $A=a_2$ then $D=d_3$

if $A=a_3 \wedge C=c_1$ then $D=d_4$

if $A=a_3 \wedge C=c_2$ then $D=d_5$

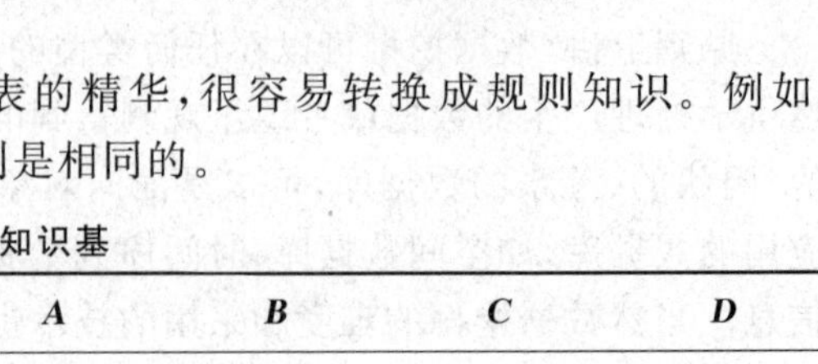

图 1.13　一棵决策树

3. 知识基

通过数据挖掘原表中的冗余属性和冗余记录,得到对应的浓缩数据,称为知识基。它是原表的精华,很容易转换成规则知识。例如,表 1.3 作为知识基与图 1.13 的决策树对应的规则是相同的。

表 1.3　一个知识基

A	B	C	D	A	B	C	D
a_1	b_1	—	d_1	a_3	—	c_1	d_4
a_1	b_2	—	d_2	a_3	—	c_2	d_5
a_2	—	—	d_3				

4. 网络权值

神经网络方法得到的知识是一个网络结构和各边的权值,这组网络权值表示对应的知识。

1.4.5 数据挖掘与数据仓库及 OLAP 的关系

1. 数据挖掘与数据仓库的关系

数据仓库与数据挖掘是一种融合和互补的关系,一方面,数据仓库中的数据可以作为数据挖掘的数据源。因为数据仓库已经按照主题将数据进行了集成、清理和转换,因此能够满足数据挖掘技术对数据环境的要求,可以直接作为数据挖掘的数据源。如果将数据仓库和数据挖掘紧密联系在一起,将获得更好的结果,同时能极大地提高数据挖掘的工作效率。另一方面,数据挖掘的数据源不一定必须是数据仓库。作为数据挖掘的数据源不一定必须是数据仓库,它可以是任何数据文件或格式。但必须事先进行数据预处理,处理成适合数据挖掘的数据。数据预处理是数据挖掘的关键步骤,并占有数据挖掘全过程工作量的很大比重。

虽然数据仓库和数据挖掘是两项不同的技术,但它们又有共同之处,两者都是从数据库的基础上发展起来的,它们都是决策支持新技术。数据仓库利用综合数据得到宏观信息,利用历史数据进行预测,而数据挖掘是从数据库中挖掘知识,也可用决策分析。虽然数据仓库和数据挖掘支持决策分析的方式不同,但它们可以结合起来,提高决策分析的能力。

2. 数据挖掘与 OLAP 的关系

数据挖掘与 OLAP 都是数据分析工具,但两者之间有着明显的区别。前者是挖掘型的,后者是验证型的。数据挖掘建立在各种数据源的基础上,重在发现隐藏在数据深层次的对人们有用的模式并做出有效的预测性分析,一般并不过多考虑执行效率和响应速度;OLAP 建立在多维数据的基础之上,强调执行效率和对用户命令的及时响应,而且其直接数据源一般是数据仓库。

与数据挖掘相比,OLAP 更多地依靠用户输入问题和假设,但用户先入为主的局限性可能会限制问题和假设的范围,从而影响最终的结论。因此,作为验证型分析工具,OLAP 更需要对用户需求有全面而深入的了解。数据挖掘在本质上是一个归纳推理的过程,与 OLAP 不同的地方是,数据挖掘不是用于验证某个假定的模式(模型)的正确性,而是在数据库中自己寻找模式。

数据挖掘和 OLAP 具有一定的互补性。在利用数据挖掘出来的结论采取行动之前,OLAP 工具能起辅助决策作用,而且在知识发现的早期阶段,OLAP 工具用来探索数据,找到哪些是对一个问题比较重要的变量,发现异常数据和互相影响的变量。也就是说,OLAP 的分析结果可以给数据挖掘提供挖掘的依据,有助于更好地理解数据,数据挖掘可以拓展 OLAP 分析的深度,发现 OLAP 所不能发现的更为复杂、细致的信息。

1.4.6 数据挖掘的应用

在当今的信息化时代,数据挖掘的应用范围十分广泛,下面列举几个典型的数据挖掘应用领域。

1. 科学研究中的数据挖掘

从科学研究方法学的角度看科学研究可分为三类,即理论科学、实验科学和计算科学。计算科学是现代科学的一个重要标志。计算科学工作者主要和数据打交道,每天要分析各种大量的实验或观测数据。随着先进的科学数据收集工具的使用,如观测卫星、遥感器、DNA 分子技术等数据量非常大,传统的数据分析工具无能为力,因此必须有强大的智能型自动数据分析工具才行。

例如,在生物信息领域,基因的组合千变万化,得某种病的人的基因和正常人的基因到底差别多大;能否找出其中不同的地方,进而对其不同之处加以改变,使之成为正常基因,这都需要数据挖掘技术的支持。

2. 市场营销的数据挖掘

由于管理信息系统和 POS 系统在商业尤其是零售业内的普遍使用,特别是条形码技术的使用,从而可以收集到大量关于用户购买情况的数据,并且数据量在不断激增。对市场营销来说,通过关联分析了解客户购物行为的一些特征,包括客户的兴趣、收入水平、消费习惯以及随时间变化的购买模式等,通过聚类分析了解什么样的客户买什么产品、哪些产品被哪些类型的客户购买等,使用预测发现什么因素影响新客户等。对提高竞争力及促进销售是大有帮助的。

3. 金融数据分析的数据挖掘

大部分银行和金融机构提供了丰富多样的银行服务、信用服务和投资服务,这些金融数据相对完整并可靠,构成了优质的数据挖掘数据源。典型的金融数据挖掘应用有货款偿还预测、信用政策分析、投资评估和股票交易市场预测、顾客分类和聚类、顾客信贷风险评估、金融欺诈和犯罪的侦破、业务发展趋势的预测。

4. 电信业的数据挖掘

电信业是典型的数据密集型行业,电信系统与业务有关的数据主要包括客户数据、计费数据、营业数据、账务数据和信用数据。典型的电信业的数据挖掘功能有客户分析、收益分析、客户行为分析、客户信用分析、计费方案设计、话费和欠费分析以及电话欺骗检测等。

5. 产品制造中的数据挖掘

随着现代技术越来越多地应用于产品制造业,制造业已不是人们想象中的手工劳动,而是集成了多种先进科技的流水作业。在产品的生产制造过程中常常伴随有大量的数据,如产品的各种加工条件或控制参数(如时间、温度等控制参数),这些数据反映了每个生产环节的状态,不仅为生产的顺利进行提供了保证,而且通过对这些数据的分析,得到产品质量与这些参数之间的关系。这样通过数据挖掘对这些数据的分析,可以对改进产品质量提出针对性很强的建议,而且有可能提出新的更高效节约的控制模式,从而为制造厂家带来极大的回报。

6. Internet 应用中的数据挖掘

Internet 的迅猛发展,尤其是 Web 的全球普及,使得 Web 上的信息无比丰富,Web 上的数据信息不同于数据库,其信息主要是文档,文档结构性差,或者半结构化,或者如纯自然语言文本毫无结构。因此 Web 上的数据挖掘需要用到不同于常规数据挖掘的很多技术,如文本挖掘等。典型的 Internet 应用中的数据挖掘有在线访问客户的数据挖掘、Web 访问日志挖掘、Web 结构挖掘、入侵检测的数据挖掘等。

1.5　数据挖掘过程

知识梳理

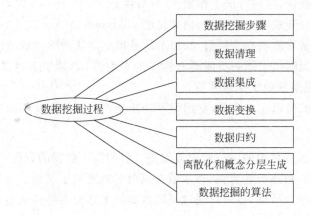

1.5.1　数据挖掘步骤

在数据挖掘中,被挖掘的对象是整个过程的基础,它驱动了整个数据挖掘过程,也是检验最后结果的依据。另外,数据挖掘的过程并不是自动化的,绝大多数的工作需要人工完成。基本的数据挖掘步骤如图 1.14 所示。其中各步骤的说明如下。

图 1.14　数据挖掘的步骤

1. 数据预处理

在数据挖掘中数据的质量是关键,低质量的数据无论采用什么数据挖掘方法都不可能得到高质量的知识。直接来源于数据源的数据可能是不完整的、含有噪声的,并且是不一致的,这就需要进行数据预处理。数据预处理主要包括数据清理、数据集成、数据变换和数据归约等,通过数据预处理,使数据转换为可以直接应用数据挖掘工具进行挖掘的高质量数据。

2. 数据挖掘算法

根据数据挖掘任务和数据性质选择合适的数据挖掘算法挖掘模式。数据挖掘算法不仅与目标数据集有关,也与数据挖掘的任务相关。

3. 模式评估与表示

去除无用的或冗余的模式,将有趣的模式以用户能理解的方式表示,并存储或提交给用户。

1.5.2　数据清理

数据清理也称为数据清洗,其作用就是清除数据噪声和与挖掘主题明显无关和不一致的数据,包括填补空缺的值,平滑噪声数据,识别、删除孤立点,解决不一致性。

1. 处理空缺值

处理空缺值的基本方法如下:

(1) 忽略元组,当类标号缺少时通常这么做(假定挖掘任务涉及分类或描述),当每个属性缺少值的百分比变化很大时,它的效果非常差。

(2) 人工填写空缺值,这种方法工作量大、可行性低。

(3) 使用一个全局变量填充空缺值,例如使用 unknown 或 $-\infty$。

(4) 使用属性的平均值填充空缺值,如用平均分填充空缺的学生成绩值。

(5) 使用与给定元组属于同一类的所有样本的平均值,如某学生总成绩为"中等",用"中等"学生的平均分填充空缺的学生成绩值。

(6) 使用最可能的值填充空缺值,使用像贝叶斯公式或判定树这样的基于推断的方法。

2. 消除噪声数据

噪声是指一个测量变量中的随机错误或偏差。引起噪声数据的原因可能有数据收集工具的问题、数据输入错误、数据传输错误、技术限制或命名规则的不一致。通常采用分箱、聚集等数据平滑方法来消除噪声数据,也可以通过了解数据的大致分布特性来发现噪声数据。

1) 分箱

其基本过程是,首先排序数据,并将它们分到等深的箱中,然后可以按箱的平均值平滑、按箱中值平滑、按箱的边界平滑等。

例如,某商品价格的排序后数据是 4,8,15,21,21,24,25,28,34。采用深度为 3 的等深方法划分为以下三个箱。

箱 1:4,8,15;

箱 2:21,21,24;

箱 3:25,28,34。

采用箱平均值平滑的结果如下。

箱 1:该箱平均值为 9,均用 9 平滑,4,8,15→9,9,9;

箱 2:该箱平均值为 22,均用 22 平滑,21,21,24→22,22,22;

箱 3:该箱平均值为 29,均用 29 平滑,25,28,34→29,29,29。

采用箱边界平滑的结果如下。

箱 1:该箱左边界 4,中间值 8 用 4 平滑,4,8,15→4,4,15;

箱 2:该箱左边界 21,中间值 21 用 21 平滑,21,21,24→21,21,24;

箱 3:该箱左边界 25,中间值 28 用 25 平滑,25,28,34→25,25,34。

2) 聚类

通过聚类分析查找孤立点,去除孤立点以消除噪声。聚类算法可以得到若干数据类(簇),在所有类外的数据可视为孤立点。例如,如图 1.15 所示,虚线圆圈外有三个孤立点,可以将它们作为噪声数据加以消除。

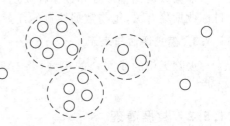

3) 数据的分布特性

数据的分布特性可以反映数据分布的主要趋

图 1.15　虚线圆圈外有三个孤立点

势,主要是利用一些统计学参数,主要的统计学参数如下。

(1) 均值:一组数据中所有数值之和再除以数据的个数,即算术平均数。还有加权均值、平方均值等。

(2) 中值(或中位数):将所有数值从高到低排列,最中间的数值。

(3) 众数:所有数据中出现频率最高的数值。例如,(1,1,2,2,3,4)的众数是 1 和 2。如果所有数据出现的次数都一样,那么这组数据没有众数。例如,(1,2,3,4)没有众数。

(4) 半程数:数据集中最大值和最小值的均值。

(5) 标准差和方差:对于 n 个数值数据 $(x_1,x_2,\cdots,x_n)$,均值 $x=(x_1+x_2+\cdots+x_n)/n$,标准差为 $\sqrt{\dfrac{(x_1-x)^2+(x_2-x)^2+\cdots+(x_n-x)^2}{n}}$,方差为 $\dfrac{(x_1-x)^2+(x_2-x)^2+\cdots+(x_n-x)^2}{n}$。显然,标准差越大,数据的离散程度越大;标准差越小,数据的离散程度也越小。标准差用来表示数据的稳定性。

以上参数都能用不同的图示方式来表示,可以直观和清晰地反映数据集中数据的分布状态,方便发现偏离很大的数据,可以将其作为噪声数据加以消除。

3. 消除不一致

通过描述数据的元数据来消除数据命名的不一致,通过专门的例程来消除编码的不一致等。

1.5.3　数据集成

数据集成是将多个数据源中的数据整合到一个一致的数据存储(如数据仓库)中,由于数据源的多样性,这就需要解决可能出现的各种集成问题。

1. 数据模式集成

通过整合不同数据源中的元数据来实施数据模式的集成,特别需要解决各数据源中属性等命名不一致的问题。

2. 检测并解决数据值的冲突

对现实世界中的同一实体,来自不同数据源的属性值可能是不同的。可能的原因有不同的数据表示、不同的度量等。例如学生成绩,有的用百分制,有的用 5 等制,这都需要纠正并统一。

3. 处理数据集成中的冗余数据

集成多个数据源时,经常会出现冗余数据,常见的有属性冗余,如果一个属性可以由另外一个表导出,则它是冗余属性,例如"年薪"可以由月薪计算出来。

有些冗余可以采用相关分析检测到。例如,给定 A、B 两个属性,根据对应的数据可以分析出一个属性能够多大程度上蕴涵另一个属性,属性 A、B 之间的相关性可用下式度量:

$$r_{A,B}=\frac{\sum(A-\overline{A})(B-\overline{B})}{(n-1)\sigma_A\sigma_B}$$

其中,n 是元组个数,$\overline{A}$、$\overline{B}$ 分别是 A 和 B 的平均值,σ_A、σ_B 分别 A、B 的标准差,即 $\sigma_A=\sqrt{\dfrac{\sum(A-\overline{A})^2}{n-1}}$。

如果 $r_{A,B}>0$,则 A 与 B 正相关,意味着 A 的值随着 B 的值的增加而增加,该值越大,一个属性蕴涵另一个属性的可能性越大。当该 $r_{A,B}$ 足够大时,可以将其中一个属性作为冗余属性去掉。

如果 $r_{A,B}<0$,则 A 与 B 负相关,意味着 A 的值随着 B 的值增加而减少,即其中一个属性阻止另一个属性出现。

如果 $r_{A,B}=0$,则 A 与 B 独立,它们不相关。

例如,有如表 1.4 所示的学生成绩表,含 5 个学生的课程 A 和 B 的成绩,可以求出如下结果:

$$\sigma_A=15.23, \sigma_B=17.97, r_{A,B}=0.94$$

$r_{A,B}>0$,表示 A 与 B 是正相关的,也就是说,确定学生等级只需要其中一门课程成绩即可,可以删除任何一门成绩数据而不影响学生等级的判断,但删除后减少了数据量。

表 1.4　学生成绩表

学号	A 课程成绩	B 课程成绩	等级
1	92	89	A
2	56	45	E
3	88	81	B
4	72	78	C
5	65	59	D

1.5.4　数据变换

数据变换的作用就是将数据转换为易于进行数据挖掘的数据存储形式。最常见的数据变换方法是规格化,即将属性数据按比例缩放,使之落入一个小的特定区间。

1. 最小-最大规范化

对给定的数值属性 A,$[\min_A, \max_A]$ 为 A 规格化前的取值区间,$[\text{new\_min}_A, \text{new\_max}_A]$ 为 A 规格化后的取值区间,最小-最大规格化根据下式将 A 的值 v 规格化为值 v':

$$v' = \frac{v - \min_A}{\max_A - \min_A}(\text{new\_max}_A - \text{new\_min}_A) + \text{new\_min}_A$$

例如,某属性规格化前的取值区间为 $[-100,100]$,规格化后的取值区间为 $[0,1]$,采用最小-最大规格化属性值 66,变换方式为:

$$v' = \frac{66 - (-100)}{100 - (-100)} \times (1-0) + 0 = 0.83$$

2. 零-均值规格化

对给定的数值属性 A,$\overline{A}$、σ_A 分别为 A 的平均值、标准差,零-均值规格化根据下式将 A 的值 v 规格化为值 v':

$$v' = \frac{v - \overline{A}}{\sigma_A}$$

例如,某属性的平均值、标准差分别为 80、25,采用零-均值规格化 66:

$$v' = \frac{66 - 80}{25} = -0.56$$

3. 小数定标规格化

对给定的数值属性 A，$\max|A|$ 为 A 的最大绝对值，j 为满足 $\dfrac{\max|A|}{10^j}<1$ 的最小整数，小数定标规格化根据下式将 A 的值 v 规格化为值 v'：

$$v' = \frac{v}{10^j}$$

例如，属性 A 规格化前的取值区间为 $[-120,110]$，采用小数定标规格化 66，A 的最大绝对值为 120，j 为 3，66 规格化后为：

$$v' = \frac{66}{10^3} = 0.066$$

1.5.5 数据归约

数据归约又称数据约简或数据简化。对于大数据集，通过数据归约可以得到其归约表示，它小得多，但仍接近于保持原数据的完整性，这样在归约后的数据集上挖掘将更有效，并产生相同（或几乎相同）的分析结果。

数据归约主要有属性归约和记录归约两类。如图 1.16 所示，假设原数据集有 100 个属性和 1000 个记录，数据归约后的结果为 50 个属性和 100 个记录，这样数据量变为原来的 5%。由 100 个属性归约为 50 属性称为属性归约（横向减少数据量），由 1000 个记录归约为 100 个记录称为记录归约（纵向减少数据量）。

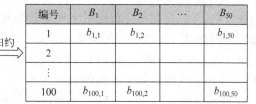

图 1.16 数据归约示意图

1.5.6 离散化和概念分层生成

1. 离散化技术

对于数值属性来说，由于数据的可能取值范围的多样性，导致可能包含的值太多使数据挖掘难以得到用户满意的知识。而知识本身也是基于较高层次的概念来获取的。

连续属性的离散化就是在特定的连续属性的值域内设定若干个离散化的划分点，将属性的值域范围划分为一些离散化区间，最后用不同的符号或整数值（这些离散化区间的标记）表示落在每个子区间中的属性值。数据离散化技术可以用来减少给定连续属性值的个数。用少数区间标记替换连续属性的数值，从而减少和简化了原来的数据，使挖掘结果更加简洁且易于使用。从本质上看，连续属性的离散化就是利用选取的断点对连续属性构成的空间进行划分的过程。

数据离散化的主要方法如下。

1) 分箱

分箱是一种基于箱的指定个数自顶向下的分裂技术，也可以用于记录归约和概念分层产生的离散化方法。例如,通过使用等宽或等频分箱,然后用箱均值或中位数替换箱中的每个值,可以将属性值离散化,就像分别用箱的均值或箱的中位数平滑一样。它是一种非监督的离散化技术,对用户指定的箱个数很敏感。如图1.17所示是等宽分箱离散化方法的示意图。

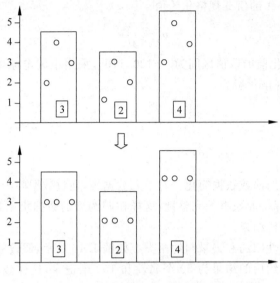

图 1.17   等宽分箱的离散化

2)直方图分析

像分箱一样,直方图分析也是一种非监督离散化技术。直方图将一个属性的值划分成不相交的区间,称作桶。例如,在等宽直方图中,将值分成相等的划分或区间,在等深直方图中,值被划分成其中每一部分包含相同个数的样本。每个桶有一个标记,用它替代落在该桶中的属性值,从而达到属性值离散化的目的。

3)聚类分析

聚类分析是一种流行的数据离散化方法。通过聚类算法将属性的值划分成簇或组,每个簇或组有一个标记,用它替代该簇或组中的属性值。

此外还有基于熵的离散化和通过直观划分离散化等。

2. 离散属性概念分层的自动生成

例如,对于如表1.5所示的地点表,产生属性值合并后的地点表如表1.6所示,可以看到:由省确定地区,由地区确定国家。即:

省→地区,地区→国家

表 1.5   地点表

省	地区	国家	省	地区	国家
黑龙江	东北	中国	天津	华北	中国
吉林	东北	中国	山东	华北	中国
辽宁	东北	中国	江苏	华东	中国
北京	华北	中国	江西	华东	中国
内蒙古	华北	中国	浙江	华东	中国
河北	华北	中国	上海	华东	中国

表 1.6　属性值合并后的地点表

省	地　区	国　家
黑龙江	东北	中国
吉林		
辽宁		
北京	华北	
内蒙古		
河北		
天津		
山东		
江苏	华东	
江西		
浙江		
上海		

所以有：

省→地区→国家

从而得到的概念分层为：省＜地区＜国家。

在概念分层的基础上，根据各属性的从属关系，可以进一步确定各层的概念及从属关系，最终得到完整的概念分层树，上例的完整的概念分层树如图 1.18 所示。

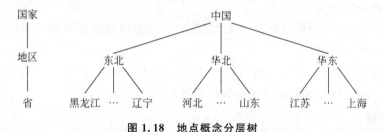

图 1.18　地点概念分层树

1.5.7　数据挖掘的算法

1. 数据挖掘算法的基本特征

数据挖掘需要采用相关数据挖掘算法对数据集中的数据进行分析，大部分数据挖掘的算法使用了一个或几个目标函数、使用若干搜索方法（如启发式算法、梯度下降方法、最大最小值法、网络推演法等），找出在数据集中或建立了距离关系的数据空间中的一个点或小区域。

数据挖掘算法着重强调两个基本特征：有效性和可伸缩性。一个有效的数据挖掘算法是指满足挖掘任务的要求，获得用户满意的知识。一个数据挖掘算法具有良好的可伸缩性是指对小数据集和大规模数据有同样的效果，也就是说，如果给定内存和磁盘空间等可利用的系统资源，其运行时间应当随数据的规模近似线性地增加。

2. 数据挖掘算法的分类

1）基于学习方式的分类

基于学习方式可将数据挖掘算法分为以下几类。

（1）有导师学习（监督学习）：输入数据中有导师信号，以概率函数、代数函数或人工神经网络为基函数模型,采用迭代计算方法,学习结果为函数。

（2）无导师学习（非监督学习）：输入数据中无导师信号,采用聚类方法,学习结果为类别。典型的无导师学习有发现学习、聚类、竞争学习等。

（3）强化学习（增强学习）：以环境反馈（奖/惩信号）作为输入,以统计和动态规划技术为指导的一种学习方法。

2）基于数据形式的分类

基于数据形式可将数据挖掘算法分为以下几类。

（1）结构化学习：以结构化数据为输入,以数值计算或符号推演为方法。典型的结构化学习有神经网络学习、统计学习、决策树学习、规则学习。

（2）非结构化学习：以非结构化数据为输入,典型的非结构化学习有类比学习、案例学习、解释学习、文本挖掘、图像挖掘、Web 挖掘等。

3）基于学习目标的分类

基于学习目标可将数据挖掘算法分为以下几类。

（1）概念学习：即学习的目标和结果为概念,或者说是为了获得概念的一种学习。典型的概念学习有示例学习。

（2）规则学习：即学习的目标和结果为规则,或者说是为了获得规则的一种学习。典型的规则学习有决策树学习。

（3）函数学习：即学习的目标和结果为规则,或者说是为了获得函数的一种学习。典型的函数学习有神经网络学习。

（4）类别学习：即学习的目标和结果为对象类,或者说是为了获得类别的一种学习。典型的类别学习有聚类分析。

（5）贝叶斯网络学习：即学习的目标和结果是贝叶斯网络,或者说是为了获得贝叶斯网络的一种学习。其又可分为结构学习和参数学习。

3. 算法应用

为特定的任务选择正确的算法是十分重要的。以 SQL Server 为例,它提供了以下各类数据挖掘算法。

（1）分类算法：基于数据集中的其他属性预测一个或多个离散变量。

（2）回归算法：基于数据集中的其他属性预测一个或多个连续变量,如利润或亏损。

（3）分割算法：将数据划分为组或分类,这些组或分类的项具有相似属性。

（4）关联算法：查找数据集中的不同属性之间的相关性。这类算法最常见的应用是创建可用于市场篮分析的关联规则。

如表 1.7 所示列出了数据挖掘任务和使用的相应算法。通常情况下可以使用不同的算法来执行同样的任务,每个算法会生成不同的结果,而某些算法还会生成多种类型的结果。例如,不仅可以将决策树算法用于预测,而且还可以将它用作属性归约的方法。

算法不必独立使用,在一个数据挖掘解决方案中可以使用一些算法来探析数据,而使用其他算法基于该数据预测特定结果。例如,可以使用聚类分析算法来识别模式,将数据细分成多少有点相似的组,然后使用分组结果来创建更好的决策树。可以在一个解决方案中使用多个算法来执行不同的任务,例如,使用回归分析算法来获取财务预测信息,使用基于规则的算法来执行市场篮分析。

表 1.7　特定任务和使用的算法

数据挖掘任务	可使用的 Microsoft 算法
预测离散属性。例如,预测目标邮件活动的收件人 是否会购买某个产品	Microsoft 决策树算法 Microsoft Naive Bayes 算法 Microsoft 聚类分析算法 Microsoft 神经网络算法
预测连续属性。例如,预测下一年的销量	Microsoft 决策树算法 Microsoft 时序算法
预测顺序。例如,执行公司网站的点击流分析	Microsoft 顺序分析和聚类分析算法
查找交易中的常见项的组。例如,使用市场篮分析 来建议客户购买其他产品	Microsoft 关联算法 Microsoft 决策树算法
查找相似项的组。例如,将人口统计数据分割为组 以便更好地理解属性之间的关系	Microsoft 聚类分析算法 Microsoft 顺序分析和聚类分析算法

练　习　题

1. 单项选择题

(1) 数据仓库的数据具有 4 个基本特征,以下错误的是(　　)。

　　A. 面向主题的　　　　　　　　　　　B. 集成的

　　C. 不可更新的　　　　　　　　　　　D. 不随时间变化的

(2) 数据仓库的特点不包括(　　)。

　　A. 易失的　　　　　　　　　　　　　B. 面向主题的

　　C. 集成的　　　　　　　　　　　　　D. 随时间变化的

(3) 下列属于数据仓库特点的是(　　)。

　　A. 综合性和提炼性数据　　　　　　　B. 重复性的、可预测的处理

　　C. 一次处理的数据量小　　　　　　　D. 面向操作人员,支持日常操作

(4) 数据仓库是随时间变化的,以下叙述中错误的是(　　)。

　　A. 数据仓库随时间变化不断增加新的数据内容

　　B. 捕捉到的新数据会覆盖原来的快照

　　C. 数据仓库随时间变化不断删去旧的数据内容

　　D. 数据仓库中包含大量的综合数据,这些综合数据会随着时间的变化不断地进行重 新综合

(5) 基本数据的元数据是指(　　)。

　　A. 基本元数据包括与数据源、数据仓库、数据集市和应用程序等结构相关的信息

　　B. 基本元数据包括与企业相关的管理方面的数据和信息

　　C. 基本元数据包括日志文件和建立执行处理的时序调度信息

　　D. 基本元数据包括关于装载和更新处理、分析处理以及管理方面的信息

(6) 以下关于操作型数据和分析型数据的基本特点的叙述中错误的是(　　)。

　　A. 操作型数据是细节的,而分析型数据是综合的

　　B. 操作型数据是可更新的,而分析型数据是不可更新的

C. 操作型数据是事务驱动的,而分析型数据是分析驱动的

D. 操作型数据是面向分析的,而分析型数据是面向具体应用的

(7) 以下关于数据仓库与操作型数据库的叙述中错误的是( )。

A. 数据仓库是面向主题的,而操作型数据库是面向应用的

B. 数据仓库中保存当前数据,而操作型数据库中保存历史数据

C. 数据仓库中数据常冗余,而操作型数据库中数据非冗余

D. 数据仓库是支持决策分析的,而操作型数据库是支持事务处理的

(8) 关于 SQL Server 分析服务的叙述中正确的是( )。

A. SQL Server 分析服务是关系数据库开发工具

B. SQL Server 分析服务可以用于 OLAP

C. SQL Server 分析服务是操作型数据库系统开发工具

D. 以上都不对

(9) 在数据预处理中,将错误的、不一致的数据予以更正或删除,以免影响挖掘结果的正确性,这一过程称为( )。

     A. 数据提取   B. 数据转换   C. 数据清理   D. 数据加载

(10) 在数据预处理中,将多个数据源中的数据整合到一个一致的数据存储(如数据仓库)中,这一过程称为( )。

     A. 数据提取   B. 数据集成   C. 数据清理   D. 数据加载

(11) 在数据预处理中,将数据转换为易于进行数据挖掘的数据存储形式,如数据规格化,这一过程称为( )。

     A. 数据提取   B. 数据变换   C. 数据清理   D. 数据加载

(12) 在数据挖掘中,将大数据集转换为保持原数据完整性的小数据集,这一过程称为( )。

     A. 数据提取   B. 数据变换   C. 数据清理   D. 数据归约

2. 问答题

(1) 简述数据仓库具有哪些主要的特征。

(2) 简述数据仓库与传统数据库的主要区别。

(3) 简述数据仓库的体系结构。

(4) 简述数据仓库和数据集市的主要差别。

(5) 某企业建立了财务管理系统,用于完成日常财务工作和产生统计报表。他说这就是一个数据仓库系统,你认为他的说法正确吗?为什么?

(6) 简述数据挖掘的基本步骤。

(7) 简述在数据挖掘中为什么要进行数据预处理。

(8) 简述数据离散化的基本方法。

(9) 简述在数据挖掘中,提取数据的概念分层的作用。

(10) 简述 SQL Server 提供哪些数据挖掘算法。

第 2 章　OLAP 和多维数据模型

大数据的 OLAP

本章指南

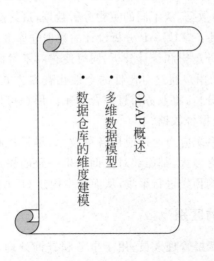

- OLAP 概述
- 多维数据模型
- 数据仓库的维度建模

2.1　OLAP 概述

知识梳理

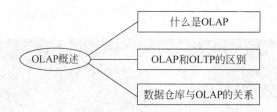

2.1.1　什么是 OLAP

数据仓库是进行决策分析的基础,但还必须要有强有力的工具进行分析和决策,OLAP即是与数据仓库密切相关的工具产品。在 OLAP 系统中,客户能够以多维视觉图的方式,搜寻数据仓库中存储的数据。

OLAP(OnLine Analytical Processing,联机分析处理)是使用多维结构为分析提供对数据的快速访问的一种最新技术。OLAP 的源数据通常存储在关系数据库的数据仓库中。

OLAP 的目的旨在处理发现企业趋势和影响企业发展的关键因素而提供进行数据组织和查询的工具。OLAP 查询通常需要大量的数据。例如,政府机动车辆执照部的领导可能需要一份报告,显示过去 20 年中每年由该部门注册的车辆的牌号和型号。

OLAP 委员会给予 OLAP 的定义为:OLAP 是使分析人员、管理人员或执行人员能够从多角度对信息进行快速、一致、交互的存取,从而获得对数据的更深入了解的一类软件技术。

总之,OLAP 的目标是满足决策支持或者满足在多维环境下特定的查询和报表需求,它不同于 OLTP 技术,概括起来主要有如下几点特性。

(1) 多维性:OLAP 技术是面向主题的多维数据分析技术。主题涉及业务流程的方方面面,是分析人员、管理人员进行决策分析所关心的角度。分析人员、管理人员使用 OLAP 技术,正是为了从多个角度观察数据,从不同的主题分析数据,最终直观地得到有效的信息。

(2) 可理解性或可分析性:为 OLAP 分析设计的数据仓库或数据集市可以处理与应用程序和开发人员相关的任何业务逻辑和统计分析,同时使它对于目标用户而言足够简单。

(3) 交互性:OLAP 帮助用户通过对比性的个性化查看方式,以及对各种数据模型中的历史数据和预计算数据进行分析,将业务信息综合起来。用户可以在分析中定义新的专用计算,并可以以任何希望的方式报告数据。

(4) 快速性:指 OLAP 系统应当通过使用各种技术,尽量提高对用户的反应速度。而且无论数据库的规模和复杂性有多大,都能够对查询提供一致的快速响应。合并的业务数据可以沿着所有维度中的层次结构预先进行聚集,从而减少构建 OLAP 报告所需的运行时间。

2.1.2　OLAP 和 OLTP 的区别

OLTP 面向操作人员和低层管理人员,用于事务和查询处理,而 OLAP 面向决策人员和高层管理人员,对数据仓库进行信息分析处理,所以 OLTP 和 OLAP 是两类不同的应用。概括起来,OLAP 和 OLTP 的区别如表 2.1 所示。

表 2.1　OLAP 和 OLTP 的区别

比较项	OLAP	OLTP
特性	信息处理	操作处理
用户	面向高层管理人员	面向操作人员
用户数	较少	较多
功能	支持决策需要	支持日常操作
面向	面向数据分析	面向事务
驱动	分析驱动	事务驱动
数据量	一次处理的数据量大	一次处理的数据量小
访问	不可更新,但周期性刷新	可更新
访问记录数	数百万	数十个
数据	历史数据	当前数据
汇总	综合性和提炼性数据	细节性数据
视图	导出数据	原始数据

2.1.3　数据仓库与 OLAP 的关系

在数据仓库系统中,OLAP 和数据仓库是密不可分的,两者的关系如图 2.1 所示。数据仓库是一个包含企业历史数据的大规模数据库,这些历史数据主要用于对企业的经营决策提供分析和支持。而 OLAP 服务工具利用多维数据集和数据聚集技术对数据仓库中的数据进行处理和汇总,用联机分析和可视化工具对这些数据进行评价,将复杂的分析查找结果快速地返回用户。

随着数据仓库的发展,OLAP 也得到了迅猛的发展。数据仓库侧重于存储和管理面向决策主题的数据,而 OLAP 的主要特点是多维数据分析,这与数据仓库的多维数据组织正好形成相互结合、相互补充的关系。因此 OLAP 技术与数据仓库的结合可以较好地解决传统决策支持系统既需要处理大量数据又需要进行大量数据计算的问题,进而满足决策支持或多维环境特定的查询和报表需求。

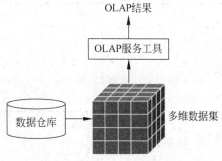

图 2.1　数据仓库与 OLAP 的关系

2.2　多维数据模型

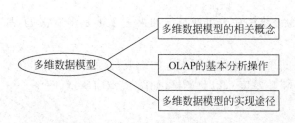

2.2.1 多维数据模型的相关概念

多维数据模型将数据看作数据立方体形式,满足用户从多角度多层次进行数据查询和分析的需要而建立起来的基于事实和维的数据库模型。多维数据模型中涉及的几个概念如下。

1. 粒度

粒度(Granularity)是指多维数据集中数据的详细程度和级别。数据越详细,粒度越小,级别就越低;数据综合度越高,粒度越大,级别就越高。例如,地址数据中"北京市"比"北京市海淀区"的粒度大。

在传统的操作型数据库系统中,对数据处理和操作都是在最低级的粒度上进行的。但是在数据仓库环境中应用的主要是分析型处理,一般需要将数据划分为详细数据、轻度总结、高度总结三级或更多级粒度。

2. 维和维表

维(Dimension)是人们观察数据的特定角度,是考虑问题时的一类属性。此类属性的集合构成一个维度(或维),如时间维、地理维等。

存放维数据的表称为维表,如表 2.2 所示就是一个时间维表。维表中的数据具有维层次结构,包含维属性和维成员。

说明:维表设计是根据实际需要来确定的,以时间维表为例,有的还加上星期。

表 2.2　一个时间维表

编号	日期	月份	季度	年份
1	2015.1.5	2015 年 1 月	2015 年 1 季度	2015 年
2	2015.3.8	2015 年 3 月	2015 年 1 季度	2015 年
3	2015.10.1	2015 年 10 月	2015 年 4 季度	2015 年
4	2015.12.3	2015 年 12 月	2015 年 4 季度	2015 年

3. 维层次

人们从一个维的角度观察数据,还可以根据细节程度的不同形成多个描述层次,这个描述层次称为维层次。

一个维往往具有多个层次,例如,表 2.2 的时间维就是从日期、月份、季度和年份 4 个不同层次来描述时间数据的,用图 2.2(a)表示,而图 2.2(b)是对应的数据表示。

4. 维属性和维成员

一个维是通过一组属性来描述的。在表 2.2 所示的时间维中,对应的维属性是年份、季度、月份和日期。

维的一个取值称为该维的一个维成员。如果一个维是多层次的,那么该维的维成员是在不同维层次的取值。

例如,表 2.2 的时间维中,在年份层次上的维成员为{2015 年},在季度层次上的维成员为{2015 年 1 季度,2015 年 4 季度},以此类推,如图 2.2(c)所示。

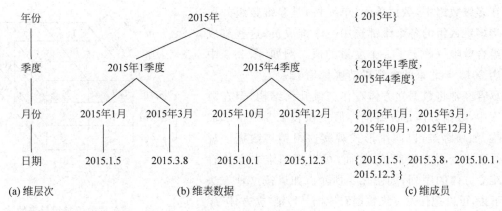

图 2.2　维层次和维成员

5. 度量或事实

度量（Measure）是多维数据集中的信息单元，即多维空间中的一个单元，用以存放数据，也称为事实（Fact）。通常是数值型数据并具有可加性。度量具有以下特点：

（1）度量是决策者所关心的具有实际意义的数值，例如，销售量、库存量、银行贷款金额等。

（2）度量所在的表称为事实表，事实表中存放的事实数据通常包含大量的数据行。

（3）事实表的主要特点是包含数值数据（事实），而这些数值数据可以统计汇总以提供有关单位运作历史的信息。

（4）度量是所分析的多维数据集的核心，它是最终用户浏览多维数据集时重点查看的数值型数据。

6. 多维数据集

数据仓库和 OLAP 服务是基于多维数据模型的，这种模型将多维数据集看作数据立方体（Data Cube）形式。多维数据集可以用一个多维数组来表示，它是维和度量列表的组合表示。一个多维数组可以表示为：

（维 1,维 2,…,维 n,度量列表）

例如，表 2.3 是某商店销售情况表，它按年份、地点和商品组织起来的三维立方体，加上度量"销售量"，就组成了一个多维数组（年份,地点,商品,销售量）。实际上，这里的地区分为两层，假设考虑城市这一层，多维数组为（年份,城市,商品,销售量），其三维立方体如图 2.3 所示。

表 2.3　某商店销售情况表

地点		2013 年			2014 年		
分区	城市	电视机	电冰箱	洗衣机	电视机	电冰箱	洗衣机
华北	北京	12	34	43	23	21	67
华东	上海	15	32	32	54	6	70
	南京	11	43	32	37	16	90

在一个多维数据集中可以有一个或多个度量。例如，在多维数组（年份,地点,商品,销售量,销售金额）中，就有两个度量，即销售量和销售金额。

在多维数组中,数据单元(单元格)是多维数组的取值。当多维数组的各个维都选中一个维成员,这些维成员的组合就唯一确定了一个度量的值。例如,图 2.3 中该商店 2013 年北京的电视机销售量是 12。

尽管经常将数据立方体看作三维几何结构,但在数据仓库中,数据方体是 n 维的。假定在表 2.3 中再增加一个维,如顾客维,以四维形式观察这组销售数据。观察四维事物变得有点麻烦,然而,可以把四维立方体看成三维立方体的序列,如图 2.4 所示。如果按这种方法继续下去,可以把任意 n 维数据看成 $(n-1)$ 维"立方体"序列。数据立方体是对多维数据存储的一种可视化展示,这种数据的实际物理存储可以不同于它的逻辑表示。

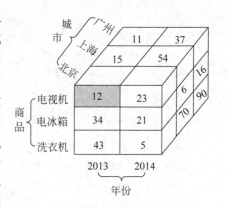

图 2.3 按多维数组组织起来的三维立方体

图 2.4 按四维数组组织起来的三维立方体

2.2.2 OLAP 的基本分析操作

前面讨论的例子仅仅针对一个数据立方体,实际上,对于给定的一个多维数据集,如果每个维有多个层次,可以在每个维组合以及每个维层次上构建数据立方体。例如,对于表 2.3 的数据集,若仅考虑 2013 年的销售情况,对应表 2.4,相应的数据立方体为(年份=2013,城市,商品,销售量);若考虑地点为分区的情况,对应表 2.5,相应的数据方体为(年份,分区,商品,销售量)。

表 2.4 2013 年的商店销售情况表

城市	2013 年		
	电视机	电冰箱	洗衣机
北京	12	34	43
上海	15	32	32
南京	11	43	32

表 2.5 考虑分区层次的商店销售情况表

分区	2013 年			2014 年		
	电视机	电冰箱	洗衣机	电视机	电冰箱	洗衣机
华北	12	34	43	23	21	67
华东	26	75	64	91	22	160

上述数据立方体可能是某个分析查询的结果,所以,OLAP 服务工具应该提供支持这类操作的功能。归纳起来,实现这类操作的基本操作有切片、切块、旋转、上卷和下钻等,称为 OLAP 基本分析操作。它们就像 SQL 中的选择、投影和连接运算一样,任何 SELECT 语句都可以转换为这些基本运算来实现。同样,一个复杂的 OLAP 分析查询可以转换为 OLAP 基本分析操作来实现。

1. 切片

关于切片有以下两种定义。

1) 切片定义 1

在多维数据集的某一维上选定一个维成员的操作称为切片(Slice)。

例如,在多维数组 M(维 1,维 2,…,维 i,…,维 n,度量列表)中选定一维,即维 i,并取其一维成员(维成员 v_i),所得的多维数组的子集(维 1,…,维 $i-1$,维成员 v_i,维 $i-1$,…,维 n,度量列表)称为维 i 上的一个切片。

假设有 M(城市,商品,年份,销售量),则切片操作 M1＝slice1(M,年份＝2014)的结果如表 2.6 所示,对应的示意图如图 2.5 所示。

表 2.6　slice1(M,年份＝2014)的结果

城市	2014 年		
	电视机	电冰箱	洗衣机
北京	23	21	67
上海	54	6	70
南京	37	16	90

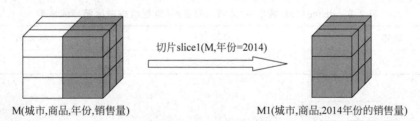

图 2.5　切片操作 1 示意图

2) 切片定义 2

选定多维数据集的一个两维子集的方法称为切片。

例如在多维数组(维 1,维 2,…,维 i,…,维 n,度量列表)中选定两个维 i 和维 j,在这两个维上取某一区间或任意维成员,而将其余的维都选取一个维成员,则得到的就是多维数据集在维 i 和维 j 上的一个二维子集,称这个二维子集为多维数据集在维 i 和维 j 上的一个切片,表示为(维 i,维 j,度量列表)。

假设有 M(城市,商品,年份,销售量),则切片操作 M2＝slice2(M,城市＝'北京或上海',商品＝'电视机或电冰箱')的结果如表 2.7 所示,对应的示意图如图 2.6 所示。

表 2.7　slice2(M,城市＝'北京或上海',商品＝'电视机或电冰箱')的结果

城市	电视机	电冰箱
北京	12＋23＝35	34＋21＝55
上海	15＋54＝69	32＋6＝38

图 2.6　切片操作 2 示意图

对于 n 维的多维数据集,切片定义 1 的结果是 $n-1$ 维,而切片定义 2 的结果总是二维的。按切片定义 1 进行 $n-2$ 次切片会得到切片定义 2 的结果。

无论哪个定义,切片的作用或结果就是舍弃一些观察角度,使人们能在较少维(如两个维)上集中观察数据。

2. 切块

关于切块也有两种定义。

1) 切块定义 1

在多维数据集(维 1,维 2,…,维 n,度量列表)中通过对两个或多个维执行选择得到子集的操作称为切块(Dice)。

该定义与切片定义 2 相似,所不同的是可以对两个以上的维进行选择。

例如,M(城市,商品,年份,销售量),则切块操作 M3＝dicing1(M,城市＝'北京',商品＝'电视机或电冰箱')的结果如表 2.8 所示,对应的示意图如图 2.7 所示。

表 2.8　dicing1(M,城市＝'北京',商品＝'电视机或电冰箱')的结果

城市	电视机	电冰箱
北京	12＋23＝35	34＋21＝55

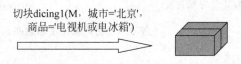

图 2.7　切块操作 1 示意图

2) 切块定义 2

选定多维数据集的一个三维子集的方法称为切块。

例如,选定(维 1,维 2,…,维 n,度量列表)中的三个维:维 i、维 j 和维 k,在这三个维上取某一区间或任意的维成员,而将其余的维都取定一个维成员,则得到的是多维数据集在维 i、维 j 和维 k 上的一个三维子集,称为切块。

例如,假定有 M(城市,商品,年份,销售量),则切块操作 M4＝dicing2(M,城市＝'北京',商品＝'电视机或电冰箱',年份＝2014)的结果与切块定义 1 的示例结果相同。

切块和切片操作的作用是相似的。实际上,切块操作也可以看成进行多次切片,即切块操作结果可以看成是进行多次切片叠合而成的。

3. 旋转

旋转(又称转轴,Pivot)是一种视图操作,即改变一个报告或页面显示的维方向,可以得到不同视角的数据,即转动数据的视角以提供数据的替代表示。旋转操作示意图如图 2.8 所示。

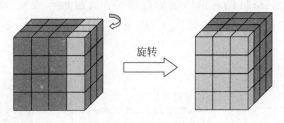

图 2.8　旋转操作示意图

例如,旋转可能包含交换行和列,即维的位置的互换,就像是二维表的行列转换。或是把某一个行维移到列维中去,或把页面显示中的一个维和页面外的维进行交换。

表 2.9 就是表 2.3 旋转操作的结果,这里的旋转操作是将"城市"和"商品"交换,从而观察的视角发生了改变。

表 2.9　某商店销售情况表

商品	2013 年			2014 年		
	北京	上海	南京	北京	上海	南京
电视机	12	15	11	23	54	37
电冰箱	34	32	43	21	6	16
洗衣机	43	32	32	67	70	90

4. 上卷

上卷操作通过维的概念分层向上攀升或者通过维归约(即将 4 个季度的值加到一起为一年的结果)在数据立方体上进行聚集。如在产品维度上,由产品向小类上卷,可得到小类的聚集数据,再由小类向大类上卷,可得到大类层次的聚集数据。

例如,表 2.5 就是表 2.3 通过地点维从"城市"上卷到"分区"的结果。在进行上卷操作时,各度量需要执行相应的聚集函数。在该例中,只有一个度量即"销售量",它对应的聚集函数是 SUM(求和)。

5. 下钻

下钻是上卷的逆操作,它由不太详细的数据到更详细的数据,使用户在多层数据中能通过导航信息而获得更多的细节数据。下钻可以沿维的概念分层向下或引入新的维或维的层次来实现。

例如,表 2.3 可以看成是表 2.5 通过地点维从"分区"下钻到"城市"的结果,目的是让用户看到更细的销售情况。在进行下钻操作时,需要使用到原始数据集。

6. 其他 OLAP 操作

除了上述的 OLAP 基本操作外,有些 OLAP 系统还提供其他钻取操作。例如,钻过(drill_across)执行涉及多个多维数组(事实表)的查询;钻透(drill_through)操作使用关系 SQL 机制,钻透数据立方体的底层,到后端关系表。

其他 OLAP 操作可能包括列出表中最高或最低的 N 项,以及计算移动平均值、增长率、利润、内部返回率、贬值、流通转换和统计功能。

一个复杂的查询统计是一系列 OLAP 基本操作叠加的结果。例如,对于表 2.3 的多维数据集,统计 2014 年"华东"分区的总销售量的过程是:通过地点维从"城市"上卷到"分区",对年份维按"年份＝2014"和分区维按"分区＝'华东'"进行切片操作,最后聚集总和,如图 2.9 所示。

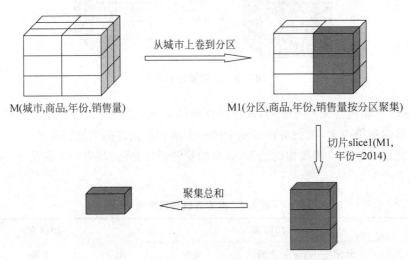

M(城市,商品,年份,销售量)　　　　从城市上卷到分区　　　　M1(分区,商品,年份,销售量按分区聚集)

切片slice1(M1,年份=2014)

聚集总和

图 2.9　统计 2014 年"华东"分区的总销售量的过程

需要说明的是,实现一个查询的 OLAP 基本操作序列可能是不唯一的,如何优化是由 OLAP 服务考虑的。

2.2.3　多维数据模型的实现途径

多维数据模型的物理实现有多种途径,主要有采用多维数据库(Multi-Dimension DataBase,MDDB)、关系数据库以及两种相结合的方法。

针对不同的数据组织方式,对应的 OLAP 系统分别称为 ROLAP(基于关系型数据库的 OLAP)、MOLAP(基于多维数据库的 OLAP)、HOLAP(基于关系型数据库与多维数据库的混合 OLAP)。

1. ROLAP

ROLAP(Relational OLAP)表示基于的数据存储在传统的关系型数据库中。每个 ROLAP 分析模型基于关系数据库中一些相关的表,这些相关表中有反映观察角度的维度表和含有度量的事实表。在关系数据库中,多维数据必须被映像成平面型的关系表中的行,如表 2.10 所示就是一个采用关系表存储的事实表。

在 ROLAP 中必须通过一个能够平衡性能、存储效率和具有可维护性的方案来实现 OLAP 功能。通常维度表和事实表通过外键相互关联,典型的组织模型有星形模型、雪花模型和事实星座模型,这些模式在后面详细的介绍。

2. MOLAP

MOLAP(Multi-dimensional OLAP)表示基于的数据存储在多维数据库中。多维数据库有时也称数据立方体,可以用多维数组表示。例如,表 2.10 的事实表采用多维数组存储时如表 2.11 所示。从中看到,通过这种方式表示数据可以极大提高查询的性能。

表 2.10 一个采用关系表存储的事实表

产品名称	销售地区	销售量	产品名称	销售地区	销售量
电器	江苏	940	服装	北京	270
电器	上海	450	服装	汇总	1450
电器	北京	340	汇总	江苏	1770
电器	汇总	1730	汇总	上海	800
服装	江苏	830	汇总	北京	610
服装	上海	350	汇总	汇总	3180

表 2.11 一个采用多维数组存储的事实表

	江苏	上海	北京	汇总
电器	940	450	340	1730
服装	830	350	270	1450
汇总	1770	800	610	3180

3. ROLAP 与 MOLAP 比较

ROLAP 与 MOLAP 各有优缺点,其比较如表 2.12 所示。总体来讲,MOLAP 是近年来应多维分析而产生的,它以多维数据库为核心。

表 2.12 ROLAP 与 MOLAP 比较

比较项	ROLAP	MOLAP
优点	没有存储大小限制	性能好、响应速度快
	现有的关系数据库的技术可以沿用	专为 OLAP 所设计
	对维度的动态变更有很好的适应性	支持高性能的决策支持计算
	灵活性较好,数据变化的适应性高	支持复杂的跨维计算
	对软硬件平台的适应性好	支持行级的计算
缺点	一般比 MOLAP 响应速度慢	增加系统培训与维护费用
	系统不提供预综合处理功能	受操作系统平台中文件大小的限制
	关系 SQL 无法完成部分计算	系统所进行的预计算,可能导致数据爆炸
	无法完成多行的计算	无法支持数据及维度的动态变化
	无法完成维之间的计算	缺乏数据模型和数据访问的标准

4. HOLAP

HOLAP(Hybrid OLAP)表示基于的数据存储是混合模式的。ROLAP 和 MOLAP 两种方式各有利弊,为了同时兼顾它们的优点,提出一种 HOLAP 将数据存储混合,通常将粒度较大的高层数据存储在多维数据库中,粒度较小的细节层数据存储在关系型数据库中。这种HOLAP 具有更好的灵活性。

2.3　数据仓库的维度建模

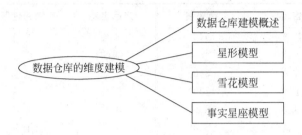

2.3.1　数据仓库建模概述

数据仓库的建模首先要将现实的决策分析环境抽象成一个概念数据模型。然后,将此概念模型逻辑化,建立逻辑数据模型。最后,还要将逻辑数据模型向数据仓库的物理模型转化。

所以,数据仓库的概念模型是数据仓库建设的基础,是整合各种数据源的重要手段,是整个数据仓库建设过程的导航图。构建的数据仓库概念模型应该具有如下特点:

(1) 能真实反映现实世界,能满足用户对数据的分析,达到决策支持的要求,它是现实世界的一个真实模型。

(2) 易于理解,便于和用户交换意见,在用户的参与下,能有效地完成对数据仓库的成功设计。

(3) 易于更改,当用户需求发生变化时,容易对概念模型修改和扩充。

(4) 易于向数据仓库的逻辑模型转换。

构建数据仓库概念模型主要有 E-R(实体-关系)建模和多维建模两种方法。

E-R 建模方法产生 E-R 图,也称为实体建模法。其基本策略是将问题领域的对象分成一个个实体,以及实体与实体之间的关系组成。它是数据库设计的基本方法。

多维建模方法产生数据仓库的多维数据模型,也称为维度建模法,它是由 Kimball 最先提出的。该方法非常直观,紧紧围绕着业务模型,不需要经过特别的抽象处理,即可以完成维度建模。实践表明,多维建模是进行决策支持数据建模的最好方法,数据仓库采用多维数据模型不仅能使其使用方便,而且能提高系统性能。

常用的基于关系数据库的多维数据模型有星形模型、雪花模型和事实星座模型。

2.3.2　星形模型

星形模型(Star Schema)是最常用的数据仓库设计结构的实现模式,它由一个事实表和一组维表组成,每个维表都有一个维主键,所有这些维组合成事实表的主键,换言之,事实表主键的每个元素都是维表的外键。该模式的核心是事实表,通过事实表将各种不同的维表连接起来,各个维表都连接到中央事实表。维表中的对象通过事实表与另一维表中的对象相关联,这样就能建立各个维表对象之间的联系,如图 2.10 所示。星形模型形成类似于一颗星的形状,由此得名。

事实表的非主属性便是度量或事实,它们一般都是数值或其他可以进行计算的数据,而维表中大都是文字、时间等类型的数据。

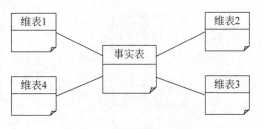

图 2.10 星形模型示意图

归纳起来,星形模型的特点如下:

(1) 维度表只与事实表关联,维度表彼此之间没有任何联系。

(2) 每个维度表中的主码都只能是单列的,同时该主码被放置在事实数据表中,作为事实数据表与维表连接的外码。

(3) 星形模式是以事实表为核心,其他的维度表围绕这个核心表呈星形分布。

星形模型使用户能够很容易地从维表中的数据分析开始,获得维关键字,以便连接到中心的事实表进行查询,这样就可以减少在事实表中扫描的数据量,以提高查询性能。

例如,一个"销售"数据仓库的星形模型如图 2.11 所示。该模式包含一个中心事实表"销售事实表"和 4 个维表:时间维表、销售商品维表、销售地点维表和顾客维表。在销售事实表中存储着 4 个维表的主键和两个度量"销售量"和"销售金额"。这样,通过这 4 个维表的主键,就将事实表与维表联系在一起,形成了"星形模型",完全用二维关系表示了数据的多维概念。

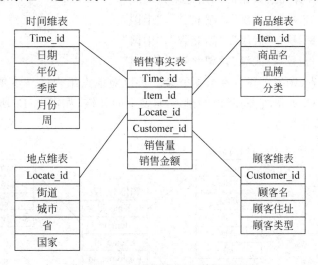

图 2.11 "销售"数据仓库的星形模型

2.3.3 雪花模型

雪花模型(Snowflake Schema)是对星形模型的扩展,每一个维表都可以向外连接多个详细类别表。在这种模式中,维表除了具有星形模型中维表的功能外,还连接对事实表进行详细描述的详细类别表,详细类别表通过对事实表在有关维上的详细描述达到了缩小事实表和提高查询效率的目的,如图 2.12 所示,雪花模型形成类似于雪花的形状,由此得名。

星形模型虽然是一个关系模型,但是它不是一个规范化的模型,在星形模型中,维表被故意地非规范化了,雪花模型对星形模型的维表进一步标准化,对星形模型中的维表进行了规范化处理。雪花模型的维表中存储了规范化的数据,这种结构通过把多个较小的规范化表(而不是星形模型中的大的非规范表)联合在一起来改善查询性能。由于采取了规范化及维的低粒度,雪花模型提高了数据仓库应用的灵活性。

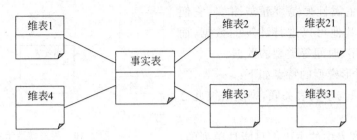

图 2.12 雪花模型示意图

归纳起来,雪花模型的特点如下:

(1) 某个维表不与事实表直接关联,而是与另一个维表关联。

(2) 可以进一步细化查看数据的粒度。

(3) 维表和与其相关联的其他维表也是靠外码关联的。

(4) 也以事实数据表为核心。

例如,在图 2.11 所示的星形模型中,每维只用一个维表表示,而每个维表包含一组属性。如销售地点维表包含属性集{Location_id,街道,城市,省,国家}。这种模式可能造成某些冗余,如可能存在以下含有冗余数据的三条记录:

101,"解放大道 12 号","武汉","湖北省","中国"

201,"解放大道 85 号","武汉","湖北省","中国"

255,"解放大道 28 号","武汉","湖北省","中国"

从中看到城市、省、国家字段存在数据冗余。可以对地点维表进一步规范化,即创建一个城市维表,含有主键 City_id,它同时作为地点维表中的外键,如图 2.13 所示,这样就构成了"销售"数据仓库的雪花模型。

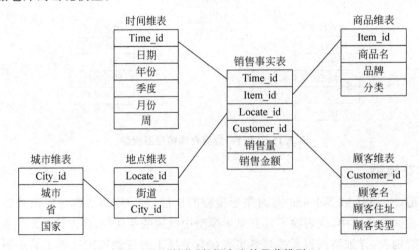

图 2.13 "销售"数据仓库的雪花模型

雪花模型和星形模型的比较如下:雪花模型的维表可能是规范化形式,以便减少冗余。这种表易于维护并节省存储空间。然而,与巨大的事实表相比,这种空间的节省可以忽略。此外,由于执行查询需要更多的连接操作,雪花模型可能降低浏览的性能。这样,系统的性能可能相对受到影响。因此,尽管雪花模型减少了冗余,但是在数据仓库设计中,雪花模式不如星形模型流行。雪花模型与星形模型结构上的差异如表 2.13 所示。

表 2.13 雪花模型与星形模型结构的差异

比较项目	星形模型	雪花模型
行数	多	少
可读性	容易	难
表数量	少	多
搜索维的时间	快	慢

2.3.4 事实星座模型

通常一个星形模型或雪花模型对应一个问题的解决(一个主题),它们都有多个维表,但是只能存在一个事实表。在一个多主题的复杂数据仓库中可能存放多个事实表,此时就会出现多个事实表共享某一个或多个维表的情况,这就是事实星座模型(Fact Constellations Schema)。

例如,在图 2.11 所示的星形模型的基础上,增加一个供货分析主题,包括供货时间(Time_id)、供货商品(Item_id)、供货地点(Locate_id)、供应商(Supplier_id)、供货量和供货金额等属性,设计相应的供货事实表,对应的维表有时间维表、商品维表、地点维表和供应商维表,其中前三个维表和销售事实表共享,对应的事实星座模型如图 2.14 所示。

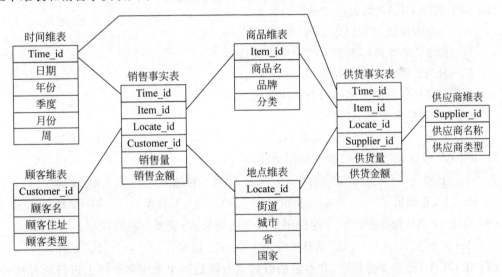

图 2.14 "销售"数据仓库的事实星座模型

星形模型、雪花模型和事实星座模型之间的关系如图 2.15 所示。

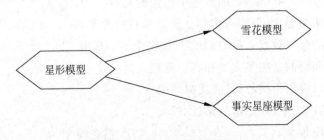

图 2.15 三种模型的关系

　　星形模型是最基本的模式,一个星形模型有多个维表,但是只能存在一个事实表。在星形模型基础上,为了避免数据冗余,用多个表来描述一个复杂维,即在星形模型的基础上,构造维表的多层结构(或称维表的规范化),就得到雪花模型。

　　如果打破星形模型只有一个事实表的限制,且这些事实表共享部分或全部已有的维表信息,这种结构就是事实星座模型。

练 习 题

1. 单项选择题

(1) OLAP 的含义是(　　)。

  A. 面向对象分析处理   B. 面向过程分析处理

  C. 联机事务处理   D. 联机分析处理

(2) OLAP 的核心是(　　)。

  A. 对用户的快速响应   B. 互操作性

  C. 多维数据分析   D. 以上都不是

(3) 以下关于 OLAP 的叙述中错误的是(　　)。

  A. 一个多维数组可以表示为(维 1,维 2,…,维 n)

  B. 维的一个取值称为该维的一个维成员

  C. OLAP 是联机分析处理

  D. OLAP 是数据仓库进行分析决策的基础

(4) OLAP 的基本操作不包括(　　)。

  A. 上钻   B. 下钻   C. 切片   D. 平移

(5) OLAP 包括以下(　　)基本操作功能。

  Ⅰ. 上卷   Ⅱ. 切片   Ⅲ. 转轴   Ⅳ. 切块

  A. Ⅰ、Ⅱ和Ⅲ   B. Ⅰ、Ⅱ和Ⅳ   C. Ⅱ、Ⅲ和Ⅳ   D. 都是

(6) 以下 OLAP 操作中(　　)的作用是改变维的层次,变换分析的粒度。

  A. 切块   B. 平移   C. 钻取   D. 切片

(7) 在 OLAP 的基本操作中,在给定的数据立方体的两个或更多个维上进行选择操作得到一个子立方体,这个操作称为(　　)。

  A. 切块   B. 转轴   C. 上卷   D. 下钻

(8) 以下关于 OLAP 和 OLTP 的叙述中错误的是(　　)。

  A. OLTP 事务量大,但事务内容比较简单且重复率高

  B. OLAP 的最终数据来源与 OLTP 是完全不一样的

  C. OLAP 面对的是决策人员和高层管理人员

  D. OLTP 以应用为核心,是应用驱动的

(9) 数据仓库的模式中,最基本的是(　　)。

  A. 事实星座模型   B. 雪花模型

  C. 星形模型   D. 以上都不对

(10) OLAP 系统按照其数据在存储器中的存储格式可以分为(　　)三种类型。

    A. 关系 OLAP、对象 OLAP、混合型 OLAP

    B. 关系 OLAP、混合型 OLAP、多维 OLAP

    C. 对象 OLAP、混合型 OLAP、多维 OLAP

    D. 关系 OLAP、对象 OLAP、多维 OLAP

(11) 对 MOLAP 和 ROLAP 的比较中错误的是(　　)。

    A. MOLAP 的查询能力一般较好,而在 ROLPA 中进行查询,往往很难预料查询结果

    B. MOLAP 所需要的数据加载时间较长,而 ROLAP 的数据加载时间比 MOLAP 短

    C. ROLAP 比 MOLAP 的分析速度要快很多

    D. MOLAP 在分析过程中精度较高,具有分析的优势

(12) 以下叙述中正确的是(　　)。

    A. OLAP 是针对特定事务联机数据访问

    B. 如果一个维是多层次的,那么该维的维成员就是相同维层次的取值的组合

    C. OLTP 存储的是历史数据,不可更新,但可周期性地刷新

    D. OLAP 的特点是能够对多维信息进行快速分析

2. 问答题

(1) 简述 OLAP 的定义和特性。

(2) 简述 OLAP 中为什么需要大量的聚集方体。

(3) 简述维的基本概念与多维的切片和切块。

(4) 简述数据粒度的概念。

(5) 简述星形模型、雪花模型和事实星座模型各有什么特点。

(6) 简述如何从星形模型产生雪花模型。

(7) 假定某大学的学生教务管理系统包含如下关系表:

学生(学号,姓名,性别,班号,专业号)
课程(课程号,课程名,课程类别,开课学期)
专业(专业号,专业名,所属系)
成绩(学号,姓名,课程号,任课教师,分数)

现设计一个 University 数据仓库,从该学生教务管理系统加载数据,其主题是分析学生性别、各专业、各课程类别的分数情况,事实表中包含选修课程数和平均分两个度量。画出该数据仓库的多维数据模型图。

(8) 某航空公司希望能够分析其服务的旅客的旅行情况,这样可以为公司正确定位航空市场中的客户市场。并且希望能够跟踪不同航线上旅客的各季节变化情况和增长,并跟踪在不同航班上所消费的食品和饮料情况,这样可以帮助航空公司安排不同航线上的航班和食品供应。设计满足该主题的数据仓库,画出多维数据模型图和对应的逻辑模型。

第3章 数据仓库设计

数据仓库设计步骤

本章指南

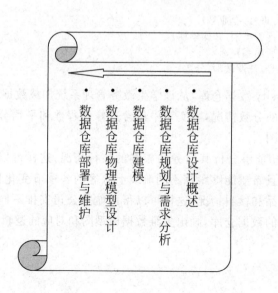

数据仓库部署与维护 · 数据仓库物理模型设计 · 数据仓库建模 · 数据仓库规划与需求分析 · 数据仓库设计概述

3.1　数据仓库设计概述

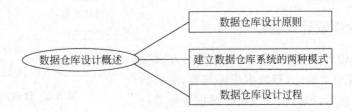

3.1.1　数据仓库设计原则

　　数据仓库设计是建立一个面向企业决策者的分析环境或系统。数据仓库的设计原则是以业务和需求为中心，以数据来驱动。前者是指围绕业务方向性需求、业务问题等，确定系统范围和总体框架；后者是指其所有数据均建立在已有数据源基础上，从已存在于操作型环境中的数据出发进行数据仓库设计。

3.1.2　建立数据仓库系统的两种模式

1. 先整体再局部的构建模式

　　该构建模式最早由 W. H. Inmon 提出，先创建企业数据仓库，即对分散于各个业务数据库中的数据特征进行分析，在此基础上实施数据仓库的总体规划和设计、构建一个完整的数据仓库、提供全局数据视图，再从数据仓库中分离部门业务的数据集市，即逐步建立针对各主题的数据集市，以满足具体的决策需求。

　　这种构建模式通常在技术成熟、业务过程理解透彻的情况下使用，也称为自顶向下模式，如图 3.1 所示，其中数据由数据仓库流向数据集市。

　　该模式的优点是数据规范化程度高，由于面向全企业构建了结构稳定和数据质量可靠的数据中心，可以相对快速有效地分离面向部门的应用，从而最小化数据冗余与不一致性；当前数据、历史数据与详细数据整合，便于全局数据的分析和挖掘。

　　其缺点是建设周期长、见效慢，风险程度相对大。

2. 先局部再整体的构建模式

　　该构建模式最早由 Ralph Kimball 提出，是先将

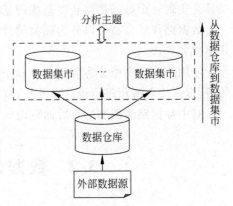

图 3.1　自顶向下模式

企业内各部门的要求视作分解后的决策子目标，并针对这些子目标建立各自的数据集市，在此基础上对系统不断进行扩充，逐步形成完善的数据仓库，以实现对企业级决策的支持。

　　这种构建模式也称为自底向上模式，如图 3.2 所示，其中数据由数据仓库流向数据集市。

该模式的优点是投资少、见效快；在设计上相对灵活；由于部门级数据的结构简单，决策需求明确，因此易于实现。

其缺点是数据需要逐步清洗，信息需要进一步提炼，如数据在抽取时有一定的重复工作，还会有一定级别的冗余和不一致性。

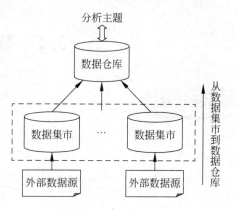

图3.2　自底向上模式

3.1.3　数据仓库设计过程

数据仓库的设计从数据、技术和应用三方面展开，各方面工作完成之后，进行数据仓库部署，然后数据仓库投入运行使用，同时管理人员对数据仓库进行维护，完成数据仓库的一个生命周期，如图3.3所示。

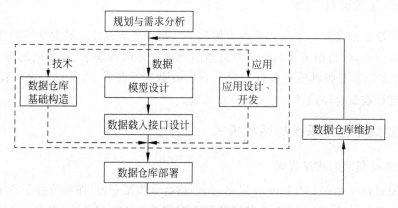

图3.3　数据仓库建立的基本框架

技术路线的实施分为技术选择和产品选择两个步骤。如何采用有效的技术和合适的开发工具是实现一个好的数据仓库系统的基本条件。

数据路线的实施可以分为模型设计、物理设计和数据处理三个步骤，用以满足对数据的有效组织和管理。

应用路线的实施分为应用设计和应用开发两个步骤。数据仓库的建立最终是为应用服务的，所以需要对应用进行设计和开发，以更好地满足用户的需要。

其中数据路线的实施是后面讨论的重点。

3.2　数据仓库规划与需求分析

知识梳理

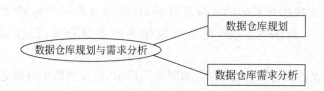

3.2.1　数据仓库规划

数据仓库的规划主要产生建设数据仓库的策略规划,确定建立数据仓库的长期计划,并为每一建设阶段设定目标、范围和验证标准。数据仓库的策略规划包括:

(1) 明确用户的战略远景、业务目标。

(2) 确定建设数据仓库的目的和目标。

(3) 定义清楚数据仓库的范围、优先顺序、主题和针对的业务。

(4) 定义衡量数据仓库成功的要素。

(5) 定义精简的体系结构、使用技术、配置、容量要求等。

(6) 定义操作数据和外部数据源。

(7) 确定建设所需要的工具。

(8) 概要性地定义数据获取和质量控制的策略。

(9) 数据仓库管理及安全。

其中非常重要的一条就是业务目标,建设数据仓库的目的就是通过集成不同的系统信息为企业提供统一的决策分析平台,帮助企业解决实际的业务问题(例如,如何提高客户满意度和忠诚度,降低成本、提高利润,合理分配资源,有效进行全面绩效管理等)。因此在规划数据仓库时要以应用驱动,充分考虑如何满足业务目标。

数据仓库体系结构的建设将是一个系统工程。它的规划、设计、开发、投产、改造将是一个循环往复、长时期的工作,数据仓库的建设过程中应该遵循:在大中心的模式下,实现信息集中管理、统筹规划、整体设计、分步实施的原则。同时,在系统实施过程中要体现“统一规划、统一标准、统一选型、统一开发”的“四统一原则”。建成的数据仓库体系结构应满足以下几点。

(1) 全面的:必须满足企业各管理职能部门的业务需求,提供全套产品,提供服务与支持,以及拥有能提供补充产品的合作伙伴。所有这些,才能确保数据仓库能满足现在及将来的特殊要求。一个全面的解决方案是在技术基础上的延伸,包括分析应用,从而使业务人员能真正从数据仓库系统中获益,提高企业运作效率、扩大市场以及平衡两者间的关系。

(2) 完整的:必须适合现存的环境,它必须提供一个符合工业标准的完整的技术框架,以保证系统的各个部分能协调一致地工作。

(3) 不受限制的:必须适应变化,必须能迅速、简单地处理更多的数据及服务更多的用户,以满足不断增长的需求。

(4) 最优的:必须在企业受益、技术及低风险方面经过验证,必须在市场上保持领先地位,具有明显的竞争优势和拥有大量的合作伙伴产品。

3.2.2　数据仓库需求分析

数据仓库的特点是面向主题,按主题组织数据。所谓主题就是分析决策的目标和要求,因此主题是建立数据仓库的前提。数据仓库应用系统的需求分析,必须紧紧围绕着主题来进行,主要包括主题分析、数据分析和环境要求分析。

1. 主题分析

需求分析的中心工作是主题分析,主题是由用户提出的分析决策的目标和需求,它有宏观和微观等多种形式。在此阶段要通过开发方与用户方大量的沟通,把用户提出的需求进行梳理,归纳出主题并分解成若干需求层次,构成从宏观到微观、从综合到细化的主题层次结构。

对于每个主题,需要进行详细的调研,确定要分析的指标和用户从哪些角度来分析数据即维度(包括维度层次),还要确定用户分析数据的细化或综合程度即粒度。

主题、指标、维度和粒度是建立数据仓库的基本要素。

2. 数据分析

数据仓库系统以数据为核心,因此数据的分析非常重要。在确定了分析主题后,就需要从业务系统的数据源入手,进行数据的分析。数据分析包括以下的工作。

(1) 数据源分析:分析目前存在哪些数据源,这些数据源能否支撑主题的需要,了解清楚这些数据源的结构、数据之间的关系,并给出详细的描述。

(2) 数据数量分析:数据仓库对数据数量有一定的最低要求,对数据密度、宽度都有一定的要求,因此需要分析数据源的数据能否达到这些要求。

(3) 数据质量分析:需要对数据源的数据质量进行分析,确定数据的正确性、一致性、规范性和全面性能否达到要求。

3. 环境要求分析

需要对满足需求的系统平台与环境提出要求,包括设备、网络、数据、接口、软件等的要求。

3.3   数据仓库建模

知识梳理

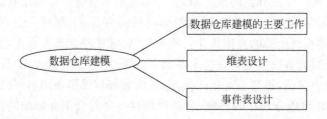

3.3.1   数据仓库建模的主要工作

数据仓库建模是指设计数据仓库的逻辑模型。逻辑建模是数据仓库实施中的重要一环,因为它能直接反映出业务部门的需求,同时对系统的物理实施有重要的指导作用。

数据仓库的建模主要是确定数据仓库中应该包含的数据类型及其相互关系,其主要工作如下。

1. 确定主题域

主题是在较高层次上将企业信息系统中的数据进行综合、归类和分析利用的一个抽象概念,每一个主题基本对应一个宏观的分析领域。在逻辑意义上,它是对应企业中某一宏观分析领域所涉及的分析对象。

主题域是对某个主题进行分析后确定其边界。确定主题边界实际上需要进一步理解业务关系,因此在设计好主题后,还需要对这些主题进行初步的细化才便于获取每一个主题应该具有的边界,如图3.4所示是确定主题域的示意图。在设计数据仓库时,一般是一次先建立一个主题或企业全部主题中的一部分,因此在大多数数据仓库的设计过程中都有一个主题域的选择过程。主题域的确定必须由最终用户和数据仓库的设计人员共同完成。

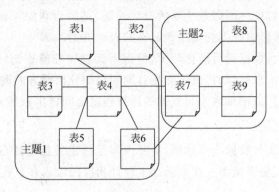

图 3.4　确定主题域的示意图

在确定系统所包含的主题域后,对每个主题域的内容进行较详细的描述,描述的内容包括主题域的公共码键、主题域之间的联系和代表主题的属性组。

例如,对于一个电子商务数据仓库,管理层需要分析的主题一般包括商品主题、客户主题和销售主题,如表 3.1 所示是其中商品、销售和顾客主题的详细描述。

表 3.1　主题的详细描述

主题名	公共键	属　性　组
商品	商品编号	商品基本信息:商品编号,商品名称,类型等
销售	订单编号	销售基本信息:订单编号,日期,顾客编号,商品编号,销售数量、销售金额等
		销售评价信息:订单编号,顾客编号,商品编号,评语,打分等
顾客	顾客编号	顾客基本信息:顾客编号,姓名,性别,年龄,学历,住址,电话等

2. 粒度设计

粒度问题是设计数据仓库的一个最重要的方面。粒度是指数据仓库的数据单位中保存数据的细化或综合程度的级别。细化程度越高,粒度级就越小;相反,细化程度越低,粒度级就越大。如图 3.5 所示是数据粒度的示意性表示。

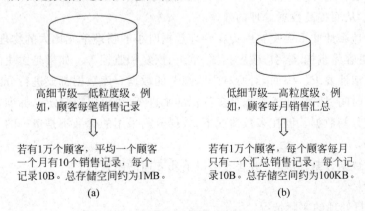

高细节级—低粒度级。例如,顾客每笔销售记录

⇩

若有1万个顾客,平均一个顾客一个月有10个销售记录,每个记录10B。总存储空间约为1MB。

(a)

低细节级—高粒度级。例如,顾客每月销售汇总

⇩

若有1万个顾客,每个顾客每月只有一个汇总销售记录,每个记录10B。总存储空间约为100KB。

(b)

图 3.5　数据的粒度

数据的粒度一直是一个设计问题。在操作型系统中,几乎总是选择最低粒度级。但在数据仓库环境中,对粒度并没有统一的规定,需要设计者根据实际情况来确定数据的粒度级别。

在数据仓库环境中粒度之所以是主要的设计问题,是因为它深深地影响存放在数据仓库中的数据量的大小,同时影响数据仓库所能回答的查询类型。

例如,如果粒度太大,数据量可能比较少,但得不到更详细的查询结果。当数据仓库中仅仅存放顾客每月的销售汇总数据时,就不能按日期和星期分析顾客的购物情况了。所以,粒度设计就是在数据仓库中的数据量大小与查询的详细程度之间做出权衡。

3. 数据仓库建模

通常采用维度建模法为数据仓库建模,主要内容是确定数据仓库的多维数据模型是星形模型、雪花模型还是事实星座模型。在此基础上设计相应的维表和事实表,从而得到数据仓库的逻辑模型。

例如,对于第 2 章图 2.11 的数据仓库概念模型,采用关系数据库时,其逻辑模型描述如下(下划线部分是关系的主键):

时间维表(Time_id,日期,年份,季度,月份,周)

地点维表(Locate_id,街道,城市,省,国家)

商品维表(Item_id,商品名,品牌,分类)

顾客维表(Customer_id,顾客名,顾客住址,顾客类型)

销售事实表(Time_id,Item_id,Locate_id,Customer_id,销售量,销售金额)

从使用的效率角度考虑,设计数据仓库时要考虑以下因素:

(1) 尽可能使用星形架构,如果采用雪花结构,还需要进一步规范化维表。

(2) 维表的设计应该符合通常意义上的范式约束,维表中不要出现无关的数据。

(3) 事实表中包含的数据应该具有必需的粒度。

(4) 对事实表和维表中的关键字必须创建索引。

(5) 保证数据的引用完整性,避免事实表中的某些数据行在聚集运算时没有参加进来。

有关维表和事实表的详细设计将在后面章节中介绍。

4. 确定数据分割策略

分割是指把逻辑上是统一整体的数据分割成较小的、可以独立管理的物理单元进行存储,以便能分别处理,从而提高数据处理的效率。

数据分割为什么如此重要呢? 因为在管理数据时小的物理单元比大的物理单元具有更大的灵活性,包括更容易重构、索引、顺序扫描、重组、恢复和监控等。如果是大块的数据,就达不到访问数据的灵活性要求。因而,对所有当前细节的数据仓库数据都要进行分割。

分割可以按时间、地区、业务类型等多种标准来进行,也可以按自定义标准,如图 3.6 所示采用的是按时间分割数据。但在多数情况下,数据分割采用的标准不是单一的,而是多个标准的组合。

选择适当的数据分割标准,一般要考虑以下几方面的因素:

(1) 数据量大小。

(2) 数据分析处理的实际情况。

(3) 简单易行。

(4) 与粒度的划分策略相统一。

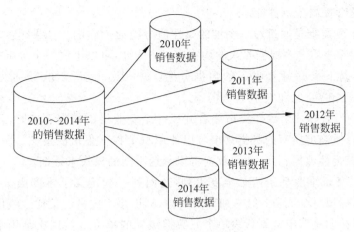

图 3.6 按时间分割数据

(5) 数据的稳定性。

3.3.2 维表设计

1. 维表的特征

维表用于存放维信息,包括维属性(列)和维成员。一个维用一个维表表示。维表通常具有以下数据特征:

(1) 维通常使用解析过的时间、名字或地址元素,这样可以使查询更灵活。例如时间可分为年份、季度、月份和时期等,地址可用地理区域来区分,如国家、省、市、县等。

(2) 维表通常不使用业务数据库的关键字作为主键,而是对每个维表另外增加一个额外的字段作为主键来识别维表中的对象。在维表中新设定的键也称为代理键。

(3) 维表中可以包含随时间变化的字段,当数据集市或数据仓库的数据随时间变化而有额外增加或改变时,维表的数据行应有标识此变化的字段。

2. 维的类型

维表中维的类型包括结构维、信息维、分区维、分类维、退化维、一致维和父子维多种类型。

(1) 结构维。结构维表示在维层次结构组成中的信息度量,如年份、月份和日期可以组成一个结构维,商品销售地点可以组成另一个结构维,由此可以分析某个时期在某个地区销售价的商品总量。

(2) 信息维。信息维是由计算字段建立的。用户也许想通过销售利润了解所有产品的销售总额。也许希望通过增加销售来获得丰厚的利润。然而,如果某一款商品降价销售,可能会发现销售量虽然很大,而利润却很小或几乎没有利润。从另一方面看,用户可能希望通过提高某种产品的价格获得较大的利润。这种产品可能具有较高的利润空间,但销量却可能很低。因此,就利润建立一个维,包括每种商品利润和全部利润的维,就销售总量建立一个度量,这样可以提供有用的信息,这个维就是一个信息维。

(3) 分区维。分区维是以同一结构生成的两个或多个维。例如,对于时间维,每一年有相同的季度、相同的月和相同的天(除了闰年以外,而它不影响维),在 OLAP 分析中,将频繁使用时间分区维来分割数据仓库中的数据,其中一个时间维中的数据是针对 2014 年的,而另一个时间维中的数据是针对 2015 年的,建立事实表时,可以把度量分割为 2014 年的数据和

2015 年的数据,这会提高分析性能。

(4) 分类维。分类维是通过对一个维的属性值分组而创建的。如果顾客表中有家庭收入属性,那么,可能希望查看顾客根据收入的购物方式。为此,可以生成一个含有家庭收入的分类维。例如,如果有以下家庭每年收入的数据分组:0~20000 元、20001~40000 元、40001~60000 元、60001~100000 元和大于 100001 元。

(5) 一致维。当有好几个数据集市要合并成一个企业级的数据仓库时,可以使用一致维来集成数据集市以便确定所有的数据集市可以使用每个数据集市的事实。所以,一致维常用于属于企业级的综合性数据仓库,使得数据可以跨越不同的模式来查询。

(6) 父子维。父子维度基于两个维度表列,这两列一起定义了维度成员中的沿袭关系。一列称为成员键,标识每个成员;另一列称为父键,标识每个成员的父代。该信息用于创建父子链接,该链接将在创建后组合到代表单个元数据级别的单个成员层次结构中。父子维度用通俗的话来讲,就是这个表是自反的,即外键本身就是引用的主键。例如,公司组织结构中,分公司是总公司的一部分,部门是分公司的一部分,员工是部门的一部分,通常公司的组织架构并非处在等层次上,例如总公司下面的部门看起来就和分公司是一样的层次。因此父子维的层次通常是不固定的。

在数据仓库的逻辑模型设计中,有一些维表是经常使用的,它们的设计形成了一定的设计原则,如时间维、地理维、机构维和客户维等,所以在设计维表时应遵循这些设计原则。又例如,数据仓库存储的是系统的历史数据,业务分析最基本的维度就是时间维,所以每个主题通常都有一个时间维。

3. 维表中的概念分层

维表中的维一般包含层次关系,也称为概念分层,如在时间维上,按照“年份—季度—月份”形成了一个层次,其中年份、季度、月份成为这个层次的三个级别。

概念分层的作用如下:

(1) 概念分层为不同级别上的数据汇总,如上卷操作提供了一个良好的基础。

(2) 综合概念分层和多维数据模型的潜力,如下钻操作可以对数据获得更深入的洞察力。

(3) 通过在多维数据模型中,在不同的维上定义概念分层,使得用户在不同的维上从不同的层次对数据进行观察成为可能。

(4) 多维数据模型使得从不同的角度对数据进行观察成为可能,而概念分层则提供了从不同层次对数据进行观察的能力;结合这两者的特征,可以在多维数据模型上定义各种OLAP 操作,为用户从不同角度不同层次观察数据提供了灵活性。

3.3.3　事实表设计

1. 事实表的特征

事实表是多维模型的核心,是用来记录业务事实并做相应指标统计的表,同维表相比,事实表具有如下特征:

(1) 记录数量很多,因此事实表应当尽量减小一条记录的长度,避免事实表过大而难于管理。

(2) 事实表中除度量外,其他字段都是维表或中间表(对于雪花模式)的关键字(外键)。

(3) 如果事实相关的维很多,则事实表的字段个数也会比较多。

2. 事实表的类型

事实表的粒度能够表达数据的详细程度。从用途的不同来说,事实表可以分为以下三类。

(1) 原子事实表:是保存最细粒度数据的事实表,也是数据仓库中保存原子信息的场所。

(2) 聚集事实表:是原子事实表上的汇总数据,也称为汇总事实表。即新建立一个事实表,它的维度表是比原维度表要少,或者某些维度表是原维度表的子集,如用月份维度表代替日期维度表;事实数据是相应事实的汇总,即求和或求平均值等。

(3) 合并事实表:是指将位于不同事实表中处于相同粒度的事实进行组合建模而成的一种事实表。即新建立一个事实表,它的维度是两个或多个事实表的相同维度的集合,事实是几个事实表中感兴趣的事实。合并事实表的粒度可以是原子粒度也可以是聚集粒度。

聚集事实表和合并事实表的主要差别是合并事实表一般是从多个事实表合并而来的。但是它们的差别不是绝对的,一个事实表既是聚集事实表又是合并事实表是很有可能的。因为一般合并事实表需要按相同的维度合并,所以很可能在做合并的同时需要进行聚集,即粒度变粗。注意维度和事实表应在同一个粒度上。

3. 聚集函数

在查询事实表时,通常使用到聚集函数,一个聚集函数从多个事实表记录中计算出一个结果。如一个事实表中销售量是一个度量,如果要统计所有的销售量,便用求和聚集函数,即 SUM(销售量)。在设计事实表时需要为每个度量指定相应的聚集函数。度量可以根据其所用的聚集函数分为以下三类。

(1) 分布的聚集函数:将这类函数用于 n 个聚集值得到的结果和将函数用于所有数据得到的结果一样。例如 COUNT(求记录个数)、SUM(求和)、MIN(求最小值)、MAX(求最大值)等。

(2) 代数的聚集函数:函数可以由一个带 m 个参数的代数函数计算(m 为有界整数),而每个参数值都可以由一个分布的聚集函数求得,例如 AVG(求平均值)等。

(3) 整体的聚集函数:描述函数的子聚集所需的存储没有一个常数界,即不存在一个具有 m 个参数的代数函数进行这一计算,例如 MODE(求最常出现的项)。

在设计事实表时,可以利用减少字段个数、降低每个字段的大小和把历史数据归档到单独事实表中等方法来减小事实表的大小。

3.4　数据仓库物理模型设计

知识梳理

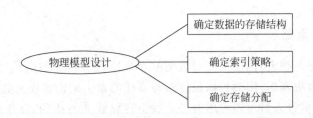

　　数据仓库的物理模型是逻辑模型在数据仓库中的实现模式。构建数据仓库的物理模型与所选择的数据仓库开发工具密切相关。这个阶段所做的工作是确定数据的存储结构,确定索引策略和确定存储分配等。

　　设计数据仓库的物理模型时,要求设计人员必须做到以下几方面:

　　(1) 要全面了解所选用的数据仓库开发工具,特别是存储结构和存取方法。

　　(2) 了解数据环境、数据的使用频度、使用方式、数据规模以及响应时间要求等,这些是对时间和空间效率进行平衡和优化的重要依据。

　　(3) 了解外部存储设备的特性,如分块原则、块大小的规定、设备的 I/O 特性等。

3.4.1　确定数据的存储结构

　　一个数据仓库开发工具往往都提供多种存储结构供设计人员选用,不同的存储结构有不同的实现方式,各有各的适用范围和优缺点。设计人员在选择合适的存储结构时应该权衡三个方面的主要因素:存取时间、存储空间利用率和维护代价。

　　同一个主题的数据并不要求存放在相同的介质上。在物理设计时,常常要按数据的重要程度、使用频率以及对响应时间的要求进行分类,并将不同类的数据分别存储在不同的存储设备中。重要程度高、经常存取并对响应时间要求高的数据就存放在高速存储设备上,如硬盘;存取频率低或对存取响应时间要求低的数据则可以放在低速存储设备上,如磁盘或磁带。此外,还可考虑如下策略。

1. 合并表组织

　　在常见的一些分析处理操作中,可能需要执行多表连接操作。为了节省 I/O 开销,可以把这些表中的记录混合放在一起,以减少表连接运算的代价,这称为合并表组织。这种组织方式在访问序列经常出现或者表之间具有很强的访问相关性时具有很好的效果。

2. 引入冗余

　　在面向某个主题的分析过程中,通常需要访问不同表中的多个属性,而每个属性又可能参与多个不同主题的分析过程。因此可以通过修改关系模式把某些属性复制到多个不同的主题表中,从而减少一次分析过程需要访问的表的数量。

3. 分割表组织

　　在逻辑设计中按时间、地区、业务类型等多种标准把一个大表分割成许多较小的、可以独立管理的小表,称为分割表。这些分割表可以采用分布式的存储方式,当需要访问大表中的某类数据时,只需访问分割后的对应小表,从而提高访问效率。

4. 生成导出数据

　　在原始、细节数据的基础上进行一些统计和计算,生成导出数据,并保存在数据仓库中,避免在分析过程中执行过多的统计和计算操作,提高分析的性能,又避免不同用户进行重复统计可能产生的偏差。

3.4.2　确定索引策略

　　数据仓库的数据量很大,因而需要对数据的存取路径进行仔细的设计和选择。由于数据仓库的数据都是不常更新的,因而可以设计多种多样的索引结构来提高数据存取效率。

　　在数据仓库中,设计人员可以考虑对各个数据存储建立专用的、复杂的索引,以获得最高的存取效率,因为在数据仓库中的数据是不常更新的,也就是说每个数据存储是稳定的,因而虽然建立专用的、复杂的索引有一定的代价,但一旦建立就几乎不需维护索引的代价。

3.4.3 确定存储分配

许多数据仓库开发工具提供了一些存储分配的参数供设计者进行物理优化处理,例如,块的尺寸、缓冲区的大小和个数等,它们都要在物理设计时确定。这同创建数据库系统时的考虑是一样的。

3.5 数据仓库部署与维护

知识梳理

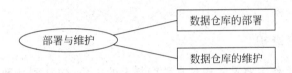

3.5.1 数据仓库的部署

完成前面各项工作之后,可以进入数据仓库的部署阶段,主要包括用户认可、初始装载、桌面准备和初始培训。

1. 用户认可

用户的认可在部署阶段不只是一个形式而是绝对必需的,在关键用户没有对数据仓库表示满意前不要强行进行部署。用户是否认可主要通过相关测试来进行,下面是测试的一些要点:

(1) 在每个主题域或部门,让用户选择几个典型的查询和报表,执行查询并产生报表,最后从操作型系统生成报表作为验证数据库产生的报表。

(2) 测试预定义查询和报表。

(3) 测试 OLAP 系统。让用户选择大约 5 个典型分析会话进行测试并与操作型系统的结果比较。

(4) 进行前端工具的可用性设计测试。

(5) 如果数据仓库支持 Web,则需要进行 Web 特性测试。

(6) 进行系统性能测试。

2. 初始装载

初始装载的主要任务是运行接口程序,将数据装入到数据仓库中。初始装载的主要步骤如下:

(1) 删除数据仓库关系表中的索引。因为初始装载数据量很大,建立索引耗费大量的时间。

(2) 可以限制关系完整性的检验。

(3) 确保已经建立合适的检查点。为了避免在装载过程中失败需要全部重新开始装载,所以必须建立检查点。

(4) 装载维表。

(5) 装载事实表。

(6) 基于已经为聚集和统计表建立的计划,建立基于维表和事实表的聚集表。

(7) 如果装载时停止了索引建立,那么现在建立索引。

(8) 检查数据装载参考完整性约束。在装载过程中,所有的参考性错误记录在系统中,检查日志文件,找出所有装载异常。

3. 桌面准备

桌面准备的主要工作是安装好所有需要的桌面用户工具,包括桌面计算机需要的硬件、网络连接的全部需求,测试每个客户的计算机。

4. 初始培训

培训用户学习数据仓库相关的概念、相关的内容和数据访问工具,建立对初始用户的基本使用支持。

3.5.2 数据仓库的维护

维护数据仓库的工作主要是管理日常数据装入的工作,包括刷新数据仓库的当前详细数据、将过时的数据转化成历史数据、清除不再使用的数据、管理元数据等。

另外,还有如何利用接口定期从操作型环境向数据仓库追加数据、确定数据仓库的数据刷新频率等。

练 习 题

1. 单项选择题

(1) 有关数据仓库的开发特点,下列说法(　　)是不正确的。

 A. 数据仓库开发要从数据出发

 B. 数据仓库使用的需求在开发出来后才会明确

 C. 数据仓库开发是一个不断循环的过程

 D. 数据仓库中数据的分析和处理十分灵活,没有固定的开发模式

(2) 关于数据仓库设计,下列说法中正确的是(　　)。

 A. 不可能从用户的需求出发来进行数据仓库的设计

 B. 只能从各部门业务应用的方式来设计数据模型

 C. 在进行数据仓库主题数据模型设计时要强调数据的集成性

 D. 在进行数据仓库概念模型设计时,必须要设计实体关系图

(3) 有关数据仓库粒度设计的叙述中正确的是(　　)。

 A. 粒度越细越好   B. 粒度越粗越好

 C. 粒度应该与数据仓库的主题相对应 D. 以上都不对

(4) 有关数据仓库分割策略的叙述中正确的是(　　)。

 A. 分割越细越好

  B. 分割策略与数据量大小和速度等因素有关

  C. 分割越粗越好

  D. 以上都不对

(5) 有关数据仓库建模的叙述中正确的是(　　)。

  A. 因为需求分析中已经考虑主题,建模时不再需要确定主题域

  B. 因为需求分析中已经确定项目的所有功能,没有必要再进行数据仓库建模工作

  C. 数据仓库建模是设计概念模型,继而导出逻辑模型

  D. 数据仓库建模是设计物理模型

(6) 有关数据仓库物理模型设计的叙述中正确的是(　　)。

  A. 存储结构中不能存在任何数据冗余

  B. 尽可能多地建立索引

  C. 尽可能把在逻辑上关联的数据放在一个表中

  D. 以上都不对

2. 问答题

(1) 简述数据仓库设计的步骤。

(2) 简述维有哪些类型。

(3) 简述事实表有哪些类型。

(4) 简述数据仓库物理模型设计的主要内容。

第 4 章　SQL Server 数据仓库开发实例

通过电子商务数据仓库分析销售趋势

本章指南

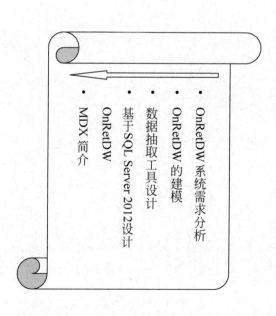

- OnRetDW 系统需求分析
- OnRetDW 的建模
- 数据抽取工具设计
- 基于 SQL Server 2012 设计 OnRetDW
- MDX 简介

4.1　OnRetDW 系统需求分析

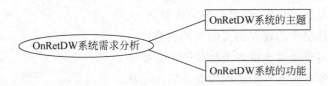

4.1.1　OnRetDW 系统的主题

OnRetDW 是一个简单的数据仓库系统,它是基于 OnRetS 系统(一个在线电子产品销售网站)中的数据库 OnRet 而创建的,如图 4.1 所示。

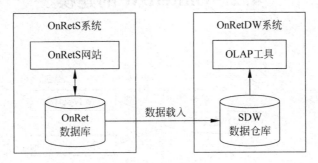

图 4.1　从 OnRet 数据库构建数据仓库 SDW

OnRetDW 的主题是分析各类别商品在各个时段的销售情况,以及顾客的年龄、学历和地区与商品销售之间的关系等。

OnRetDW 对应的数据库为 SDW,它从 OnRet 数据库中提取数据,涉及 OnRet 数据库中的数据表有 Sales 和 Customers,它们的表结构分别如图 4.2 和 4.3 所示。

LCB-PC.OnRet - dbo.Sales ×		
列名	数据类型	允许 Null 值
订单号	int	☑
日期	date	☑
用户名	char(20)	☑
商品编号	char(20)	☑
分类	char(20)	☑
子类	char(20)	☑
品牌	char(20)	☑
型号	char(20)	☑
单价	float	☑
数量	int	☑
金额	float	☑

LCB-PC.OnRet - dbo.Customers ×		
列名	数据类型	允许 Null 值
用户名	char(20)	☐
密码	char(10)	☑
姓名	char(20)	☑
学历	char(10)	☑
年龄	int	☑
地区	char(10)	☑
省份	char(10)	☑
市	char(10)	☑
县	char(10)	☑
住址	char(40)	☑
邮箱	char(40)	☑
电话	char(20)	☑
有效否	bit	☑
		☐

图 4.2　OnRetS 数据库中 Sales 表结构　　　　**图 4.3　OnRetS 数据库中 Customers 表结构**

4.1.2 OnRetDW 系统的功能

开发 OnRetDW 系统的目的是,通过 OLAP 分析,从商品类别、顾客学历、年龄、地区和时段角度去观察商品销售量和销售额金额,以便做出好的决策来提高市场竞争能力。例如,包括的分析功能有:

(1) 分析全国各地区每年、每季度的销售金额。

(2) 分析各类商品在每年、每月份的销售量。

(3) 分析各年龄层次的顾客购买商品的次数。

(4) 分析某年某季度各地区各类商品的销售量。

(5) 分析某年各省份各年龄层次的商品购买金额。

(6) 分析各产品子类、各地区、各年龄层次的销售量。

(7) 其他销售情况分析等。

4.2 OnRetDW 的建模

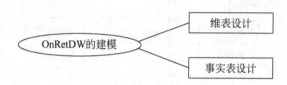

通过需求分析,确定 OnRetDW 数据仓库采用星形模式。

4.2.1 维表设计

设计如下 5 个维表。

1. 日期维

日期维表为 Dates,对应的表结构如图 4.4 所示,其中 Date_key 是主键,它是一个标识规范列,标识增量和标识种子均为 1。

列名	数据类型	允许 Null 值
Date_key	int	☐
日期	date	☑
年份	char(10)	☑
月份	char(16)	☑
季度	char(16)	☑
		☐

图 4.4 Dates 维表结构

假设从操作型 OnRetS 系统中提取的数据如表 4.1 所示,它的维属性构成一个维层次,在其中引入一个隐含的顶层属性 All。Dates 维表的维层次如图 4.5 所示。

表 4.1　Dates 维表的数据

Date_key	日期	月份	季度	年份
1	2014-01-01	2014 年 1 月	2014 年 1 季度	2014 年
2	2014-01-04	2014 年 1 月	2014 年 1 季度	2014 年
3	2014-02-01	2014 年 2 月	2014 年 1 季度	2014 年
4	2014-04-10	2014 年 4 月	2014 年 2 季度	2014 年
5	2014-08-15	2014 年 8 月	2014 年 3 季度	2014 年
6	2014-11-11	2014 年 11 月	2014 年 4 季度	2014 年
7	2014-12-20	2014 年 12 月	2014 年 4 季度	2014 年
8	2015-01-25	2015 年 1 月	2015 年 1 季度	2015 年
9	2015-04-10	2015 年 4 月	2015 年 2 季度	2015 年
10	2015-06-23	2015 年 6 月	2015 年 2 季度	2015 年
11	2015-06-24	2015 年 6 月	2015 年 2 季度	2015 年
12	2015-06-25	2015 年 6 月	2015 年 2 季度	2015 年
13	2015-07-22	2015 年 7 月	2015 年 3 季度	2015 年
14	2015-08-01	2015 年 8 月	2015 年 3 季度	2015 年

2. 顾客年龄维

顾客年龄维表为 Age，对应的表结构如图 4.6 所示，其中 Age_key 是主键，它是一个标识规范列，标识增量和标识种子均为 1。

图 4.5　Dates 维表的维层次　　　　图 4.6　Age 维表结构

假设从操作型 OnRetS 系统中提取的数据如表 4.2 所示，它的维属性构成一个概念分层（层次结构），对应的概念分层和维层次如图 4.7 所示。

表 4.2　Age 维表的数据

Age_key	年龄	年龄层次	Age_key	年龄	年龄层次
1	18	青年	10	25	青年
2	23	青年	11	32	中年
3	34	中年	12	45	中年
4	35	中年	13	15	青年
5	38	中年	14	56	老年
6	46	中年	15	58	老年
7	48	中年	16	65	老年
8	50	中年	17	17	青年
9	20	青年	18	36	中年

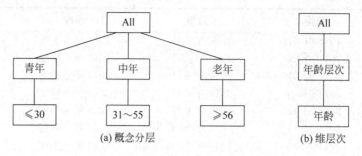

图 4.7　Age 维表的概念分层和维层次

说明：有关维表中数据和维层次是需求分析的结果，是根据实际需要确定的。这里给出的维表数据和维层次是示意性的。

3. 顾客学历维

顾客学历维表为 Education，对应的表结构如图 4.8 所示，其中 Educ_key 是主键，它是一个标识规范列，标识增量和标识种子均为 1。

LCB-PC.SDW - dbo.Education

列名	数据类型	允许 Null 值
Educ_key	int	☐
学历	char(10)	☑
学历层次	char(10)	☑
		☐

图 4.8　Education 维表结构

假设从操作型 OnRetS 系统中提取的数据如表 4.3 所示，它的维属性构成一个概念分层（层次结构），对应的概念分层和维层次如图 4.9 所示。

表 4.3　Education 维表的数据

Educ_key	学历	学历层次	Educ_key	学历	学历层次
1	高中	低	4	博士	高
2	本科	中	5	初中及以下	低
3	硕士	高	6	专科	低

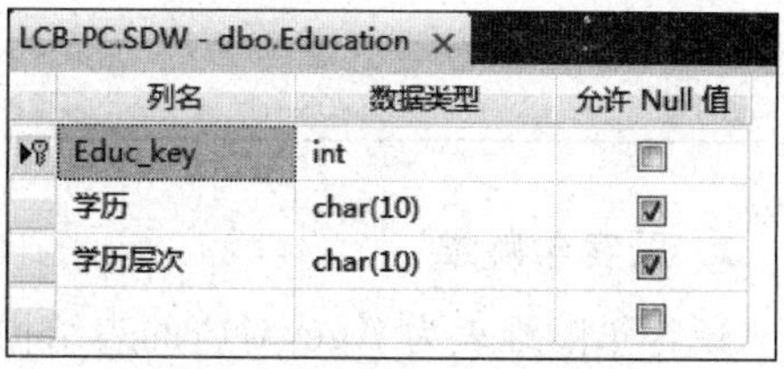

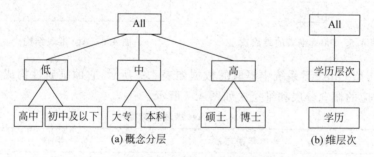

图 4.9　Education 维表的概念分层和维层次

4. 顾客地区维

顾客地区维表为 Locates，对应的表结构如图 4.10 所示，其中 Locate_key 是主键，它是一个标识规范列，标识增量和标识种子均为 1。

假设从操作型 OnRetS 系统中提取的 Locates 数据如表 4.4 所示，它的维属性构成一个维层次，如图 4.11 所示。

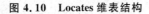

图 4.10 Locates 维表结构　　　　　图 4.11 Loactes 维表的维层次

表 4.4 Locates 维表的数据

Locate_key	地区	省份	市	县	Locate_key	地区	省份	市	县
1	华北	河北省	石家庄	长安区	14	华东	浙江省	杭州市	拱墅区
2	华北	北京	北京市	海淀区	15	西北	甘肃省	兰州市	安宁区
3	西北	陕西省	西安市	碑林区	16	华中	湖南省	长沙市	岳麓区
4	华东	上海	上海市	黄浦区	17	华东	江苏省	南京市	玄武区
5	华北	北京	北京市	朝阳区	18	西南	云南省	昆明市	五华区
6	东北	辽宁省	沈阳市	和平区	19	华北	河北省	石家庄	新华区
7	华南	广东省	广州市	白云区	20	华东	浙江省	杭州市	西湖区
8	西南	四川省	成都市	金牛区	21	华南	广西	南宁市	青秀区
9	华中	湖北省	武汉市	洪山区	22	东北	黑龙江省	哈尔滨市	南岗区
10	西南	四川省	成都市	武侯区	23	华东	上海	上海市	徐汇区
11	华中	湖北省	武汉市	武昌区	24	华南	广东省	广州市	越秀区
12	西北	陕西省	西安市	雁塔区	25	东北	辽宁省	沈阳市	沈河区
13	华东	江苏省	南京市	鼓楼区					

5. 商品类别维

商品类别维表为 Products,对应的表结构如图 4.12 所示,其中 Prod_key 是主键,它是一个标识规范列,标识增量和标识种子均为 1。

假设从操作型 OnRetS 系统中提取的 Products 数据如表 4.5 所示,它的维属性构成一个维层次,如图 4.13 所示。

图 4.12 Products 维表结构　　　　　图 4.13 Products 维表的维层次

表 4.5　Products 维表的数据

Prod_key	分类	子类	品牌	Prod_key	分类	子类	品牌
1	电脑办公	笔记本	戴尔	5	手机/数码	单反数码相机	尼康
2	电脑办公	台式机	联想	6	电脑办公	笔记本	ThinkPad
3	手机/数码	单反数码相机	佳能	7	电脑办公	台式机	惠普
4	手机/数码	手机	小米	8	手机/数码	手机	华为

4.2.2　事实表设计

设计一个销售事实表 Sales,对应的表结构如图 4.14 所示,假设从操作型 OnRetS 系统中提取的数据如表 4.6 所示(这里仅仅给出部分数据),该事实表与维表构成的星形模式如图 4.15 所示。

图 4.14　Sales 事实表结构

表 4.6　Sales 事实表的部分数据

Date_key	Age_key	Educ_key	Locate_key	Prod_key	数量	金额
1	1	1	1	1	2	17000
1	1	1	1	2	3	12528
1	2	2	2	3	1	7142
1	2	2	2	4	1	1067
1	3	2	3	3	1	4779
…	…	…	…	…	…	…
2	9	2	10	8	1	3998
2	2	2	2	1	1	8500
2	10	2	11	3	1	4779
…	…	…	…	…	…	…
3	14	4	17	3	2	14284
…	…	…	…	…	…	…

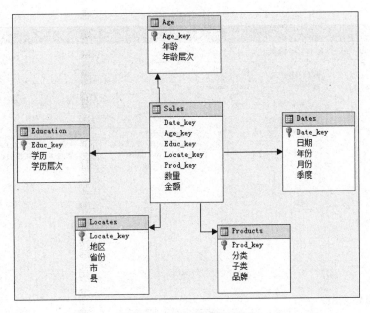

图 4.15　SDW 的星形模式

4.3　数据抽取工具设计

知识梳理

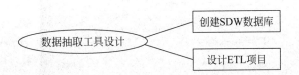

1. 创建 OnRetDW 的数据库 SDW

启动 SQL Server 2012 的数据库引擎,创建一个 SDW 数据库,其中建立 4.2 节所设计的 5 个维表和 Sales 事实表。SDW 数据库的属性如图 4.16 所示。

注意:创建 SDW 数据库采用的是"Windows 身份验证"。

2. 创建抽取 SDW 数据的工具 ETL

采用 Visual Studio 2012 设计一个 Windows 窗体应用程序项目 ETL,用于从 OnRet 数据库中抽取数据并存放到 SDW 数据库中。创建 ETL 项目的过程如下。

(1) 在 Windows 中选择"开始"→"所有程序"→Microsoft Visual Studio 2012→Visual Studio 2012 命令,打开 Visual Studio 2012。

(2) 选择"文件"→"新建"→"项目"命令,选择位置为"D:\数据仓库和数据挖掘\数据仓库"文件夹,名称为 ETL,项目模板为"Windows 窗体应用程序",如图 4.17 所示。单击"确定"按钮创建一个名称为 ETL 的空项目。

说明:ETL 项目采用 C♯语言编程。

图 4.16　SDW 的属性

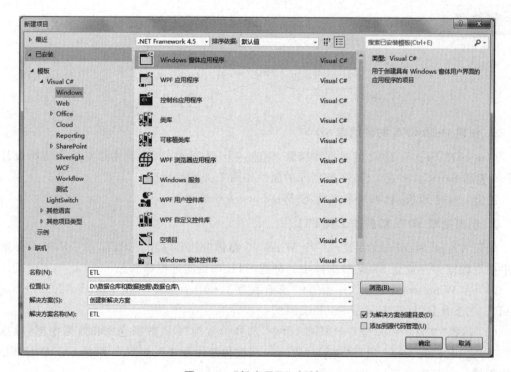

图 4.17　"新建项目"对话框

(3) 在项目中添加一个 Class1.cs 的类文件，包含 CommDB 类，用于执行访问 SDW 数据库的功能。CommDB 类代码如下：

```
public class CommDB
{   public CommDB()                                    //默认构造函数
    { }
    // *********************************************************************
    //返回 SELECT 语句执行后记录集中的行数
    // *********************************************************************
    public int Rownum(string sql)
    {   //sql 参数指出 SQL 语句
        int i = 0;
        string mystr = "Data Source = LCB - PC; Initial Catalog = SDW;"
            + "Integrated Security = True";
        SqlConnection myconn = new SqlConnection();
        myconn.ConnectionString = mystr;
        myconn.Open();
        SqlCommand mycmd = new SqlCommand(sql, myconn);
        SqlDataReader myreader = mycmd.ExecuteReader();
        while (myreader.Read())                         //循环读取信息
            i++;
        myconn.Close();
        return i;                                       //返回读取的行数
    }
    // *********************************************************************
    //返回 SELECT 语句执行后唯一行的唯一字段值
    // *********************************************************************
    public string Returnafield(string sql)
    {   //sql 指出 SQL 语句
        string fn;
        string mystr = "Data Source = LCB - PC; Initial Catalog = SDW;"
            + "Integrated Security = True";
        SqlConnection myconn = new SqlConnection();
        myconn.ConnectionString = mystr;
        myconn.Open();
        SqlCommand mycmd = new SqlCommand(sql, myconn);
        SqlDataReader myreader = mycmd.ExecuteReader();
        myreader.Read();
        fn = myreader[0].ToString().Trim();
        myconn.Close();
        return fn;                                      //返回读取的数据
    }
    // *********************************************************************
    //执行更新的 SQL 语句：
    // *********************************************************************
    public void ExecuteNonQuery(string sql)
    {   string mystr = "Data Source = LCB - PC; Initial Catalog = SDW;"
            + "Integrated Security = True";
        SqlConnection myconn = new SqlConnection();
        myconn.ConnectionString = mystr;
        myconn.Open();
        SqlCommand mycmd = new SqlCommand(sql, myconn);
```

```
            mycmd.ExecuteNonQuery();
            myconn.Close();
        }
    }
```

(4) 添加一个 Form1 窗体,其设计界面如图 4.18 所示,包含两个文本框(textBox1 和 textBox2)和一个命令按钮 button1。

图 4.18　Form1 窗体设计界面

(5) 在 Form1 窗体上设计如下事件处理方法:

```
CommDB mydb = new CommDB();
private void Form1_Load(object sender, EventArgs e)
{    textBox1.Text = DateTime.Now.ToString("d");
     textBox2.Text = DateTime.Now.ToString("d");
}
private void button1_Click(object sender, EventArgs e)
{    if (textBox1.Text == "" || textBox2.Text == "")
     {    MessageBox.Show("时间段数据输入错误","操作提示");
          return;
     }
     string rq1,rq2;
     try
     {    rq1 = textBox1.Text.Trim();
          rq2 = textBox2.Text.Trim();
     }
     catch(Exception ex)
     {    MessageBox.Show("时间段数据输入错误","操作提示");
          return;
     }
     if (Convert.ToDateTime(rq1)> Convert.ToDateTime(rq2))
     {    MessageBox.Show("时间段数据输入错误","操作提示");
          return;
     }
     string mystr,mysql;
     SqlConnection myconn = new SqlConnection();
     mystr = "Data Source = LCB - PC; Initial Catalog = OnRet; Integrated Security = True";
     myconn.ConnectionString = mystr;
     myconn.Open();
     mysql = " SELECT s.日期,c.年龄,c.学历,c.地区,c.省份,c.市,c.县,";
```

```
mysql += " s.分类,s.子类,s.品牌,";
mysql += " SUM(s.数量) AS 数量,SUM(s.金额) AS 金额 ";
mysql += "FROM Sales s,Customers c ";
mysql += "WHERE s.用户名 = c.用户名 ";
mysql += " AND s.日期> = '" + textBox1.Text.Trim()
    + "' AND s.日期< = '" + textBox2.Text.Trim() + "' ";
mysql += "GROUP BY s.日期,c.年龄,c.学历,c.地区,";
mysql += " c.省份,c.市,c.县,s.分类,s.子类,s.品牌";
SqlDataAdapter myda = new SqlDataAdapter(mysql, myconn);
myconn.Close();
DataSet mydataset = new DataSet();                    //获取 OnRet 数据库中的销售数据
myda.Fill(mydataset, "mydata");
DateTime rq;
string age, educ, dq, sf, cs, xm, fl, zl, pp, sl, jr;
string datei, agei, educi, locatei, producti;
for (int i = 0; i < mydataset.Tables["mydata"].Rows.Count; i++)
{   rq = (DateTime)mydataset.Tables["mydata"].Rows[i][0];      //当前记录的日期
    ProcessDates(rq, out datei);
    age = mydataset.Tables["mydata"].Rows[i][1].ToString().Trim();
            //当前记录的年龄
    ProcessAge(age, out agei);
    educ = mydataset.Tables["mydata"].Rows[i][2].ToString().Trim();
            //当前记录的学历
    ProcessEduc(educ, out educi);
    dq = mydataset.Tables["mydata"].Rows[i][3].ToString().Trim();
            //当前记录的地区
    sf = mydataset.Tables["mydata"].Rows[i][4].ToString().Trim();
            //当前记录的省份
    cs = mydataset.Tables["mydata"].Rows[i][5].ToString().Trim();
            //当前记录的城市
    xm = mydataset.Tables["mydata"].Rows[i][6].ToString().Trim();
            //当前记录的县名
    ProcessLocate(dq,sf,cs,xm,out locatei);
    fl = mydataset.Tables["mydata"].Rows[i][7].ToString().Trim();
            //当前记录的分类
    zl = mydataset.Tables["mydata"].Rows[i][8].ToString().Trim();
            //当前记录的子类
    pp = mydataset.Tables["mydata"].Rows[i][9].ToString().Trim();
        //当前记录的品牌
    ProcessProduct(fl, zl, pp, out producti);
    mysql = "SELECT * FROM Sales WHERE "
        + "Date_key = " + datei + " AND "
        + "Age_key = " + agei + " AND "
        + "Educ_key = " + educi + " AND "
        + "Locate_key = " + locatei + " AND "
        + "Prod_key = " + producti;
    sl = mydataset.Tables["mydata"].Rows[i][10].ToString().Trim();
        //当前记录的数量
    jr = mydataset.Tables["mydata"].Rows[i][11].ToString().Trim();
        //当前记录的金额
    if (mydb.Rownum(mysql) == 0)                          //Sales 中没有该记录
    {   mysql = "INSERT INTO " +
```

```
                "Sales(Date_key,Age_key,Educ_key,Locate_key,Prod_key,数量,金额)"
                + "VALUES(" + datei + "," + agei + "," + educi + ","
                + locatei + "," + producti + "," + sl + "," + jr + ")";
            mydb.ExecuteNonQuery(mysql);              //在 Sales 表中插入一个新记录
        }
        else
        {   mysql = "UPDATE Sales SET 数量 = 数量 + " + sl + ",金额 = 金额 + " + jr
                + " WHERE Date_key = " + datei + " AND Age_key = " + agei
                + " AND Educ_key = " + educi + " AND Locate_key = " + locatei
                + " AND Prod_key = " + producti;
            mydb.ExecuteNonQuery(mysql);              //将所有相同维的记录累计
        }
    }
    MessageBox.Show("从 OnRet 载入数据到 SDW 数据仓库执行完毕!","操作提示");
}
private void ProcessDates(DateTime rq,out string datei)     //处理 Dates 表
{   string mysql;
    mysql = "SELECT * FROM Dates WHERE 日期 = '" + rq + "'";
    if (mydb.Rownum(mysql) == 0)                       //Dates 表中没有该日期
    {   string yf = rq.Year.ToString().Trim();
        string mf = rq.Month.ToString().Trim();
        string yf1 = yf + "年";
        string mf1 = yf1 + mf + "月";
        string jd;
        if (int.Parse(mf) >= 1 && int.Parse(mf) <= 3)
            jd = yf1 + "1 季度";
        else if (int.Parse(mf) >= 4 && int.Parse(mf) <= 6)
            jd = yf1 + "2 季度";
        else if (int.Parse(mf) >= 7 && int.Parse(mf) <= 9)
            jd = yf1 + "3 季度";
        else
            jd = yf1 + "4 季度";
        mysql = "INSERT INTO Dates(日期,年份,月份,季度) VALUES('"
            + rq + "','" + yf1 + "','" + mf1 + "','" + jd + "')";
        mydb.ExecuteNonQuery(mysql);                  //在 Dates 表中插入一个新日期记录
    }
    mysql = "SELECT Date_key FROM Dates WHERE 日期 = '" + rq + "'";
    datei = mydb.Returnafield(mysql).Trim();
}
private void ProcessAge(string age,out string agei)     //处理 Age 表
{   string mysql;
    mysql = "SELECT * FROM Age WHERE 年龄 = " + age;
    if (mydb.Rownum(mysql) == 0)                       //Age 表中没有该年龄
    {   string agelevel;
        if (int.Parse(age) <= 30)
            agelevel = "青年";
        else if (int.Parse(age) <= 55)
            agelevel = "中年";
        else
            agelevel = "老年";
        mysql = "INSERT INTO Age(年龄,年龄层次) VALUES("
            + age + ",'" + agelevel + "')";
```

```
        mydb.ExecuteNonQuery(mysql);                    //在 Age 表中插入一个新年龄记录
    }
    mysql = "SELECT Age_key FROM Age WHERE 年龄 = " + age;
    agei = mydb.Returnafield(mysql).Trim();
}
private void ProcessEduc(string educ, out string educi)      //处理 Education 表
{   string mysql;
    mysql = "SELECT * FROM Education WHERE 学历 = '" + educ + "'";
    if (mydb.Rownum(mysql) == 0)                        //Education 表中没有该学历
    {   string educlevel;
        switch (educ.Trim())
        {   case "硕士":
            case "博士": educlevel = "高";break;
            case "本科":
            case "大专": educlevel = "中";break;
            default: educlevel = "低";break;
        }
        mysql = "INSERT INTO Education(学历,学历层次) VALUES('"
            + educ + "','" + educlevel + "')";
        mydb.ExecuteNonQuery(mysql);                    //在 Education 表中插入一个新学历记录
    }
    mysql = "SELECT Educ_key FROM Education WHERE 学历 = '" + educ + "'";
    educi = mydb.Returnafield(mysql).Trim();
}
private void ProcessLocate(string dq, string sf, string cs, string xm, out string locatei)
//处理 Locates 表
{   string mysql;
    mysql = "SELECT * FROM Locates WHERE 地区 = '" + dq
        + "' AND 省份 = '" + sf + "' AND 市 = '" + cs + "' AND 县 = '" + xm + "'";
    if (mydb.Rownum(mysql) == 0)                        //Locates 表中没有该记录
    {   mysql = "INSERT INTO Locates(地区,省份,市,县) VALUES('"
            + dq + "','" + sf + "','" + cs + "','" + xm + "')";
        mydb.ExecuteNonQuery(mysql);                    //在 Locates 表中插入一个新地区划分记录
    }
    mysql = "SELECT Locate_key FROM Locates WHERE 地区 = '" + dq
        + "' AND 省份 = '" + sf + "' AND 市 = '" + cs + "' AND 县 = '" + xm + "'";
    locatei = mydb.Returnafield(mysql).Trim();
}
private void ProcessProduct(string fl, string zl, string pp, out string producti)
//处理 Products 表
{   string mysql;
    mysql = "SELECT * FROM Products WHERE 分类 = '" + fl
        + "' AND 子类 = '" + zl + "' AND 品牌 = '" + pp + "'";
    if (mydb.Rownum(mysql) == 0)                        //Products 表中没有该记录
    {   mysql = "INSERT INTO Products(分类,子类,品牌) VALUES('"
            + fl + "','" + zl + "','" + pp + "')";
        mydb.ExecuteNonQuery(mysql);                    //在 Products 表中插入一个新商品分类记录
    }
    mysql = "SELECT Prod_key FROM Products WHERE 分类 = '" + fl
        + "' AND 子类 = '" + zl + "' AND 品牌 = '" + pp + "'";
    producti = mydb.Returnafield(mysql).Trim();
    }
}
```

上述代码的执行过程是，首先由 OnRet 数据库中 Sales 和 Customers 两个表连接产生的记录如表 4.7 所示，它存放在 DataSet 对象 mydataset 的 mydata 表中。

表 4.7　mydataset 的 mydata 表中部分记录

日期	年龄	学历	地区	省份	市	县	分类	子类	品牌	数量	金额
2014-01-01	18	高中	华北	河北省	石家庄	长安区	电脑办公	笔记本	戴尔	2	17000
2014-01-01	18	高中	华北	河北省	石家庄	长安区	电脑办公	台式机	联想	3	12528
…	…	…	…	…	…	…	…	…	…	…	…

对于第 1 行，调用 ProcessDates() 自定义方法产生 SDW 数据库中 Dates 表记录如表 4.8 所示。

表 4.8　调用 ProcessDates() 方法产生的 Dates 表记录

Date_key	日期	年份	月份	季度
1	2014-01-01	2014 年	2014 年 1 月	2014 年 1 季度

调用 ProcessAge() 自定义方法产生 SDW 数据库中 Age 表记录如表 4.9 所示。

表 4.9　调用 ProcessAge() 方法产生的 Age 表记录

Age_key	年龄	年龄层次
1	18	青年

调用 ProcessEduc() 自定义方法产生 SDW 数据库中 Education 表记录如表 4.10 所示。

表 4.10　调用 ProcessEduc() 方法产生的 Education 表记录

Educ_key	学历	学历层次
1	高中	低

调用 ProcessLocate() 自定义方法产生 SDW 数据库中 Locates 表记录如表 4.11 所示。

表 4.11　调用 ProcessLocate() 方法产生的 Locates 表记录

Locate_key	地区	省份	市	县
1	华北	河北省	石家庄	长安区

调用 ProcessProduct() 自定义方法产生 SDW 数据库中 Products 表记录如表 4.12 所示。

表 4.12　调用 ProcessProduct() 方法产生的 Products 表记录

Prod_key	分类	子类	品牌
1	电脑办公	笔记本	戴尔

由于所有维表的主键都是标识规范列，它们的值是由 SQL Server 自动产生的。最后产生 SDW 数据库中 Sales 表记录如表 4.13 所示。

表 4.13　Sales 表记录

Date_key	Age_key	Educ_key	Locate_key	Prod_key	数量	金额
1	1	1	1	1	2	17 000

当 mydataset 的 mydata 表中所有行处理完毕,便产生了完整的 SDW 数据库。在 SDW 中插入记录时还需要对所有维键相同的记录按数量和金额聚集。

(6) 启动 Form1 窗体,输入相应的时间段,如图 4.19 所示,单击 ETL 命令按钮,即由 OnRet 数据库中的 Sales 和 Customers 表数据产生 SDW 中的数据。

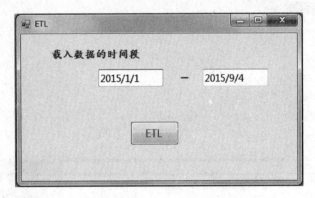

图 4.19　Form1 窗体执行界面

4.4　基于 SQL Server 2012 设计 OnRetDW

知识梳理

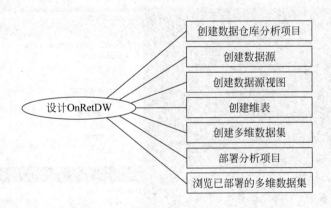

4.4.1　创建数据仓库 OnRetDW 项目

创建一个数据仓库 OnRetDW 项目的过程如下。

(1) 在 Windows 中选择"开始"→"所有程序"→Microsoft SQL Server 2012→SQL Server Data Tool 命令,打开 Visual Studio 2012 Shell(SQL Server 2012 配置的商务智能开发工具)。

(2) 选择"文件"→"新建"→"项目"命令,选中"Analysis Services 多维和数据挖掘项目"模

板,通过"浏览"按钮选择"D:\数据仓库和数据挖掘\数据仓库"位置,在名称文本框中输入
"OnRetDW",如图 4.20 所示。

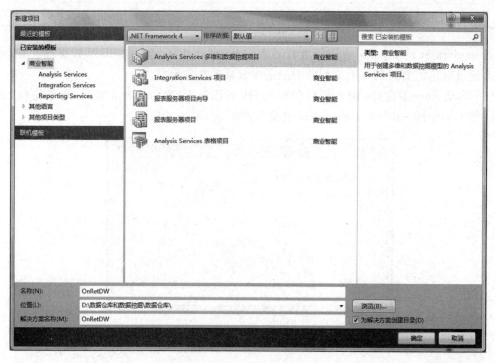

图 4.20　新建 Analysis Services 项目

(3) 单击"确定"按钮,系统建立一个空的 OnRetDW 分析项目,如图 4.21 所示。

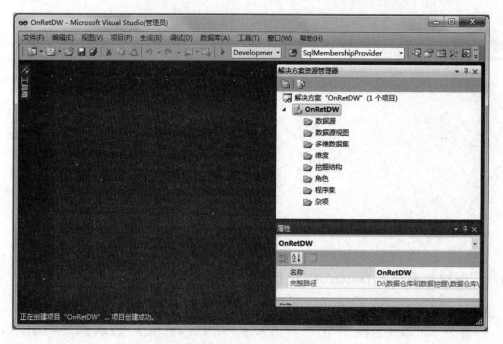

图 4.21　创建一个空的分析项目

4.4.2　创建数据源

创建一个数据源的过程如下。

（1）在"解决方案资源管理器"中右击"数据源"并选择"新建数据源"命令，启动数据源向导，在欢迎界面中单击"下一步"按钮。

（2）出现"选择如何定义连接"对话框，删除原来的数据连接，单击"新建"按钮，出现"连接管理器"对话框，如图 4.22 所示。

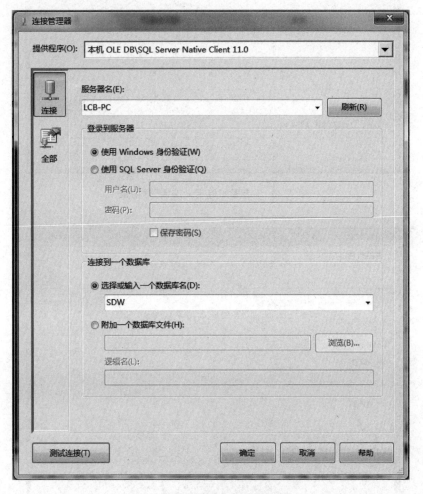

图 4.22　"连接管理器"对话框

（3）在服务器名中输入"LCB-PC"（本机服务器名为 LCB-PC），选中"使用 Windows 身份验证"（尽量使用 Windows 身份验证，提供其他选项是为了实现向后兼容），在"选择或输入一个数据库名"列表中选择 SDW 数据库，如图 4.22 所示，在单击"测试连接"命令提示测试成功后再单击"确定"按钮。返回到"选择如何定义连接"对话框，如图 4.23 所示。

（4）单击"下一步"按钮，出现"模拟信息"对话框，可以定义 Analysis Services 用于连接数据源的安全凭据。这里选中"使用服务账户"（选择"使用服务账户"或"使用特定 Windows 用户名和密码"选项），如图 4.24 所示，单击"下一步"按钮，再单击"完成"按钮，这样就建好了数据源 SDW.ds。

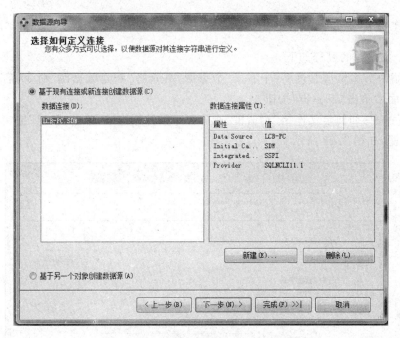

图 4.23 "选择如何定义连接"对话框

图 4.24 "模拟信息"对话框

4.4.3 创建数据源视图

创建一个数据源视图的过程如下。

（1）在"解决方案资源管理器"中右击"数据源视图"并选择"新建数据源视图"命令，启动数据源视图向导，在欢迎界面中单击"下一步"按钮。

（2）出现"选择数据源"对话框，如图 4.25 所示，选中关系数据源 SDW，单击"下一步"按钮。

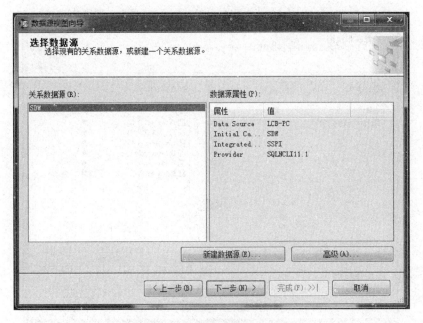

图 4.25　"选择数据源"对话框

（3）出现"名称匹配"对话框，默认选中"与主键同名"项，如图 4.26 所示，单击"下一步"按钮。

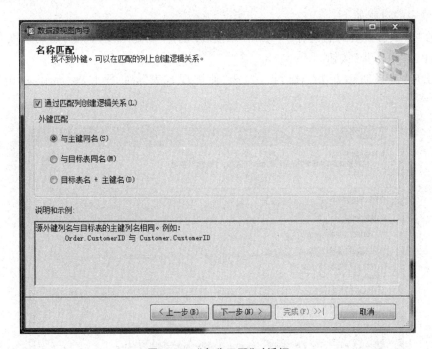

图 4.26　"名称匹配"对话框

（4）出现"选择表和视图"对话框，从左边选中 Dates、Age、Education、Locates、Products和 Sales 共 6 个表到右边列表中，如图 4.27 所示，单击"下一步"，再单击"完成"按钮。这样就创建好了数据源 SDW.dsv。

图 4.27　"选择表和视图"对话框

4.4.4　创建维表

创建维表的过程如下。

（1）在"解决方案资源管理器"中右击"维度"并选择"新建维度"命令，启动维度向导，在欢迎界面中单击"下一步"按钮。

（2）出现"选择创建方法"对话框，勾选"使用现有表"，如图 4.28 所示，单击"下一步"按钮。

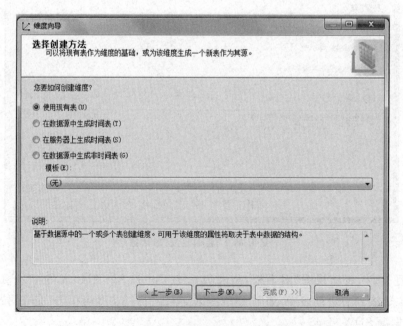

图 4.28　"选择创建方法"对话框

（3）出现"指定源信息"对话框，从"主表"列表中选择 Dates 维表，如图 4.29 所示，单击"下一步"按钮。

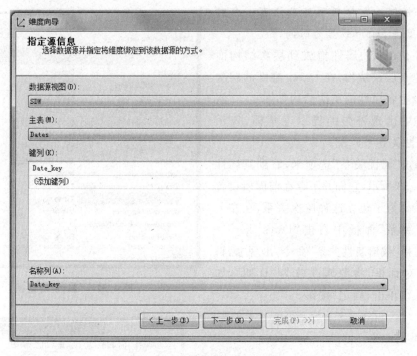

图 4.29　"指定源信息"对话框

（4）出现"选择维度属性"对话框，勾选所有属性，如图 4.30 所示，单击"下一步"按钮，再单击"完成"按钮。

图 4.30　"选择维度属性"对话框

（5）右击 Dates 维表名称，在出现的快捷菜单中选择"属性"命令，进入 Dates 的属性窗口，将其 Type 属性设置为 Time(时间维度)，如图 4.31 所示。

说明：任何一个分析项目必须有一个时间维度，这里将 Dates 设置为时间维度。

（6）将 Dates 的属性拖放到层次结构面板中来创建其层次结构，在 Dates 维度的层次结构框中设置各属性的层次结构如图 4.32 所示，看到其中出现警告的提示三角框，表示Dates 的属性关系不匹配。

（7）单击"属性关系"选项卡，看到其属性关系如图 4.33 所示，它们并不存在前面所设置的层次关系。为了建立这种层次关系，在左下方的"属性关系"面板中右击"Dates_key →月份"行，选择"编辑属性关系"命令，出现"编辑属性关系"对话框，将源属性改为"日期"，如图 4.34 所示，单击"确定"按钮。

图 4.31　"属性"对话框

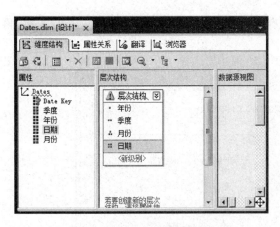

图 4.32　设置 Dates 维表的层次结构

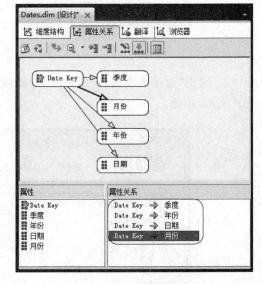

图 4.33　"属性关系"选项卡

（8）这样 Dates 维表的属性关系变为如图 4.35 所示的结果。继续设置其他属性关系，最终的属性关系如图 4.36 所示。

返回到图 4.32，看到其中的警告提示三角框消失了，表示 Dates 的属性关系匹配了。Dates 维表的浏览结果如图 4.37 所示。

（9）采用类似操作建立 Age、Education、Locates 和 Products 维度，这 4 个维度不需要修改其 Type 属性，也不用建立层次结构（在后面的数据分析中会看到建有层次结构和没有建立层次结构的维度之间的差异）。

此时的 OnRetDW 分析项目中的维度如图 4.38 所示，共有 5 个维度。

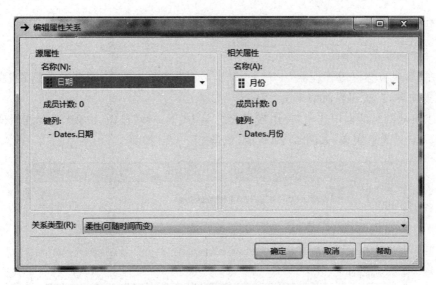

图 4.34　"编辑属性关系"对话框

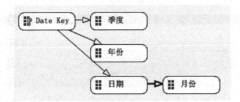

图 4.35　新的属性关系

图 4.36　最终的属性关系

图 4.37　Dates 维表的浏览结果

图 4.38　分析项目中包含 5 个维度

4.4.5 创建多维数据集

创建一个多维数据集的过程如下。

（1）在"解决方案资源管理器"中右击"多维数据集"并选择"新建多维数据集"命令，启动多维数据集向导，在欢迎界面中单击"下一步"按钮。

（2）在出现的对话框中选中"使用现有表"，单击"下一步"按钮，出现"选择度量值组表"对话框，勾选 Sales 为事实表，如图 4.39 所示，单击"下一步"按钮。

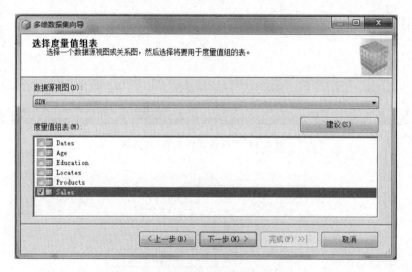

图 4.39 "选择度量值组表"对话框

（3）出现"选择度量值"对话框，选择 Sales 表中的"数量"、"金额"和"Sales 计数"作为度量，其中"Sales 计数"是系统自动添加的，如图 4.40 所示。每个度量都对应一个聚集函数，如"数量"度量默认的聚集函数为 Sum（求总和）。单击"下一步"按钮。

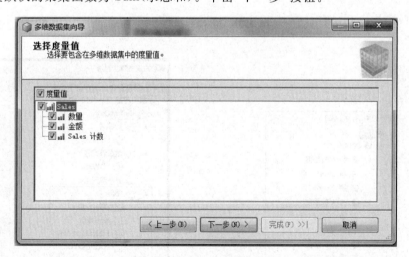

图 4.40 "选择度量值"对话框

（4）出现"选择现有维度"对话框，选择列出的所有维表（默认值），如图 4.41 所示，单击"下一步"按钮，再单击"完成"按钮。这样就建立了一个多维数据集 SDW.cube。

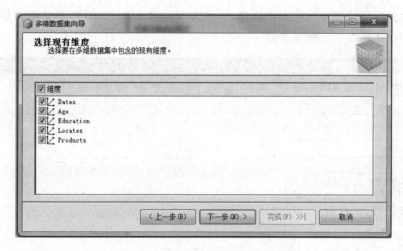

图 4.41　"选择现有维度"对话框

说明：在一个数据仓库项目中可以建立多个多维数据集，不同的多维数据集之间可以共享维表。

4.4.6　部署 SDWS

前面的操作中，无论是在设计维表还是多维数据集时，如果单击"浏览器"选项卡，都会出现如图 4.42 所示的浏览错误提示。这是因为没有部署项目的原因。

项目部署操作十分简单。在"解决方案资源管理器"中右击项目名称 OnRetDW，并选择"部署"命令，系统开始进行部署操作，成功后提示"部署成功完成"信息，如图 4.43 所示。

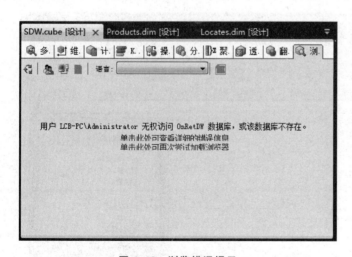

图 4.42　浏览错误提示

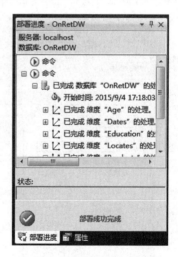

图 4.43　项目部署成功提示

4.4.7　浏览已部署的多维数据集

在"解决方案资源管理器"中右击多维数据集 SDW.cube，并选择"浏览"命令，即可进行多维分析。

如图 4.44 所示是选择学历层次为"中"的所有顾客购物数量为 76。从中可以看到，和以前的版本相比,这里的分析功能大大降低了,因为 Visual Studio 2010 Shell 不再提供单独的复杂多维分析,而是将多维分析整合到 Excel 中。

图 4.44　分析结果

说明:有关 Excel 中数据透视表的详细使用请参阅 Excel 文档。所支持的是 Excel 2007 或更高版本。这里采用 Excel 2007。

单击工具栏中的 按钮可以在 Excel 中分析,如图 4.45 所示。在"选择要添加到报表的字段"中,将"ΣSales"结点下的"数量"拖放到"Σ数值"框中,将 Age 结点下的"年龄层次"拖放

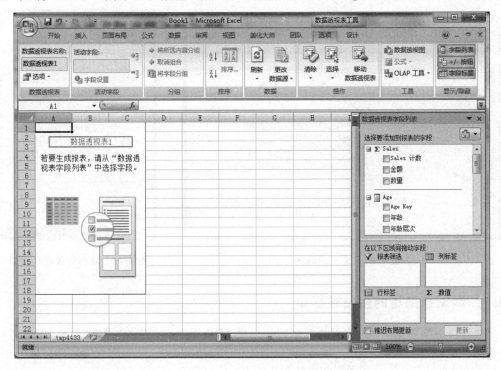

图 4.45　启动 Excel 的数据透视表工具

到"列标签"框中,将 Products 结点下的"子类"和"品牌"依次拖放到"行标签"框中,对应的透视表如图 4.46 所示,可以看到其分析结果。

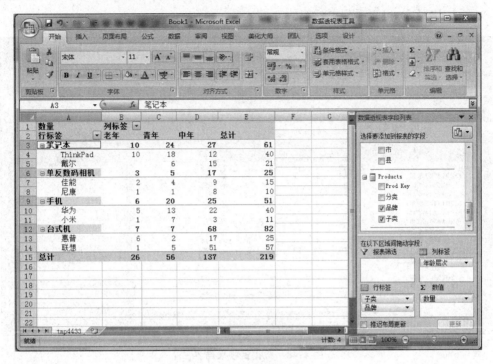

图 4.46　数据透视表结果一

可以单击 Excel 工具栏中的 ⊞ 按钮将分析结果保存在指定的 Excel 文件中。

下面再给出一个 Excel 的分析示例。在"选择要添加到报表的字段"中,将"ΣSales"结点下的"数量"拖放到"Σ数值"框中,将 Dates 结点下的"层次结果"拖放到"行标签"框中,将 Locates 结点下的"地区"拖放到"列标签"框中,对应的透视表如图 4.47 所示。

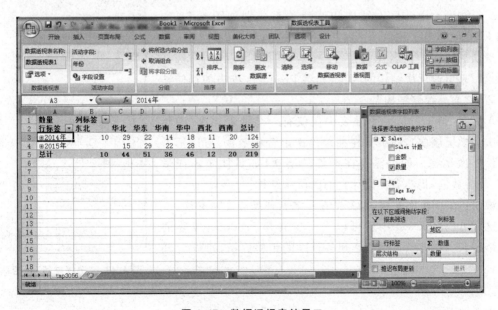

图 4.47　数据透视表结果二

从中可以看到行标签的年份前面有 ⊞，可以展开它，这是因为 Dates 维表上建有层次结构，而列标签不能展开，因为 Locates 维表上没有建立层次结构。现在展开 Dates 维表的层次结构，如图 4.48 所示，可以看到更详细的分析结果。

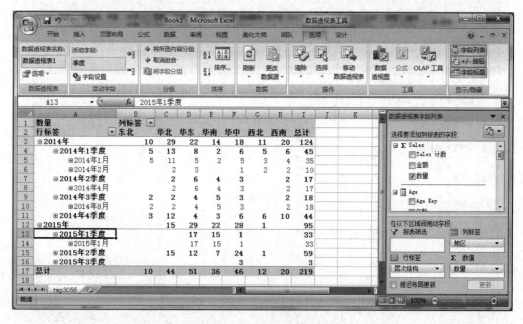

图 4.48　数据透视表结果三

单击 行标签 ▼ 中的向下箭头，出现"选择字段"对话框，勾选结果如图 4.49 所示，单击"确定"按钮，其结果如图 4.50 所示。同样，可以对列标签做类似的筛选操作。

为了充分体现多维数据集 SDW.cube 的功能，再次启动 SQL Server Data Tools 打开 OnRetDW，在 Locates 维表上设计层次结构和属性关系分别如图 4.51 和 4.52 所示，在 Products 维表上设计层次结构和属性关系分别如图 4.53 和 4.54 所示。

默认的层次结构名称就是"层次结构"，可以右击它，选择"重命名"来更改层次结构的名称，如将 Products 维表的存储结构更名为"商品存储结构"。

Age 和 Education 两个维表中仅仅有一个抽象层次（即年龄层次和学历层次），如果只在抽象层次上分析数据，可以不考虑设计层次结构。如果需要在更细的层次（如具体年龄或学历）上分析数据，仍然需要设计它们的层次结构。

说明：在修改维表后，需要保存和重新部署后方才有效。

这样可以在 Excel 中就可以进一步展开 Products 维表的层次结构，查看北京、上海和广州各季度的销售数量，如图 4.55 所示。

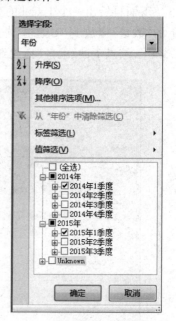

图 4.49　"选择字段"对话框

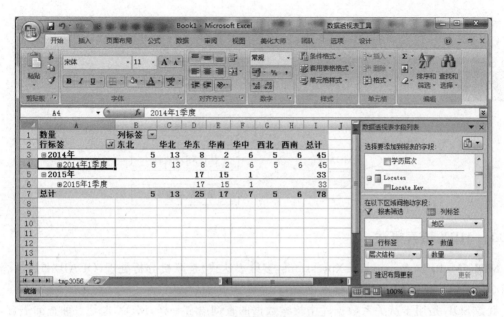

图 4.50　数据透视表结果四

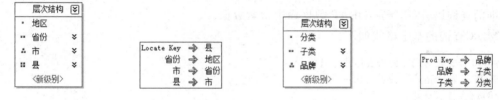

图 4.51　Locates 维表　　图 4.52　Locates 维表　　图 4.53　Products 维表　　图 4.54　Products 维表
　　　的层次结构　　　　　　　的属性关系　　　　　　　的层次结构　　　　　　　的属性关系

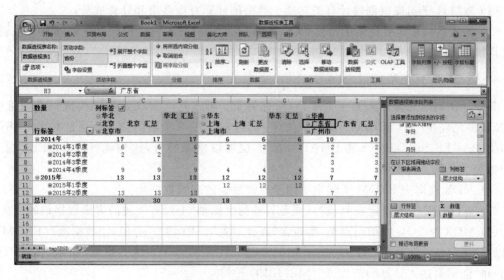

图 4.55　数据透视表结果五

4.5　MDX 简介 *

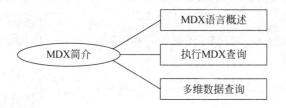

4.5.1　MDX 语言概述

MDX(Multi Dimensional eXpressions，多维表达式)是联机分析处理(OLAP)和数据仓库应用中使用最广泛的软件语言(维度语言)。

就像 SQL 是用于从关系数据库中检索数据的查询语言一样，MDX 也是一种查询语言，区别在于 MDX 是用于从 Analysis Services 数据库中检索数据。MDX 最初是由 Microsoft 设计的，并于 1998 年在 SQL Server Analysis Services 7.0 中正式引入，但它却成为一种常规的基于标准的查询语言，用于从 OLAP 数据库中检索数据。

MDX 查询的基本格式如下：

```
[WITH 公式表达式[,公式表达式 … ]]
SELECT [轴表达式[,轴表达式 … ]]
FROM [方体表达式]
[WHERE [切片表达式]]
```

MDX 查询的相关说明如下。

(1) WITH 子句提供创建计算的功能。典型的计算有命名集和计算成员。

(2) 轴表达式指定要检索的维度数据。这些维度中的数据将投影到对应的轴上。轴表达式的语法如下：

```
set ON (轴名 | AXIS(轴编号) | 轴编号)
```

其中，set 是由元组构成的一个集合，简称为集。轴表达式定义该集以构成一个轴维度。MDX 最多允许在一个 SELECT 语句中指定 128 个轴。前 5 个轴的轴名分别是 COLUMNS、ROWS、PAGES、SECTIONS 和 CHAPTERS。也可以将轴编号，这样就可以在 SELECT 语句中指定 5 个以上的维度。

(3) MDX 查询中 FROM 子句指明用于查询数据的多维数据集。

(4) WHERE 子句指定在列或行(或者其他的坐标轴)上没有出现的多维数据集的成员。

(5) MDX 与 SQL 的相同点是，都包含"选择对象"(SELECT 子句)、"数据源"(FROM 子句)以及"指定条件"(WHERE 子句)。不同点是，MDX 结合了多维数据集，指定"维度"(On 子句)和"创建表达式计算的新成员"(MEMBER 子句)。

说明：目前，包括 SQL Server 分析服务在内的绝大多数支持 MDX 的工具中都无法显示有两个以上轴的单元集的结果。

4.5.2　执行 MDX 查询

执行 MDX 查询的过程如下：

（1）采用"Windows 身份验证"方式启动 SQL Server Analysis Services。

（2）在"对象资源管理器"中"数据库"结点中看到 OnRetDW，展开它的"数据源"、"数据源视图"、"多维数据集"和"维度"结点，如图 4.56 所示。

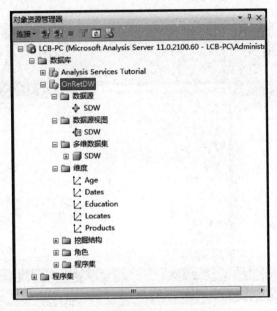

图 4.56　OnRetDW 数据库

（3）右击 OnRetDW 结点，在出现的快捷菜单中选择"新建查询"→MDX 命令，如图 4.57 所示。或者单击工具栏中的 新建查询(N) 按钮来建立 MDX 查询。如同在数据库引擎中建立 SQL 查询一样。

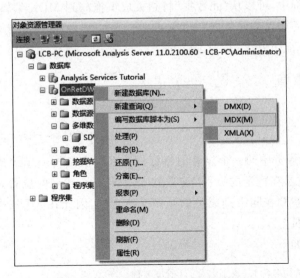

图 4.57　选择"新建查询"→MDX 命令

（4）出现 MDX 查询编辑窗口，它位于界面的右上方，输入如下 MDX 查询命令：

```
SELECT  [Measures].[数量] On 0
FROM SDW
```

该 MDX 查询的功能是 COLUMNS 轴中显示所有商品销售数量。

（5）单击工具栏中的 执行(X) 按钮，在界面右下方的窗口中显示执行结果为 219，如图 4.58 所示。

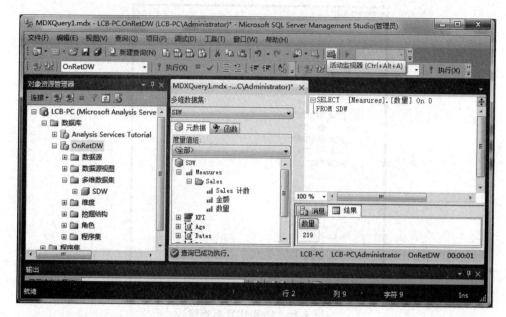

图 4.58　输入 MDX 查询并执行

可以单击工具栏中的 按钮，将本次查询保存在 .mdx 文件（如 MDXQuery1.mdx）中。也可以单击工具栏中的 新建查询(N) 按钮来建立另一个 MDX 查询。

在编辑 MDX 查询中，可以从“元数据”将相关成员拖放到 MDX 编辑窗口中，以便快速输入 MDX 查询语句。例如，将“元数据”中 Measures 下方的“数量”字段拖放到 MDX 查询编辑窗口，会自动产生“[Measures].[数量]”文字。

4.5.3　多维数据查询

1. 几个概念

1）访问成员方式

SQL Server 分析服务中的一个显著的特征就是在层次结构中组织成员。在一个给定的层次结构中，每一个成员在特定的级别（或层次）下都有一个精确的位置。它的位置主要由它与更高一级成员的关系和在同级别成员的顺序来决定的，因此在 MDX 中可以通过导航很容易地定位到指定的成员。

访问成员的格式如下：

[维度名称].[层次结构名称].[级别名称].[成员名称]

访问成员时既可以使用维表的层次结构，此时需要指定层次结构名称，也可以使用维表的层次结构。

以如图 4.59 所示的 Products 维表的维层次为例,不使用层次结构访问成员方式的示例如下。

(1) [Products].[分类].members:表示所有分类成员,即为{电脑办公,手机/数码}。

(2) [Products].[分类].[电脑办公]或者[Products].[分类].&[电脑办公]:表示分类中的"电脑办公"成员。

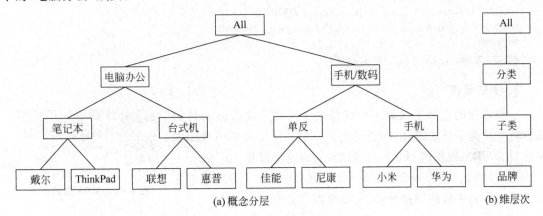

图 4.59　Products 维表的概念分层和维层次

使用层次结构访问成员方式的示例如下(这里的层次结构名称为"层次结构")。

(1) [Products].[层次结构].[子类].[笔记本].parent:表示层次结构中分类的"电脑办公"成员。因为"笔记本"的父结点为"电脑办公"。

(2) [Products].[层次结构].[子类].[笔记本].children:表示层次结构中"笔记本"子类的所有子结点成员,即为{戴尔,ThinkPad }。

2) 集

一组元组构成一种新的对象称为集。这组元组是使用在类型和数量上均完全相同的一组维度定义的,也就是说,同一集中的成员必须处于维层次结构中的相同级别。在 MDX 查询和表达式中经常会用到集。集是在一对花括号字符({和})中指定的,各个集成员通过逗号进行分隔。

以如图 4.59 所示的 Products 维表的维层次为例,集的示例如下。

(1) {[Products].[层次结构].[子类].[台式机],[Products].[层次结构].[子类].[手机]}:表示集为{台式机,手机}。

(2) {[Products].[层次结构].[分类].[电脑办公].children,[Products].[层次结构].[品牌].&[佳能].parent }:表示集为{笔记本,台式机,单反}。

2. 切片查询

在多维数据集中用得最多的查询是对多维数据的切片查询,通过不同角度的切片来发现问题。

例如,以下 MDX 查询用于显示所有商品在所有季度的销售数量和金额,其结果如图 4.60 所示。

图 4.60　MDX 查询结果

```
SELECT  {[Measures].[数量],[Measures].[金额]} On COLUMNS,
{ [Dates].[层次结构].[季度].Members } On ROWS
FROM SDW
WHERE [Products].[分类].[电脑办公]
```

其中使用 WHERE 子句实现切片操作。如果不想显示 null 值,可以使用 NON EMPTY 集函数(MDX 提供了大量的运算符和函数,这里不再介绍),其 MDX 查询代码如下:

```
SELECT  {[Measures].[数量],[Measures].[金额]} On COLUMNS,
NON EMPTY { [Dates].[层次结构].[季度].Members } On ROWS
FROM SDW
WHERE [Products].[分类].[电脑办公]
```

3. 下钻操作

一种常用的查询是获得一个成员的子成员。这么做的目的是执行一个向下钻取操作,即获得基于一个共同父成员的范围内的成员。MDX 提供的 children 函数来完成这个操作。

图 4.61　MDX 查询结果

例如,以下 MDX 查询用于显示北京在 2014 年 1 季度各个月份的笔记本和手机的销售数量,其结果如图 4.61 所示。

```
SELECT{ [Dates].[层次结构].[季度].&[2014 年 1 季度].children } On COLUMNS,
  { [Products].[层次结构].[子类].&[笔记本],
    [Products].[层次结构].[子类].&[手机]} On ROWS
FROM SDW
WHERE ([Locates].[层次结构].[省份].&[北京])
```

以上 MDX 查询默认的显示度量是销售数量,如果要显示销售金额,将其改为如下 MDX 查询即可:

```
SELECT{ [Dates].[层次结构].[季度].&[2014 年 1 季度].children } On COLUMNS,
  { [Products].[层次结构].[子类].&[笔记本],
    [Products].[层次结构].[子类].&[手机]} On ROWS
FROM SDW
WHERE ([Locates].[层次结构].[省份].&[北京],[Measures].[金额])
```

图 4.62　MDX 查询结果

4. 显示结果排名

在绝大多数业务分析中,排名是非常常见的功能。为了实现这两项功能,MDX 提供了一些函数,例如 TopCount、BottomCount、TopPercent、BottomPercent 和 Rank 等。

例如,以下 MDX 查询用于显示销售数量前 3 名的子类的销售数量和销售金额,其结果如图 4.62 所示。

```
SELECT  {[Measures].[数量],[Measures].[金额]} On COLUMNS,
  TOPCOUNT([Products].[层次结构].[子类],3,[Measures].[数量]) On ROWS
FROM SDW
```

5. 设置分组条件

可以使用 HAVING 子句设置分组条件。

　　例如,以下 MDX 查询用于显示所有子类商品的销售数量和
金额,限制仅仅显示销售数量大于 50 的子类,其结果如图 4.63
所示。

图 4.63　MDX 查询结果

```
SELECT  {[Measures].[数量],[Measures].[金额]} On COLUMNS,
  NON EMPTY {[Products].[层次结构].[子类]}
  HAVING [Measures].[数量]> 50 On ROWS
FROM SDW
```

练　习　题

1. 单项选择题

(1) 有关 OnRetDW 系统的叙述中正确的是(　　)。

　　A. OnRetDW 系统是一个实现在线交易的系统

　　B. OnRetDW 系统是一个可以完成任意商品信息分析的系统

　　C. OnRetDW 系统是一个面向特定主题的数据仓库系统

　　D. 以上都不对

(2) OnRetDW 系统建模采用的是(　　)。

　　A. 星形模型　　　　　　　　　　　　B. 雪花模型

　　C. 事实星座模型　　　　　　　　　　D. 关系数据库模型

(3) 有关维表中数据和维层次设计的叙述中正确的是(　　)。

　　A. 维表中数据和维层次是开发人员任意设计的

　　B. 维表中数据和维层次是开发人员根据项目需求分析来设计的

　　C. 维表中数据和维层次是由用户任意指定的

　　D. 以上都不对

(4) 有关数据抽取工具的叙述中正确的是(　　)。

　　A. 只能使用数据仓库开发工具所提供的数据抽取工具

　　B. 只能使用开发人员自己开发的数据抽取工具

　　C. 根据实际需要确定是否自己开发数据抽取工具

　　D. 以上都不对

(5) MDX 是一种(　　)。

　　A. 数据仓库建模语言

　　B. 创建数据库的语言

　　C. 数据仓库开发语言

　　D. OLAP 和数据仓库应用中使用最广泛的多维数据查询语言

2. 问答题

(1) 简述 OnRetDW 系统的主题。

(2) 如果需要分析各个省份高学历顾客和购买商品分类之间的关系,使用 OnRetDW 系
统可以实现吗? 为什么?

(3) 如果需要分析各个省份中顾客的党派分布情况,使用 OnRetDW 系统可以实现吗?

为什么？

（4）简述 MDX 和 SQL 的异同。

上机实验题

以 OnRetDW 为背景，采用 DMX 查询或 Excel 透视表实现如下分析功能：

（1）采用 DMX 查询显示各省份各年龄层次顾客购买商品的数量，如图 4.64 所示。

（2）采用 Excel 透视表显示各省份各年龄层次顾客购买商品的数量，如图 4.65 所示。

	老年	青年	中年
All	26	56	137
北京	(null)	4	26
甘肃省	(null)	6	(null)
广东省	(null)	(null)	17
广西	(null)	(null)	19
河北省	7	7	(null)
黑龙江省	(null)	3	(null)
湖北省	(null)	8	10
湖南省	(null)	(null)	28
江苏省	12	(null)	2
辽宁省	(null)	(null)	7
陕西省	(null)	(null)	6
上海	(null)	14	4
四川省	(null)	6	7
云南省	7	(null)	(null)
浙江省	(null)	8	11
Unknown	(null)	(null)	(null)

图 4.64 MDX 查询结果

	A	B	C	D	E
1	数量	列标签			
2	行标签	老年	青年	中年	总计
3	北京		4	26	30
4	甘肃省		6		6
5	广东省			17	17
6	广西			19	19
7	河北省	7	7		14
8	黑龙江省		3		3
9	湖北省		8	10	18
10	湖南省			28	28
11	江苏省	12		2	14
12	辽宁省			7	7
13	陕西省			6	6
14	上海		14	4	18
15	四川省		6	7	13
16	云南省	7			7
17	浙江省		8	11	19
18	总计	26	56	137	219

图 4.65 Excel 分析结果

（3）采用 DMX 查询显示各地区各年龄层次顾客购买“电脑办公”商品的金额，如图 4.66 所示。

（4）采用 Excel 透视表显示各地区各年龄层次顾客购买“电脑办公”商品的金额，如图 4.67 所示。

	老年	青年	中年
东北	(null)	11378	39995
华北	35994	49406	78287
华东	20817	65946	45388
华南	(null)	(null)	102190
华中	(null)	11378	109088
西北	(null)	7999	25196
西南	17749	17000	8318

图 4.66 MDX 查询结果

	A	B	C	D	E
1	分类	电脑办公			
2					
3	金额	列标签			
4	行标签	老年	青年	中年	总计
5	东北		11378	39995	51373
6	华北	35994	49406	78287	163687
7	华东	20817	65946	45388	132151
8	华南			102190	102190
9	华中		11378	109088	120466
10	西北		7999	25196	33195
11	西南	17749	17000	8318	43067
12	总计	74560	163107	408462	646129

图 4.67 Excel 分析结果

第 5 章　关联分析算法

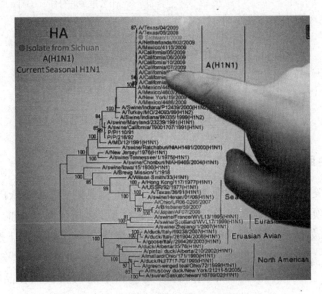

各个数据项之间存在什么关联？

本章指南

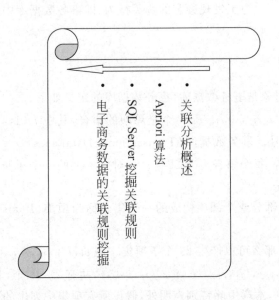

5.1 关联分析概述

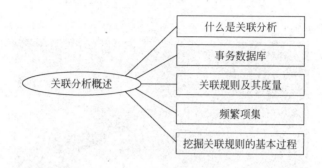

5.1.1 什么是关联分析

关联分析是指关联规则挖掘,它是数据挖掘中一个重要的、高度活跃的分支,目标是发现事务数据库中不同项(如顾客购买的商品项)之间的联系,这些联系构成的规则可以帮助用户找出某些行为特征(如顾客购买行为模式),以便进行企业决策。如图 5.1 所示。

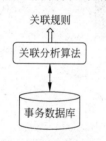

图 5.1 关联分析示意图

例如,如果某食品商店通过购物篮分析得知"大部分顾客会在一次购物中同时购买面包和牛奶",那么该食品商店就可以通过降价促销面包有可能同时提高面包和牛奶的销量。近些年来在实际应用中取得了很好的效果,关联规则挖掘是数据挖掘的其他研究分支的基础。本章介绍关联规则挖掘的相关概念和算法。

关联规则挖掘(Association Rule Mining)最早是由 Agrawal 等人提出的(1993)。最初提出的动机是购物篮分析问题,其目的是为了发现顾客的购买行为,即事务数据库中顾客购买的不同商品之间的联系规则。

5.1.2 事务数据库

关联规则挖掘的对象是事务数据库,事务数据库的定义如下。

定义 5.1 设 $I=\{i_1,i_2,\cdots,i_m\}$ 是一个全局项的集合,其中 $i_j(1\leqslant j\leqslant m)$ 是项(item)的唯一标识,j 表示项的序号。事务数据库(Transactional DataBases)$D=\{t_1,t_2,\cdots,t_n\}$ 是一个事务(Transaction)的集合,每个事务 $t_i(1\leqslant i\leqslant n)$ 都对应 I 上的一个子集,其中 t_i 是事务的唯一标识,i 表示事务的序号。

定义 5.2 由 I 中部分或全部项构成的一个集合称为**项集**(Itemset),任何非空项集中均不含有重复项。

若 I 包含 m 个项,那么可以产生 2^m 个子项集。例如,$I=\{i_1,i_2,i_3\}$,可以产生的子项集为 $\{\},\{i_1\},\{i_2\},\{i_3\},\{i_1,i_2\},\{i_1,i_3\},\{i_2,i_3\},\{i_1,i_2,i_3\}$,共有 $2^3=8$ 个,其中 7 个非空子项集。

为了算法设计简单,本章中除特别声明外,假设所有项集中列出的各个项均按项序号或字典顺序有序排列。例如,某个由 i_2 和 i_3 构成的项集写为 $\{i_2,i_3\}$,而不是 $\{i_3,i_2\}$。

购物篮问题:设 I 是全部商品集合,D 是所有顾客的购物清单,每个元组即事务是一次购买商品的集合。

如表 5.1 所示是一个购物事务数据库的示例,其中,$I=\{$面包,牛奶,尿布,啤酒,鸡蛋,可乐$\}$,若编码为:$i_1=$面包,$i_2=$牛奶,$i_3=$尿布,$i_4=$啤酒,$i_5=$鸡蛋,$i_6=$可乐,则 $I=\{i_1,i_2,i_3,i_4,i_5,i_6\}$。$D=\{t_1,t_2,t_3,t_4,t_5\}$,$t_1=\{$面包,牛奶$\}$ 或 $\{i_1,i_2\}$,$\cdots$,$t_5=\{$面包,牛奶,尿布,可乐$\}$ 或 $\{i_1,i_2,i_3,i_6\}$。

在这里,一个项集表示同时购买的商品的集合,例如,$I_1=\{$面包,啤酒$\}$ 表示同时购买面包和啤酒的集合。

表 5.1 一个购物事务数据库 D

TID	购买商品的列表	编码后的商品列表
t_1	〈面包,牛奶〉	$\{i_1,i_2\}$
t_2	〈面包,尿布,啤酒,鸡蛋〉	$\{i_1,i_3,i_4,i_5\}$
t_3	〈牛奶,尿布,啤酒,可乐〉	$\{i_2,i_3,i_4,i_6\}$
t_4	〈面包,牛奶,尿布,啤酒〉	$\{i_1,i_2,i_3,i_4\}$
t_5	〈面包,牛奶,尿布,可乐〉	$\{i_1,i_2,i_3,i_6\}$

5.1.3 关联规则及其度量

1. 关联规则

关联规则表示项之间的关系,它是形如 $X{\rightarrow}Y$ 的蕴涵表达式,即 X 决定 Y,其中 X 和 Y 是不相交的项集,即 $X{\bigcap}Y=\Phi$,X 称为规则的**前件**,Y 称为规则的**后件**。

例如,关联规则"$\{$面包,牛奶$\}{\rightarrow}\{$鸡蛋$\}$"表示的含义是购买面包和牛奶的人也会购买鸡蛋,它的前件为"$\{$面包,牛奶$\}$",后件为"$\{$鸡蛋$\}$",有时也表示为"面包,牛奶${\rightarrow}$鸡蛋"或"面包 and 牛奶${\rightarrow}$鸡蛋"等形式。

通常关联规则的强度可以用它的支持度(support)和置信度(confidence)来度量。

2. 支持度

定义 5.3 给定一个全局项集 I 和事务数据库 D,一个项集 $I_1{\subseteq}I$ 在 D 上的**支持度**是包含 I_1 的事务在 D 中所占的百分比,即

$$\text{support}(I_1) = \frac{|\{t_i \mid I_1 \subseteq t_i, t_i \in D \mid\}|}{|D|}$$

其中,$|\cdot|$ 表示·集合的计数,即其中元素的个数。

对于形如 $X{\rightarrow}Y$ 的关联规则,其支持度定义为:

$$\text{support}(X \rightarrow Y) = \frac{D \text{ 中包含有 } X \bigcup Y \text{ 的元组数}}{D \text{ 中的元组总数}}$$

采用概率的形式等价地表示为:

$$\text{support}(X \rightarrow Y) = P(X \bigcup Y)$$

其中 $P(X{\bigcup}Y)$ 表示 $X{\bigcup}Y$ 项集的概率。由于 $X\cup Y=Y\cup X$,显然有 $\text{support}(X{\rightarrow}Y)=\text{support}(Y{\rightarrow}X)$。

例如,在表 5.1 的事务数据库 D 中,总的元组数 $n=5$,同时包含 i_1 和 i_2 的元组数为 3,则

$support(i_1 \rightarrow i_2) = support(i_2 \rightarrow i_1) = 3/5 = 0.6$,这里的 $X = \{i_1\}$,$Y = \{i_2\}$。

支持度是一种重要性度量,因为低支持度的关联规则可能只是偶然出现。从实际情况看,低支持度的关联规则多半是没有意义的。

例如,顾客很少同时购买 a、b 商品,想通过对 a 或 b 商品促销(降价)来提高另一种商品的销售量是不可能的。如图 5.2 所示是在支持度高或低情况下商品促销的示例,从中看到决策 1 远不如决策 2 的效果好。

> **决策1**
> 　　某天100个顾客中3人同时购买了面包和牛奶,即
> support(面包→牛奶)=support(牛奶→面包)=3%。当天牛奶销售量为3。
> 　　决策:将面包降价50%,牛奶价格不变。第2天顾客总数增长为200人,同时购买面包和牛奶的人增加为5%。则牛奶的销售量为10。增长率为233%。

> **决策2**
> 　　某天100个顾客中20人同时购买了面包和牛奶,即
> support(面包→牛奶)=support(牛奶→面包)=20%。当天牛奶的销售量为20。
> 　　决策:将面包降价50%,牛奶价格不变。第2天顾客总数增长为200人,同时购买面包和牛奶的人增加为50%。则牛奶的销售量为100。增长率为400%。

图 5.2　支持度高或低的示例

3. 置信度

定义 5.4　给定一个全局项集 I 和事务数据库 D,一个定义在 I 和 D 上的关联规则形如 $X \rightarrow Y$,其中 X、$Y \in I$,且 $X \cap Y = \varPhi$,它的**置信度**(或**可信度**、**信任度**)是指包含 X 和 Y 的事务数与包含 X 的事务数之比,即:

$$\text{confidence}(X \rightarrow Y) = \frac{D \text{ 中包含有 } X \bigcup Y \text{ 的元组数}}{D \text{ 中仅包含 } X \text{ 的元组数}}$$

采用概率的形式等价地表示为:

$$\text{confidence}(X \rightarrow Y) = P(Y \mid X)$$

其中 $P(Y|X)$ 表示 Y 在给定 X 下的条件概率。

置信度确定通过规则进行推理具有的可靠性。对于规则 $X \rightarrow Y$,置信度越高,Y 在包含 X 的事务中出现的可能性越大。如图 5.3 所示是在置信度高或低情况下的示例。

显然 $\text{confidence}(X \rightarrow Y)$ 与 $\text{confidence}(Y \rightarrow X)$ 不一定相等。

例如,在表 5.1 的事务数据库 D 中,同时包含 i_1 和 i_4 的元组数为 2,仅包含 i_1 的元组数为 4,仅包含 i_4 的元组数为 3,则 $\text{confidence}(i_1 \rightarrow t_4) = 2/4 = 0.5$,$\text{confidence}(i_4 \rightarrow t_1) = 2/3 = 0.67$。这样就有 $\text{confidence}(i_4 \rightarrow t_1) > \text{confidence}(i_1 \rightarrow t_4)$,也就是说,规则 $i_4 \rightarrow t_1$ 比规则 $i_1 \rightarrow t_4$ 有更大的可能性。

对于形如 $X \rightarrow Y$ 的关联规则,$\text{support}(X \rightarrow Y) \leqslant \text{confidence}(X \rightarrow Y)$ 总是成立的。

定义 5.5　给定 D 上的最小支持度(记为 min_sup)和最小置信度(记为 min_conf),分别称为**最小支持度阈值和最小置信度阈值**,同时满足最小支持度阈值和最小置信度阈值的关联规则称为强关联规则,也就是说,某关联规则的最小支持度≥min_sup、最小置信度≥min_conf,则它为强关联规则。

说明:对于一个规则 $X \rightarrow Y$,若支持度太小,表示 X、Y 同时出现的概率很低,关注它们没有太大意义。若置信度太小,表示 X、Y 相互影响的概率很低(更准确地说是 X 影响 Y 的程度

> 　　某天100个顾客中，有10人购买了牛奶，5人购买了面包，其中同时购买了面包和牛奶的有3人，即
> 　　confidence(面包→牛奶)=3/5=0.6，confidence(牛奶→面包)=3/10=0.3
> 有：
> 　　confidence(面包→牛奶)>confidence(牛奶→面包)
> 表示购买面包者又购买牛奶的概率高于购买牛奶者又购买面包的概率。因为买面包的5人中有3人买了牛奶，而买牛奶的10人中才有3人买了面包。

图 5.3　置信度高或低的示例

低)，同样，关注它们也没有太大意义。也就是说，强关联规则就是 X、Y 同时出现的概率高而且 X 影响 Y 程度大的规则。

　　通常，只有强关联规则才是用户感兴趣的规则，本章讨论的关联规则挖掘在不做特别说明时指的就是挖掘强关联规则。

5.1.4　频繁项集

　　定义 5.6　给定全局项集 I 和事务数据库 D，对于 I 的非空项集 I_1，若其支持度大于或等于最小支持度阈值 min_sup，则称 I_1 为**频繁项集**(Frequent Itemsets)。

　　一般地，项集支持度是一个 $0\sim1$ 的数值，由于在计算项集支持度时，所有分母是相同的，所以可以用分子即该项集出现的次数来代表支持度，称为支持度计数。

　　例如，对于表 5.1 的事务数据库 D，若最小支持度计数阈值 min_sup＝3，则{面包,啤酒}就不是频繁项集，因为它在 D 中仅仅出现 2 次，小于 min_sup；而{面包,牛奶}是频繁项集，因为它在 D 中出现 3 次，等于 min_sup。

　　定义 5.7　对于 I 的非空子集 I_1，若项集 I_1 中包含有 I 中的 k 个项，称 I_1 为 **k-项集**。若 k-项集 I_1 是频繁项集，称为**频繁 k-项集**。显然，一个项集是否频繁，需要通过事务数据库 D 来判断。

　　例如，对于表 5.1 的事务数据库 D，若最小支持度计数阈值 min_sup＝3，则{面包,啤酒}是一个非频繁的 2-项集，而{面包,牛奶}是一个频繁的 2-项集。

5.1.5　挖掘关联规则的基本过程

　　对于事务数据库 D，挖掘关联规则就是找出 D 中的强关联规则，通常采用以下两个判断标准。

　　(1) 最小支持度(包含)：表示规则中的所有项在事务数据库 D 中同时出现的频度应满足的最小频度。

　　(2) 最小置信度(排除)：表示规则中前件项的出现暗示后件项出现的概率应满足的最小

概率。

挖掘强关联规则两个基本步骤如下。

（1）找频繁项集：通过用户给定最小支持度阈值 min_sup，寻找所有频繁项集，即仅保留大于或等于最小支持度阈值的项集。

（2）生成强关联规则：通过用户给定最小置信度阈值 min_conf，在频繁项集中寻找关联规则，即删除不满足最小置信度阈值的规则。

其中（1）是目前研究的重点。找频繁项集最简单的算法如下。

输入：全局项集 I 和事务数据库 D，最小支持度阈值 min_sup。

输出：所有的频繁项集集合 L。

方法：其过程描述如下。

```
n = |D|;
for (I 的每个子集 c)
{    i = 0;
    for (对于 D 中的每个事务 t)
    {    if (c 是 t 的子集)
        i++;
    }
    if (i/n≥min_sup)
        L = L⋃{c};                                    //将 c 添加到频繁项集集合 L 中
}
```

上述算法采用穷举的思想求解。例如，$I=\{i_1,i_2,i_3\}$，产生其所有非空子项集：$\{i_1\}$，$\{i_2\}$，$\{i_3\}$，$\{i_1,i_2\}$，$\{i_1,i_3\}$，$\{i_2,i_3\}$，$\{i_1,i_2,i_3\}$，然后对于每个非空子项集，扫描事务数据库 D，求出它的支持度，如果大于或等于 min_sup，则将其作为频繁项集放置到 L 中。显然这个算法是非常低效的。

5.2　Apriori 算法

知识梳理

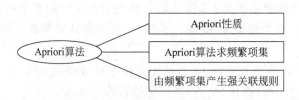

Apriori 算法是由 Agrawal 等人于 1993 提出的，改进了前面求频繁项集的简单低效算法，采用逐层搜索策略（层次搜索策略）产生所有的频繁项集，并利用 Apriori 性质排除非频繁项集。

5.2.1　Apriori 性质

Apriori 性质：若 A 是一个频繁项集，则 A 的每一个子集都是一个频繁项集。

证明：设 n 为事务数据库 D 中的事务总数，sup_count(·) 表示·项集在 D 中所有事务中出现的次数。

依题意,A 是一个频繁项集,所以有 support(A)≥min_sup。

对于 A 的任何非空子集 $B(B \subseteq A)$,一定有 B 在 D 中的出现次数≥A 在 D 中的出现次数。例如,{面包}在 D 中的出现次数≥{面包,牛奶}在 D 中的出现次数。即有:

sup_count(B)≥sup_count(A)

则

support(B) = sup_count(B)/n≥sup_count(A)/n = support(A)≥min_sup

所以,B 是一个频繁项集。

例如,若{面包,尿布,牛奶}项集是频繁的,则{面包,尿布}、{尿布,牛奶}、{面包,牛奶}、{面包}、{尿布}和{牛奶}也一定是频繁的,但{面包,尿布,牛奶,啤酒}不一定是频繁的。

Apriori 性质具有反单调性:如果一个项集不是频繁的,则它的所有超集也一定不是频繁的。对于一个项集 A,若有 $A \subset B$ 成立,则称 B 为 A 的超集。

证明:设 n 为事务数据库 D 中的事务总数。

依题意,A 不是频繁的,即 support(A)<min_sup。对于 A 的任一超集 B,由于 $A \subset B$,所以有:

sup_count(B)≤sup_count(A)

则

support(B) = sup_count(B)/n≤sup_count(A)/n = support(A)<min_sup

所以,B 不是一个频繁项集。

例如,若{ac}不是频繁的,则{abc}、{acd}也一定不是频繁的,这里的{ac}是{a,c}的一种简写,在不影响二义性的条件下,后面均采用这种简写方式。

5.2.2　Apriori 算法求频繁项集

Apriori 算法是一种经典的生成关联规则的频繁项集挖掘算法,算法名字是缘于算法使用了上述频繁项集的性质这一先验知识。

1. 基本的 Apriori 算法

Apriori 算法的基本思路是采用层次搜索的迭代方法,由候选(k-1)-项集来寻找候选k-项集,并逐一判断产生的候选k-项集是否是频繁的。

设 C_k 是长度为 k 的候选项集的集合,L_k 是长度为 k 的频繁项集的集合,为了简单,设最小支持度计数阈值为 min_sup,即采用最小支持度计数。

首先,找出频繁 1-项集,用 L_1 表示。由 L_1 寻找 C_2,由 C_2 产生 L_2,即产生频繁 2-项集的集合。由 L_2 寻找 C_3,由 C_3 产生 L_3,以此类推,直至没有新的频繁 k-项集被发现。求每个 L_k 时都要对事务数据库 D 做一次完全扫描。

基本的 Apriori 算法如下。

输入:事务数据库 D,最小支持度计数阈值 min_sup。

输出:所有的频繁项集集合 L。

方法:其过程描述如下。

通过扫描 D 得到 1-频繁项集 L_1;
for ($k = 2$; L_{k-1}!= Φ; k++)
{ C_k = 由 L_{k-1} 通过连接运算产生的候选 k-项集;
    for (事务数据库 D 中的事务 t)
    {   求 C_k 中包含在 t 中的所有候选 k-项集的计数;
        L_k = {c | $c \in C_k$ 且 c.sup_count≥min_sup};   //求 C_k 中满足 min_sup 的候选 k-项集
    }
}
return $L = \bigcup_k L_k$;

上述算法需要解决以下问题:

(1) 如何由 L_{k-1} 构建 C_k;

(2) 如何由 C_k 产生 L_k。

2. 自连接: 由 L_{k-1} 构建 C_k

在基本的 Apriori 算法中,由 L_{k-1} 构建 C_k 可以通过连接运算来实现。连接运算是表的基本运算之一,如图 5.4 所示是两个表 R、S 按"R 第 3 列等于 S 第 2 列"的条件进行等值连接的结果。

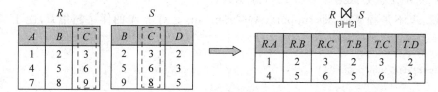

图 5.4   连接运算

由 L_{k-1} 构建 C_k 的方法是,取 $L_{k-1}.l_{k-1}$(表示 L_{k-1} 中第 $k-1$ 个项集)中的每个序号大于等于 k 项 x,将其加入到 L_{k-1} 的某个 $(k-1)$-项集中,若能够得到一个 k-项集(x 与这个 $(k-1)$-项集中的项不重复),则将这个 k-项集加入到 C_k 中,显然 C_k 中所有 k-项集是不重复出现的。

例如,对于前面的 $L_2 = \{\{i_1, i_2\}, \{i_2, i_3\}, \{i_1, i_3\}\}$,这里 $k = 3$,$L_2.l_2 = \{i_2, i_3\}$,$x = i_3$,C_3 中所有项集的第 3 个项只能为 i_3,这样得到 $C_3 = \{\{i_1, i_2, i_3\}\}$。

因此,采用自连接的方式由 L_{k-1} 产生 C_k 时,连接关系是在 L_{k-1}(用 p 表示)和 L_{k-1}(用 q 表示)中,前 $k-2$ 项相同,且 p 的第 $k-1$ 项小于 q 的第 $k-1$ 项值,即:

p.item$_1$ = q.item$_1$ and p.item$_2$ = q.item$_2$ and … and p.item$_{k-2}$ = q.item$_{k-2}$ and p.item$_{k-1}$ < q.item$_{k-1}$

其中 p.item$_{k-1}$ < q.item$_{k-1}$ 是为了保证 C_k 中不含重复的项集。如图 5.5 所示是由 L_3 产生 C_4 的过程。

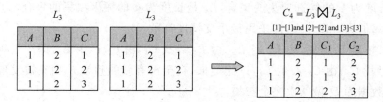

图 5.5   自连接运算

【例 5.1】   对于表 5.1 所示的事务数据库,设最小支持度计数阈值 min_sup=3,产生所有频繁项集的过程如下:

（1）得到 L_1 的过程如图 5.6 所示。

图 5.6　得到 L_1 的过程

（2）由 L_1 自连接得到 C_2 的过程如图 5.7 所示。

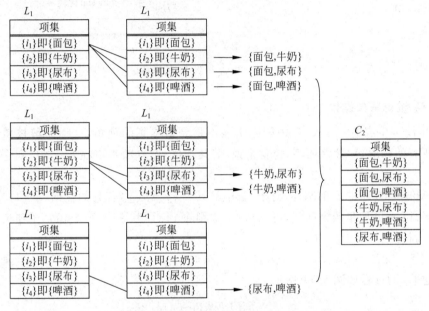

图 5.7　由 L_1 自连接得到 C_2 的过程

（3）由 C_2 得到 L_2 的过程如图 5.8 所示。

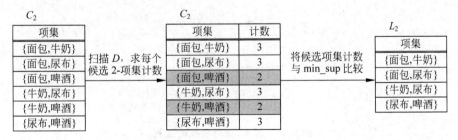

图 5.8　由 C_2 得到 L_2 的过程

（4）由 L_2 自连接得到 C_3 的过程如图 5.9 所示。

（5）由 C_3 得到 L_3 的过程如图 5.10 所示。

（6）由 $L_3 = \Phi$，算法结束，产生的所有频繁项集为 $L_1 \bigcup L_2$。

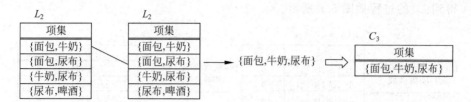

图 5.9 由 L_2 自连接得到 C_3 的过程

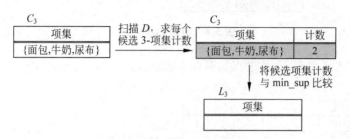

图 5.10 由 C_3 得到 L_3 的过程

3. 对 C_k 进行剪枝操作

对于由 L_{k-1} 生成的 C_k，从 C_k 中删除明显不是频繁项集的项集，这称为**剪枝操作**。这里 L_{k-1} 包含所有的 $(k-1)$-频繁项集，也就是说，若某个 $(k-1)$-项集不在 L_{k-1} 中，则它一定不是频繁的。

利用 Apriori 性质的反单调性，对于 C_k 中的某个 k-项集 x，若它的任何 $(k-1)$-子项集是非频繁项集，则 x 也是非频繁项集，可以从 C_k 中删除 x。而判断一个 $(k-1)$-子项集是非频繁项集的条件就是它不在 L_{k-1} 中。

【**例 5.2**】 设 $L_3 = \{\{i_1, i_2, i_3\}, \{i_1, i_2, i_4\}, \{i_1, i_3, i_4\}, \{i_1, i_3, i_5\}, \{i_2, i_3, i_4\}\}$，通过自连接并剪枝构建 C_4 的过程如图 5.11 所示。

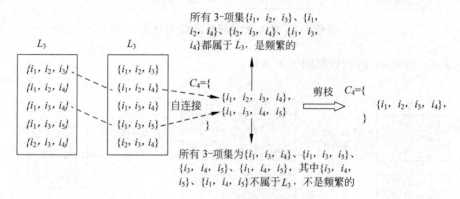

图 5.11 对 C_4 进行剪枝的过程

又例如，某事务数据库 D 包含 $\{a, b, c, d\}$ 共 4 个项，采用层次方法求所有的频繁项集，如图 5.12 所示，图中每个阴影框对应一个频繁项集。如果求出 1-频繁项集集合 $L_1 = \{\{b\}, \{c\}, \{d\}\}$，得出候选 2-项集集合 $C_2 = \{\{bc\}, \{bd\}, \{cd\}\}$，由于 1-项集 $\{a\}$ 不是频繁的，所以不需考虑所有包含 a 的项集，见图中剪枝 1。如果求出 2-项集集合 $L_2 = \{\{bc\}, \{bd\}\}$，由于 $\{cd\}$ 不是频繁项集，所以不需考虑所有包含 cd 的项集，即不可能有频繁 3-项集和频繁 3-项集，见图 5.12

中剪枝 2。这样求得所有频繁项集集合为 $\{\{b\},\{c\},\{d\},\{bc\},\{bd\}\}$。

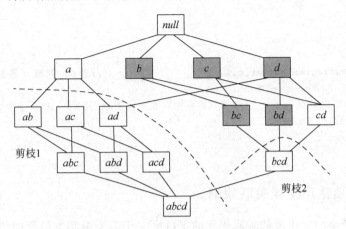

图 5.12　采用剪枝方法求所有的频繁项集

4. 项集的支持度计算

在基本的 Aprior 算法中,求出剪枝后的 C_k,由 C_k 产生 L_k 时,需要求出 C_k 中每个 k-项集的支持度计数,也就是说,若 C_k 中有 n 个项集,需要 n 次扫描事务数据库 D,这是十分耗时的。

改进的方法是,扫描 D 中一个事务 t 时,如果 t 中包含的项数少于 k,直接跳过它转向下一个事务,否则分解出所有的 k-项集 s,若 $s \in C_k$,则表示 C_k 中有一个等于 s 的项集,将 s 的支持度计数增 1。这样只需扫描事务数据库 D 一遍,便可求出 C_k 中所有项集的支持度计数。

5. 改进的 Apriori 算法

采用自连接和剪枝操作得到改进的 Apriori 算法如下。

输入：事务数据库 D,最小支持度计数阈值 min_sup。

输出：所有的频繁项集集合 L。

方法：其过程描述如下。

```
通过扫描 D 得到 1-频繁项集 L₁;
for (k = 2; Lₖ₋₁ != Φ; k++)
{    Cₖ = apriori_gen(Lₖ₋₁, min_sup);
    for (事务数据库 D 中的事务 t)
    {    for (t 中每个 k-项集 s);
            if (s ∈ Cₖ) s.sup_count++;
    }
    for (Cₖ 中的每个项集 c)
        if (c.sup_count ≥ min_sup)
            Lₖ = Lₖ ∪ {c};
}
return L = ∪ₖLₖ;
procedure aprior_gen(Lₖ₋₁, min_sup)              //由 Lₖ₋₁ 自连接并剪枝构建 Cₖ
{    for (Lₖ₋₁ 中的每个项集 l₁ ∈ Lₖ₋₁)
        for (Lₖ₋₁ 中 l₁ 之后的每个项集 l₂ ∈ Lₖ₋₁)
            if (l₁[1] = l₂[1] and … and l₁[k-2] = l₂[k-2] and l₁[k-1] < l₂[k-1])
            {    c = l₁ 与 l₂ 连接;
                if (has_infrequent_subset(c, Lₖ₋₁))
                    delete c;
```

```
                else
                    将 c 加入 Ck;
            }
        return Ck;
    }
    procedure has_infrequent_subset(c, Lk-1)          //剪枝:判断 c 是否为非频繁项集
    {   for (c 的每个(k-1)-子项集 s)
            if (s 不属于 Lk-1)              //若 c 中存在不属于 Lk-1 的(k-1)-子项集,则 c 是非频繁的
                return true;
        return false;
    }
```

5.2.3　由频繁项集产生强关联规则

因为由频繁项集的项组成的关联规则的支持度大于等于最小支持度阈值 min_conf,所以强关联规则产生过程就是在由频繁项集的项组成的所有关联规则中,找出所有置信度大于等于最小置信度阈值的强关联规则。

对于形如 $X \rightarrow Y$ 的规则,其置信度为:

$$\text{confidence}(X \rightarrow Y) = \frac{D \text{ 中包含有 } X \bigcup Y \text{ 的元组数}}{D \text{ 中仅包含 } X \text{ 的元组数}}$$

所以对于形如 $l_u \rightarrow (l - l_u)$ 的规则,其置信度为:

$$\text{confidence}(l_u \rightarrow (l - l_u)) = \frac{D \text{ 中包含有 } l \text{ 的元组数}}{D \text{ 中仅包含 } l_u \text{ 的元组数}}$$

因此,对于每个频繁项集 l,求强关联规则的基本步骤如下:

(1) 产生 l 的所有非空真子集。

(2) 对于 l 的每个非空真子集 l_u,如果 l 的支持度计数除以 l_u 的支持度计数大于等于最小置信度阈值 min_conf,则输出强关联规则 $l_u \rightarrow (l - l_u)$。其中,因为 l 是频繁项集,根据 Apriori 性质,l_u 与 $(l - l_u)$ 都是频繁项集,所以,其支持计数在频繁项集产生阶段已经计算,在此不必重复计算。

【例 5.3】　对于表 5.1 所示的事务数据库,有一个频繁项集 $l = \{$面包,牛奶$\}$ 或 $\{i_1, i_2\}$,由 l 产生的关联规则如下。

l 的所有非空真子集为:$\{$面包$\}$,$\{$牛奶$\}$。

对于 $\{$面包$\}$,产生的规则为 $\{$面包$\} \rightarrow \{$牛奶$\}$,由图 5.6 的计算过程可知,$\{$面包$\}$ 的支持度计数为 4,$l = \{$面包,牛奶$\}$ 的支持度计数为 3,所以置信度 = 3/4 = 75%。

类似地,求出规则 $\{$牛奶$\} \rightarrow \{$面包$\}$ 的置信度 = 3/4 = 75%。

若设置最小置信度阈值 min_conf = 70%,则产生的强关联规则如下:

$\{$面包$\} \rightarrow \{$牛奶$\}$

$\{$牛奶$\} \rightarrow \{$面包$\}$

如果频繁项集 $l = \{a, b, c\}$,其求解过程类似。l 的所有非空真子集为:$\{a\}$,$\{b\}$,$\{c\}$,$\{a, b\}$,$\{b, c\}$,$\{a, c\}$。

对于 $\{a\}$,产生的规则为 $\{a\} \rightarrow \{b, c\}$,求其置信度 = D 中包含 $\{a, b, c\}$ 的计数除以 D 中包含 $\{a\}$ 的计数。若大于或等于最小置信度阈值 min_conf,则 $\{a\} \rightarrow \{b, c\}$ 为强关联规则。

对于 $\{a, c\}$,产生的规则为 $\{a, c\} \rightarrow \{b\}$,求其置信度 = D 中包含 $\{a, b, c\}$ 的计数除以 D 中

包含$\{a,c\}$的计数。若大于或等于最小置信度阈值 min_conf，则$\{a,c\} \rightarrow \{b\}$为强关联规则。

对于l的其他非空真子集，以此类推。

5.3 SQL Server 挖掘关联规则

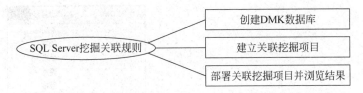

本节介绍采用 SQL Server 挖掘前面介绍的表 5.1 事务数据库中关联规则的过程。

5.3.1 创建 DMK 数据库

首先启动 SQL Server 管理器建立一个 DMK 数据库，如图 5.13 所示，数据库文件存放在"D:\数据仓库和数据挖掘\数据挖掘\DB"文件夹中。

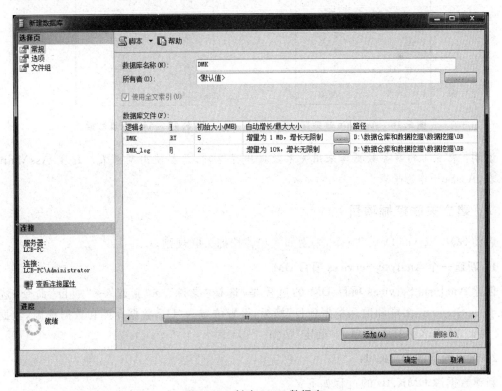

图 5.13 创建 DMK 数据库

在 DMK 数据库中创建 AssMain 和 AssSub 两个表用于存放事务数据，它们的表结构分别如图 5.14 和图 5.15 所示。其中 AssMain 表的 tno 列为标识规范列。

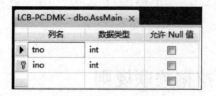

图 5.14　AssMain 表结构

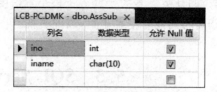

图 5.15　AssSub 表结构

AssMain 和 AssSub 两个表的数据分别如图 5.16 和 5.17 所示。

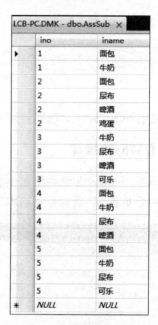

图 5.16　AssMain 表数据　　　　图 5.17　AssSub 表数据

说明：表 5.1 的事务数据库采用关系数据库存储时，需要使用两个表。这里 AssMain 作为主表，AssSub 作为子表。

5.3.2　建立关联挖掘项目

启动 SQL Server Data Tools，采用如下步骤挖掘关联规则。

1. 新建一个 Analysis Services 项目 DM

创建 Analysis Services 项目 DM 的过程是，选择"文件"→"新建"→"项目"命令，选择"Analysis Services 多维和数据挖掘项目"模板，设置位置为"D:\数据仓库和数据挖掘\数据挖掘"文件夹，输入名称"DM"，单击"确定"按钮。

2. 建立数据源 DMK. ds

新建数据源 DMK. ds 的过程如下：

（1）在"解决方案资源管理器"中右击"数据源"，在出现的快捷菜单中选择"新建数据源"命令，启动新建数据源向导，单击"下一步"按钮。

（2）单击"新建"按钮，出现"连接管理器"对话框，其设置如图 5.18 所示，单击"确定"按钮返回。

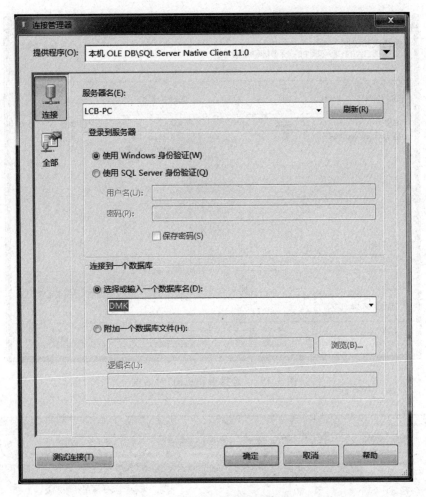

图 5.18 "连接管理器"对话框

（3）单击"下一步"按钮。在出现的"模拟信息"对话框中勾选"使用服务账号"，单击"下一步"按钮，再单击"完成"按钮。这样就创建了数据源 DMK.ds，对应的数据库为前面建立的 DMK 数据库。

3. 建立数据源视图 DMK.dsv

建立数据源视图 DMK.dsv 的过程如下：

（1）在"解决方案资源管理器"中右击"数据源视图"，在出现的快捷菜单中选择"新建数据源视图"命令，启动新建数据源视图向导，单击"下一步"按钮。

（2）保持关系数据源 DMK 不变，单击"下一步"按钮。

（3）在"名称匹配"对话框中保持默认的"与主键同名"选项，单击"下一步"按钮。

（4）在"选择表和视图"对话框中选择 AssMain 和 AssSub 两个表，如图 5.19 所示，单击"下一步"按钮。

（5）在出现的对话框中保持默认名称，单击"完成"按钮。这样就创建了数据源视图 DMK.dsv，它包含 AssMain 和 AssSub 两个表，并建立两个表之间的外键关系，如图 5.20 所示。如果两个表没有表示外键关系的箭头，可以通过列拖动来建立外键关系。

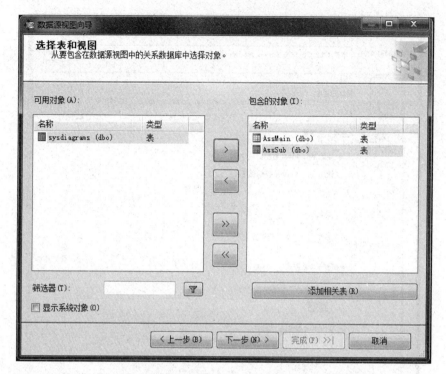

图 5.19　"选择表和视图"对话框

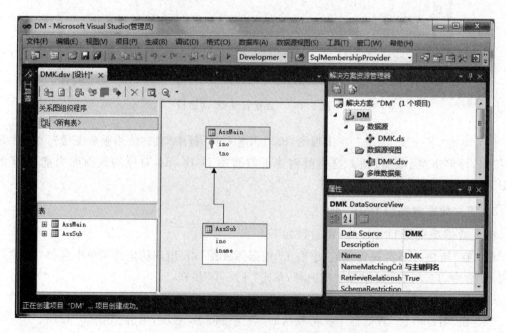

图 5.20　AssMain 和 AssSub 两个表之间的关系

4. 建立挖掘结构 AssRule.dmm

建立挖掘结构 AssRule.dmm 的过程如下:

(1) 在解决方案资源管理器中,右击"挖掘结构",再选择"新建挖掘结构"命令启动数据挖掘向导。单击"下一步"按钮。

（2）在"选择定义方法"对话框中，确保已选中"从现有关系数据库或数据仓库"，再单击"下一步"按钮。

（3）在"创建数据挖掘结构"对话框中，从"您要使用何种数据挖掘技术"列表中选择"Microsoft 关联规则"，如图 5.21 所示，再单击"下一步"按钮。

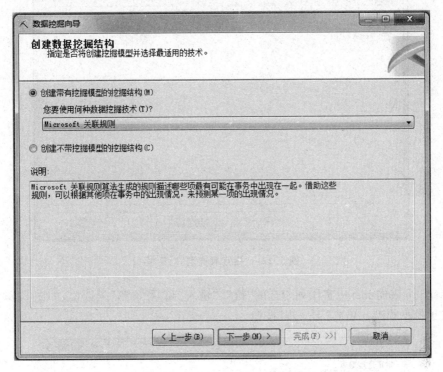

图 5.21　指定"Microsoft 关联规则"

说明：Microsoft 关联规则算法是熟知的 Apriori 算法的简单实现。它遍历数据集以查找同时出现在某个事务中的项。然后，该算法按照由 MINIMUM_SUPPORT（支持度阈值）参数指定的事例数，将出现次数最少的关联项分组为项集。最后根据项集和 MINIMUM_PROBABILITY 参数（置信度阈值）生成规则。

一个关联规则模型的要求如下。

① 单个键列：每个模型都必须包含一个用于唯一标识每条记录的数值列或文本列。

② 单个可预测列：一个关联模型只能有一个可预测列。这些值必须是离散或离散化值。

③ 输入列：输入列必须为离散列。

关联模型的输入数据通常包含在两个表中。例如，一个表可能包含客户信息，而另一个表可能包含客户购物情况。一个关联模型必须包含一个键列、多个输入列和单个可预测列。

（4）在出现的"选择数据源视图"对话框中，指定数据源视图为 DMK。单击"下一步"按钮。

（5）出现"指定表类型"对话框，在 AssMian 表的对应行中选中"事例"复选框，在 AssSub 表的对应行中选中"嵌套"复选框，如图 5.22 所示。单击"下一步"按钮。

（6）出现"指定定型数据"对话框，勾选 AssMain 表 ino 字段所在行的"键"复选框，为事务主表 AssMain 设置键。由于分析目的在于确定单个事务中包括哪些项，因此不必使用 tno 字段。

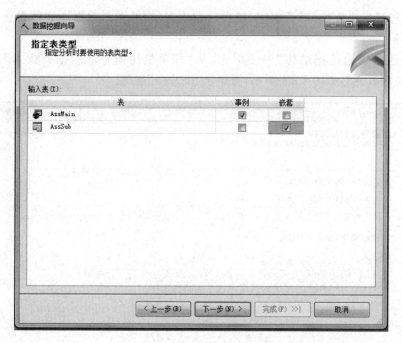

图 5.22　"指定表类型"对话框

在 AssSub 表的 iname 字段列勾选的"键"、"输入"和"可预测"复选框,如图 5.23 所示,这样就设置了挖掘模型。单击"下一步"按钮。

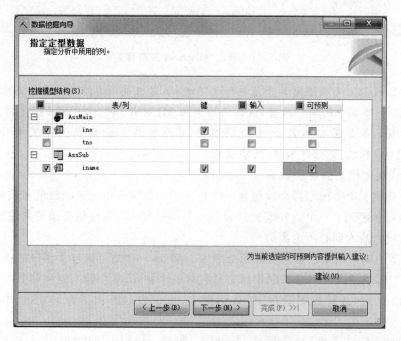

图 5.23　"指定定型数据"对话框

说明:AssSub 表中 iname 列存放一个事务包含的所有项,关联分析是发现项之间的关系,所以 iname 列既是输入列又是可预测列。

（7）出现"指定列的内容和数据类型"对话框,保持所有默认值,单击"下一步"按钮。

（8）出现"创建测试集"对话框，其中"要测试的数据的百分比"选项的默认值为 30%，将该选项更改为 0，如图 5.24 所示，因为这里的数据量很少，更改为 0 表示测试全部数据。单击"下一步"按钮。

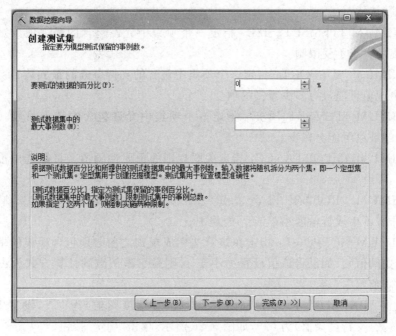

图 5.24　"创建测试集"对话框

（9）出现"完成向导"对话框，将"挖掘结构名称"和"挖掘模型名称"改为 AssRule，如图 5.25 所示。然后单击"完成"按钮。

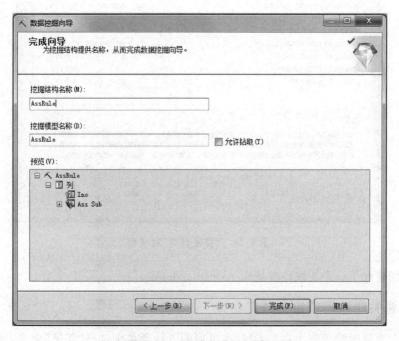

图 5.25　"完成向导"对话框

（10）打开数据挖掘设计器的"挖掘模型"选项卡，右击 AssRule，在出现的下拉菜单中选择"设置算法参数"命令，出现"算法参数"对话框，其中主要参数说明如下。

① MAXIMUM_ITEMSET_COUNT：指定要生成的项集的最大数目。如果不指定任何数目，则使用默认值。

② MAXIMUM_ITEMSET_SIZE：指定一个项集中允许包含的最大项数。将该值设置为 0 表示项集的大小不受限制。

③ MAXIMUM_SUPPORT：指定一个项集中包含的支持事务的最大数目。该参数可用于消除频繁出现但可能没有多少意义的项。

④ MINIMUM_ITEMSET_SIZE：指定一个项集中允许包含的最小项数。若增大该数值，模型包含的项集可能会减少。

⑤ MINIMUM_IMPORTANCE：指定关联规则的重要性阈值。将筛选出重要性小于此值的规则。

⑥ MINIMUM_PROBABILITY：指定规则的置信度阈值。例如，如果将该值设置为 0.5，这将意味着不生成置信度小于 50% 的规则。

⑦ MINIMUM_SUPPORT：指定在该算法生成规则之前必须包含项集的事务的最小数目（支持度计数阈值）。如果将该值设置为小于 1，则最小事例数的计算方式为占总事务的百分比（支持度阈值）。

这里，设置 MINIMUM_PROBABILITY 参数（置信度阈值）为 0.5，设置 MINIMUM_SUPPORT 参数（支持度阈值）为 0.6，如图 5.26 所示，单击"确定"按钮。

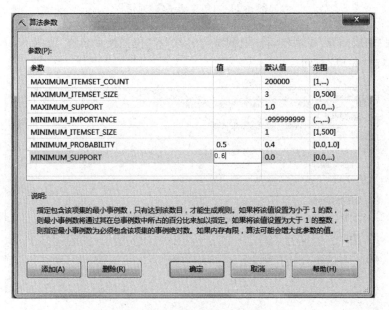

图 5.26　"算法参数"对话框

至此就创建好了一个关联挖掘结构 AssRule.dmm。

5.3.3　部署关联挖掘项目并浏览结果

在解决方案资源管理器中右击 DM，在出现的下拉菜单中选择"部署"命令，系统开始执行部署，完成后出现部署成功的提示信息。

单击"挖掘结构"下的 AssRule.dmm,在出现的下拉菜单中选择"浏览"命令,或者单击"挖掘模型查看器"选项卡,系统挖掘的关联规则如图 5.27 所示。

图 5.27 产生的关联规则(1)

从"显示属性名称和值"下拉列表中选择"仅显示属性名称",看到的结果如图 5.28 所示。

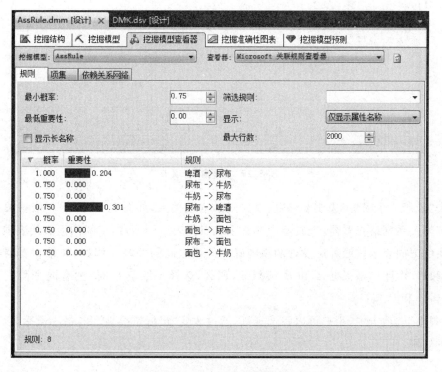

图 5.28 产生的关联规则(2)

说明：这里设置的最小支持度阈值为 0.6（即最小支持度计数阈值为 3）、最小概率为 0.75，显示结果与前面手工计算结果是一致的。

在挖掘结构查看器的"规则"选项卡中，与关联规则挖掘算法产生关联规则相关的信息如下。

（1）概率（也称置信度）：规则的"可能性"，定义为在给定前件的情况下后件的概率。

（2）重要性：用于度量规则的有用性，其值越大意味着规则越有用。之所以提供重要性，是因为只使用概率可能会发生误导。例如，如果每个事务都包含一个水壶（也许水壶是作为促销活动的一部分自动添加到每位客户的购物车中），该模型会创建一条规则，预测水壶的概率为 1。仅依据概率来看，此规则非常准确，但它并未提供有用的信息。

（3）规则：用于描述特定的项组合。

单击"项集"选项卡，按支持度计数列出所有的项集，如图 5.29 所示。

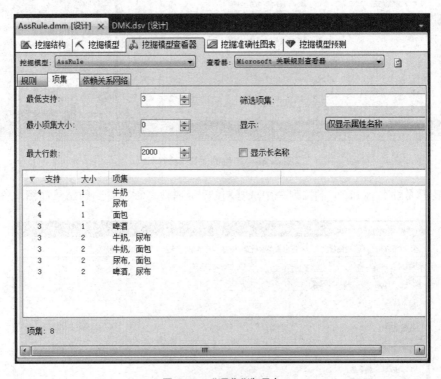

图 5.29   "项集"选项卡

单击"依赖关系网络"选项卡，列出项之间的依赖关系，如图 5.30 所示。依赖关系网络包括一个依赖关系网络查看器，查看器中的每个结点代表一个项，结点间的箭头代表项之间有关联。箭头的方向表示按照算法发现的规则确定的项之间的关联。例如，如果查看器包含三个项 A、B 和 C，并且 C 是根据 A 和 B 预测的，那么，选择了结点 C 时，则有两个箭头指向结点 C，即 A 到 C 和 B 到 C。

在"规则"选项卡中，用户可以筛选规则，通过改变"最低重要性"和"最小概率"以便仅显示最关心的规则。

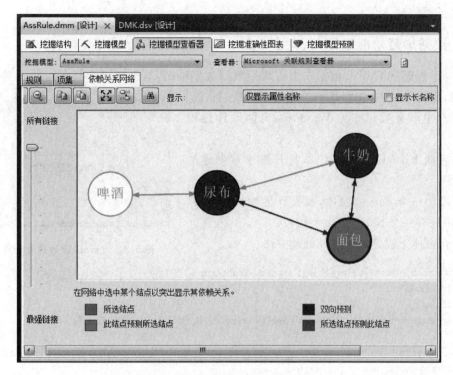

图 5.30　"依赖关系网络"选项卡

5.4　电子商务数据的关联规则挖掘

知识梳理

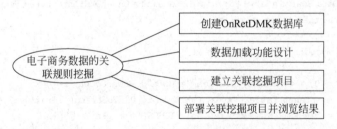

本节介绍从 OnRetS 网站的 OnRet 数据库中提取销售数据,并采用 SQL Server 进行关联分析。

5.4.1　创建 OnRetDMK 数据库

启动 SQL Server 管理器建立一个 OnRetDMK 数据库,数据库文件存放在"D:\数据仓库和数据挖掘\数据挖掘\DB"文件夹中。

在 OnRetDMK 数据库中创建 AssMain 和 AssSub 两个表用于存放销售事务数据,它们的表结构与 DMK 数据库中的 AssMain 表和 AssSub 表的结构相似,只是将两个表的 ino 列改为 char(10)类型,用于存放顾客的用户名,将 AssSub 表的 iname 列改为 char(20)类型,用于存放商品子类信息。

5.4.2　数据加载功能设计

OnRetS 网站的 OnRet 数据库中的商品数据是多维的，这里仅仅介绍在商品子类上挖掘关联规则，也就是说，挖掘商品子类之间的关联关系。

设计产生事务数据库的 Windows 窗体设计过程如下。

（1）启动 Visual Studio 2012，打开第 4 章创建的 ETL 项目。

（2）添加一个 Form2 窗体，其设计界面如图 5.31 所示，其中只有一个 button1 命令按钮。

（3）在窗体上设计如下事件处理方法：

图 5.31　Form2 窗体的设计界面

```
private void button1_Click(object sender, EventArgs e)
{    InsMain();
     InsSub();
     MessageBox.Show("从 OnRet 载入数据到 OnRetDMK 执行完毕!", "操作提示");
}
protected void InsMain()                                        //将所有用户名插入到 AssMain 表中
{    string mystr, mysql;
     SqlConnection myconn = new SqlConnection();
     mystr = "Data Source = LCB - PC;Initial Catalog = OnRet;Integrated Security = True";
     myconn.ConnectionString = mystr;
     myconn.Open();
     mysql = "SELECT Distinct 用户名 FROM Sales";
     SqlDataAdapter myda = new SqlDataAdapter(mysql, myconn);
     myconn.Close();
     DataSet mydataset = new DataSet();                         //获取 OnRet 数据库中的销售数据
     myda.Fill(mydataset, "mydata");
     mystr = "Data Source = LCB - PC;Initial Catalog = OnRetDMK;Integrated Security = True";
     myconn.ConnectionString = mystr;
     myconn.Open();
     SqlCommand mycmd;
     string gkm;
     for (int i = 0; i < mydataset.Tables["mydata"].Rows.Count; i++)
{    gkm = mydataset.Tables["mydata"].Rows[i][0].ToString().Trim();   //当前记录的顾客名
     mysql = "INSERT INTO AssMain(ino) VALUES('" + gkm + "')";
     mycmd = new SqlCommand(mysql, myconn);
     mycmd.ExecuteNonQuery();
}
     myconn.Close();
}
protected void InsSub()                                        //将所有用户名和商品子类插入到 AssMain 表中
{    string mystr, mysql;
     SqlConnection myconn = new SqlConnection();
     mystr = "Data Source = LCB - PC;Initial Catalog = OnRet;Integrated Security = True";
     myconn.ConnectionString = mystr;
     myconn.Open();
     mysql = "SELECT 用户名,子类 FROM Sales "
```

```
          + "GROUP BY 用户名,子类 Order by 用户名";
SqlDataAdapter myda = new SqlDataAdapter(mysql, myconn);
myconn.Close();
DataSet mydataset = new DataSet();                          //获取 OnRet 数据库中的销售数据
myda.Fill(mydataset, "mydata");
mystr = "Data Source = LCB - PC; Initial Catalog = OnRetDMK; Integrated Security = True";
myconn.ConnectionString = mystr;
myconn.Open();
SqlCommand mycmd;
string gkm, spzl;
for (int i = 0; i < mydataset.Tables["mydata"].Rows.Count; i++)
{    gkm = mydataset.Tables["mydata"].Rows[i][0].ToString().Trim();    //当前记录的顾客名
     spzl = mydataset.Tables["mydata"].Rows[i][1].ToString().Trim();    //当前记录的商品子类
     mysql = "INSERT INTO AssSub(ino,iname) VALUES('" + gkm + "','" + spzl + "')";
     mycmd = new SqlCommand(mysql, myconn);
     mycmd.ExecuteNonQuery();
}
myconn.Close();
}
```

上述事件处理方法产生事务数据库的过程是：首先将 OnRet 数据库的 Sales 表中所有用户名不重复地插入到 OnRetDMK 数据库的 AssMain 表中,然后将 Sales 表中所有用户名加上购物商品子类不重复地插入到 OnRetDMK 数据库的 AssSub 表中。

（4）启动 Form2 窗体,单击"产生事务数据库"命令按钮。两个表中产生的部分数据如表 5.2 和表 5.3 所示。

表 5.2　AssMain 表部分数据		表 5.3　AssSub 表部分数据	
tno	ino(用户名)	ino(用户名)	iname(购买商品子类)
1	bj1	bj1	笔记本
2	bj2	bj1	单反数码相机
3	cd1	bj1	台式机
4	cd2	bj2	笔记本
5	cs1	bj2	单反数码相机
6	gz1	bj2	手机
7	gz2	cd1	手机
8	hj1	cd2	笔记本
9	hj2	cd2	手机
10	hrb1	cs1	单反数码相机
…	…	…	…

5.4.3　建立关联挖掘项目

采用 5.3.2 节的操作步骤创建 OnRetDM 数据挖掘项目。设置算法参数如图 5.32 所示。创建的 OnRetDM 项目如图 5.33 所示。

5.4.4　部署关联挖掘项目并浏览结果

在解决方案资源管理器中右击 OnRetDM,在出现的下拉菜单中选择"部署"命令,系统开始执行部署,完成后出现部署成功的提示信息。

图 5.32　设置算法参数

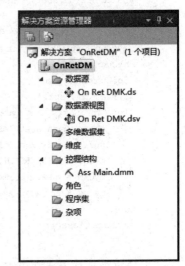

图 5.33　OnRetDM 项目

单击"挖掘结构"下的 Ass Main.dmm,在出现的下拉菜单中选择"浏览"命令,或者单击"挖掘模型查看器"标签,系统挖掘的关联规则如图 5.34 所示。从中看出,购买台式机和手机的顾客同时购买单反数码相机的概率为 75%。

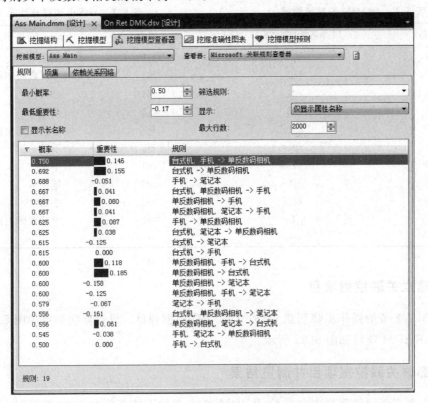

图 5.34　OnRetDM 项目产生的关联规则

OnRetDM 项目产生的项集如图 5.35 所示，产生的依赖关系如图 5.36 所示。所有这些分析结果都有助于进行企业决策。

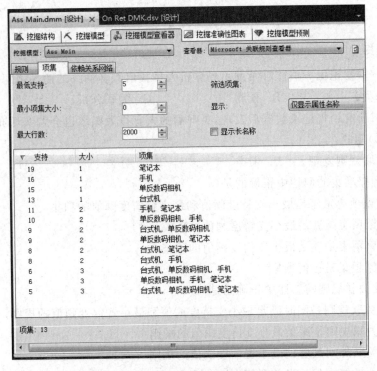

图 5.35　OnRetDM 项目产生的项集

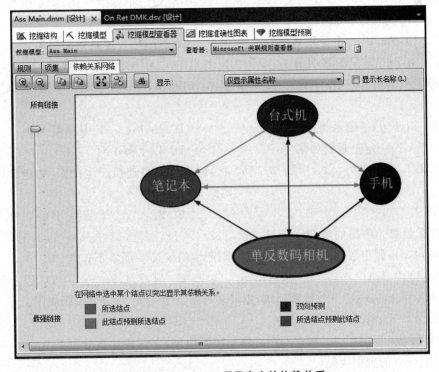

图 5.36　OnRetDM 项目产生的依赖关系

练 习 题

1. 单项选择题

（1）（　　）数据挖掘方法能够帮助市场分析人员找出顾客购买的商品之间的关联关系。

    A. 分类　　　　　　　B. 预测　　　　　　　C. 关联分析　　　　　D. 聚类

（2）某超市研究销售记录数据后发现，买啤酒的人有很大概率也会购买尿布，这种属于数据挖掘的（　　）问题。

    A. 关联规则发现　　　B. 聚类　　　　　　　C. 分类　　　　　　　D. 自然语言处理

（3）有关频繁项集的叙述中正确的是（　　）。

    A. 频繁项集是满足最小支持度阈值和最小置信度阈值的项集

    B. 频繁项集是满足最小支持度阈值的项集

    C. 频繁项集是满足最小置信度阈值的项集

    D. 频繁项集是任何项集

（4）有关强关联规则的叙述中正确的是（　　）。

    A. 强关联规则是同时满足最小支持度阈值和最小置信度阈值的规则

    B. 强关联规则是满足最小支持度阈值的规则

    C. 强关联规则是满足最小置信度阈值的规则

    D. 所有的规则都是强关联规则

（5）若 $I=\{a,b,c,d\}$，D 中含有 10 个事务，$\{a,b,c\}$ 是一个频繁项集，则以下叙述中错误的是（　　）。

    A. $\{a,b,c,d\}$ 一定是频繁项集　　　　　B. $\{a,b\}$ 一定是频繁项集

    C. $\{a,c\}$ 一定是频繁项集　　　　　　　D. $\{b\}$ 一定是频繁项集

（6）若 $I=\{a,b,c,d\}$，D 中含有 10 个事务，$\{a,b\}$ 和 $\{a,c\}$ 是一个频繁项集，则以下叙述中正确的是（　　）。

    A. $\{a,b,d\}$ 一定是频繁项集　　　　　B. $\{a,b,c\}$ 一定是频繁项集

    C. $\{b,c\}$ 一定是频繁项集　　　　　　　D. 以上都不对

（7）如果 $L_2=\{\{a,b\},\{a,c\},\{a,d\},\{b,c\},\{b,d\}\}$，则自连接产生的 C_3 中包含（　　）个项集。

    A. 1　　　　　　　　　B. 2　　　　　　　　　C. 3　　　　　　　　　D. 4

（8）若有频繁 3-项集的集合：$\{1,2,3\}$，$\{1,2,4\}$，$\{1,2,5\}$，$\{1,3,4\}$，$\{1,3,5\}$，$\{2,3,4\}$，$\{2,3,5\}$，$\{3,4,5\}$，假定数据集中只有 5 个项，则产生的候选 4-项集不包含（　　）。

    A. $\{1,2,3,4\}$　　　　B. $\{1,2,3,5\}$　　　　C. $\{1,2,4,5\}$　　　　D. 以上都不是

（9）设 $X=\{a,b,c\}$ 是一个频繁项集，则最多可由 X 产生（　　）个关联规则。

    A. 4　　　　　　　　　B. 5　　　　　　　　　C. 6　　　　　　　　　D. 7

（10）若 $\{a,b\}$、$\{a,c\}$、$\{b,c\}$ 和 $\{a,b,c\}$ 都是频繁项集，它们的计数分别是 6、5、4、3，则关联规则 a and $c\rightarrow b$ 的置信度是（　　）。

    A. 1/2　　　　　　　　B. 3/5　　　　　　　　C. 3/4　　　　　　　　D. 以上都不对

2. 问答题

(1) 简述关联规则挖掘的任务。

(2) 简述 Apriori 性质。

(3) 关联规则挖掘问题分哪两个步骤？

(4) 具有较高的支持度的项集也会具有较高的置信度,这句话正确吗? 为什么?

(5) 设某事务项集如表 5.4 所示,填空完成其中支持度和置信度的计算。

表 5.4　一个事务集合 D

事务 ID	项集	L_2	支持度%	规则	置信度%
t_1	a,d	a,b		$a{\to}b$	
t_2	d,e	a,c		$c{\to}a$	
t_3	a,c,e	a,d		$a{\to}d$	
t_4	a,b,d,e	b,d		$b{\to}d$	
t_5	a,b,c	c,d		$c{\to}d$	
t_6	a,b,d	d,e		$d{\to}e$	
t_7	a,c,d				
t_8	c,d,e				
t_9	b,c,d				

(6) 对于如表 5.5 所示的事务集合,设最小支持度计数为 3,采用 Apriori 算法求出所有的频繁项集。

(7) 有一个事务集合如表 5.6 所示,设最小支持度计数为 2 和 3,采用 Apriori 算法求出两种最小支持度下所有的频繁项集。

表 5.5　一个事务集合 T

事务编号	项集
1	a,b,e
2	b,d
3	b,c
4	a,b,d
5	a,b
6	b,e

表 5.6　一个事务集合 T

事务编号	项集
1	a,c,d,e,f
2	b,c,f
3	a,d,f
4	a,c,d,e
5	a,b,d,e,f

(8) 有一个事务集合如表 5.7 所示,设最小支持度计数为 4,采用 Apriori 算法求出所有的频繁项集。

表 5.7　一个事务集合 T

事务编号	项集
1	a,c,d
2	b,c,f
3	a,c,f
4	a,c,e
5	a,d

（9）某个食品连锁店每周的事务记录如表 5.8 所示，每个事务表示在一项收款机业务中卖出的商品项集，假定 min_sup＝40%、min_conf＝40%，使用 Apriori 算法生成的强关联规则。

表 5.8　一个事务记录表

事务	项　集
1	面包、果冻、花生酱
2	面包、花生酱
3	面包、牛奶、花生酱
4	啤酒、面包
5	啤酒、牛奶

（10）假定有一个购物篮数据集，包含 100 个事务和 20 个项。如果项 a 的支持度为 25%，项 b 的支持度为 90%，且项集 $\{a,b\}$ 的支持度为 20%。令最小支持度阈值和最小置信度阈值分别为 10% 和 60%。计算关联 $a{\rightarrow}b$ 的置信度。

（11）一个事务数据库 D 有 4 笔交易，如表 5.9 所示。设 min_sup＝60%，min_conf＝80%。使用 Apriori 算法找出频繁项集和所有三个项的强关联规则。

表 5.9　一个事务集合 D

TID	DATE	购买的商品
T100	3/5/2009	$\{a,c,f,g\}$
T200	3/5/2009	$\{a,b,c,d,e\}$
T300	4/5/2010	$\{a,b,c\}$
T400	4/5/2010	$\{a,b,c,e\}$

上机实验题

上机实现 5.4 节 OnRetDM 项目中的挖掘结构 Ass Main.dmm，设置最小支持度阈值和最小置信度阈值分别为 30% 和 50%。

（1）给出满足条件的所有频繁项集。

（2）给出满足条件的所有强关联规则。

第6章 决策树分类算法

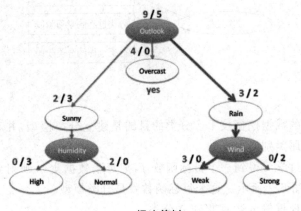

一棵决策树

本章指南

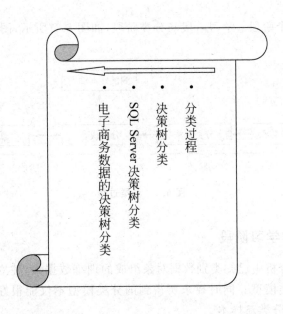

- 分类过程
- 决策树分类
- SQL Server 决策树分类
- 电子商务数据的决策树分类

6.1 分 类 过 程

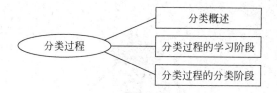

6.1.1 分类概述

分类是一种重要的数据挖掘技术。分类的目的是建立分类模型,并利用分类模型预测未知类别数据对象的所属类别。

分类任务就是通过学习得到一个目标函数 f,把每个数据集 x 映射到一个预先定义的类别 y,即 $y=f(x)$,如图 6.1 所示。这个目标函数就是分类模型。

分类技术是一种根据输入数据集建立分类模型的系统方法。分类技术一般是用一种学习算法确定分类模型,该模型可以很好地拟合输入数据中类别和属性集之间的联系。学习算法得到的模型不仅要很好拟合输入数据,还要能够正确地预测未知样本的类别。也就是说,分类算法的主要目标就是要建立具有很好的泛化能力模型,即建立能够准确地预测未知样本类别的模型。

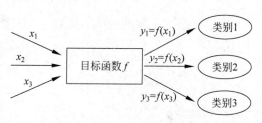

图 6.1 目标函数 $f(x)$ 示例

分类过程分为两个阶段:学习阶段与分类阶段,如图 6.2 所示,图中左边是学习阶段,右边是分类阶段。

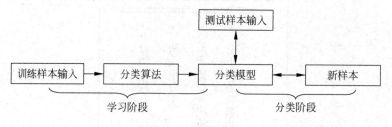

图 6.2 分类过程

6.1.2 分类过程的学习阶段

学习阶段是通过分析由已知类别数据对象组成的训练数据集,建立描述并区分数据对象类别的分类函数或分类模型。同时要求所得到的分类模型不仅能很好地描述或拟合训练样本,还能正确地预测或分类新样本。

学习阶段又分为训练和测试两个部分。在构造分类模型之前,先将数据集随机地分为训练数据集和测试数据集。在训练部分使用训练数据集,通过分析由属性所描述的数据集来构建分类模型。在测试部分使用测试数据集来评估模型的分类准确率,如果模型的准确率是可接受的,就可以用此模型对其他数据进行分类。

1. 建立分类模型

通过分析训练数据集,选择合适的分类算法来建立分类模型。

定义 6.1　假设训练数据集是关系数据表 S,每个训练样本由 $m+1$ 个属性描述,其中有且仅有一个属性称为类别属性,表示训练样本所属的类别,其他为条件属性。属性集合表示为 $X=(A_1,A_2,\cdots,A_m,C)$,其中 $A_i(1\leqslant i\leqslant m)$ 对应描述属性,可以具有不同的值域,当一个属性的值域为连续域时,该属性称为连续属性,否则称为离散属性;C 表示类别属性,$C=(c_1,c_2,\cdots,c_k)$,即训练数据集有 k 个不同的类别。

在选择合适的分类算法后,通过训练数据集进行训练建立正确的分类模型,如图 6.3 所示。

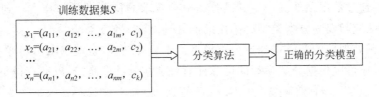

图 6.3　建立分类模型

为了提高分类模型的准确率、有效性和可伸缩性,通常需要对训练数据集进行数据挖掘预处理,包括数据清理、数据变换和归约等。

常用的分类算法有决策树分类算法、贝叶斯分类算法、神经网络分类算法、k-最近邻分类算法、遗传分类算法、粗糙集分类算法、模糊集分类算法等。

分类算法可以根据下列标准进行比较和评估。

(1) 准确率:分类模型正确地预测新样本所属类别的能力。

(2) 速度:建立和使用分类模型的计算开销。

(3) 强壮性:给定噪声数据或具有空缺值的数据,分类模型正确地预测的能力。

(4) 可伸缩性:给定大量数据,有效地建立分类模型的能力。

(5) 可解释性:分类模型提供的理解和洞察的层次。

不同的分类算法可能得到不同形式的分类模型,常见的有分类规则、决策树、知识基和网络权值等。

2. 评估分类模型的准确率

利用测试数据集评估分类模型的准确率。测试数据集中的元组或记录称为测试样本,与训练样本相似,每个测试样本的类别是已知的。

在评估分类模型的准确率时,首先利用分类模型对测试数据集中的每个测试样本的类别进行预测,并将已知的类别与分类模型预测的结果进行比较,然后计算分类模型的准确率。分类模型正确分类的测试样本数占总测试样本数的百分比称为该分类模型的准确率。如果分类模型的准确率可以接受,就可以利用该分类模型对新样本进行分类。否则,需要重新建立分类模型。

例如,测试数据集中有 100 个样本,已知它们的属性和类别。通过分类模型得到每个测试样本的预测类别,发现 10 个样本的预测类别与实际类别不相符,则该分类模型的准确率为90%。如果指定准确率阈值为 95%,那么该分类模型是不可接受的;如果指定准确率阈值为85%,那么该分类模型是可以接受的。

有关分类模型准确率的计算有多种方法,这里采用的是一种最简单的方法。

6.1.3　分类过程的分类阶段

分类阶段的主要任务就是利用分类模型对未知类别的新样本进行分类。如图 6.4所示。

图 6.4　分类阶段

首先,需要通过数据预处理产生满足分类模型要求的待分类的新样本。通常分类阶段采用的预处理方法应与建立分类模型时采用的预处理方法一致。

然后载入预处理后的新样本通过分类模型产生分类结果,也就是求出新样本所属的类别。

如果需要,还可以根据分类模型的可靠性对分类结果进行修正,以期获得更加可信的分类结果。

6.2　决策树分类

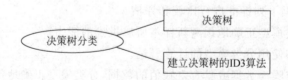

6.2.1　决策树

决策树分类是以训练样本为基础的归纳学习算法。所谓归纳就是从特殊到一般的过程,归纳推理从若干个事实表征出的特征、特性和属性中,通过比较、总结、概括而得出一个规律性的结论。归纳学习的过程就是寻找一般化描述的过程,这种一般性描述能够解释给定的输入数据,并可以用来预测新的数据。

决策树分类的核心是构造决策树,而决策树的构造不需要任何领域知识或参数设置,因此适合于探测式知识发现。另外,决策树可以处理高维数据,而且简单快捷,一般情况下具有很好的准确率,广泛应用于医学、金融和天文学等领域的数据挖掘。

一棵决策树由三类结点构成:根结点、内部结点(决策结点)和叶子结点。其中,根结点和内部结点都对应着要进行分类的属性集中的一个属性,而叶子结点是分类中的类标签的集合。

如图 6.5 所示是一棵决策树的示例,它先测试"年龄"属性,对应的是根结点,当年龄属性取值"≤30"时,再对"学生"属性进行测试,若学生属性取值"是"时,该分枝的叶子结点表示购买计算机。

实际上,一棵决策树是对于样本空间的一种划分,根据各属性的取值把样本空间分成若干个子区域,在每个子区域中,如果某个类别的样本占优势,便将该子区域中所有样本的类别标为这个类别。

如果一棵决策树构建起来,其分类精度满足实际需要,就可以使用它来进行分类新的数据集。

建立一棵决策树,需要解决的问题主要如下。

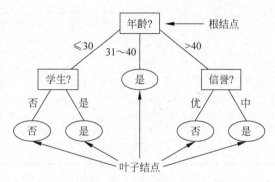

图 6.5　一棵决策树

(1) 如何选择测试属性:测试属性的选择顺序影响决策树的结构甚至决策树的准确率。

(2) 如何停止划分样本:从根结点测试属性开始,每个内部结点测试属性都把样本空间划分为若干个子区域,一般当某个子区域的样本同类或空时,就停止划分样本。有时也通过设置特定条件来停止划分样本,例如树的深度达到用户指定的深度,结点中样本的个数少于用户指定的个数等。

根据选择测试属性和停止划分样本的方式不同,决策树算法又分为 ID3 和 C4.5 算法等。

6.2.2　建立决策树的 ID3 算法

ID3 算法是 J. R. Quinlan 于 1979 年提出的,并在 1983 年和 1986 年对其进行了总结和简化,使其成为典型的决策树学习算法。ID3 算法主要是给出了通过信息增益的方式来选择测试属性。

在构造决策树中,对于数据集 S,根据其中信息增益最大的属性 A_i 划分成若干个子区域,其中某个子区域 S_j 停止划分样本的方式是:如果 S_j 中所有样本的类别相同(假设为 a_{ij}),则停止划分样本(以 a_{ij} 类别作为叶子结点);如果没有剩余属性可以用来进一步划分数据集,则使用多数表决,取 S_j 中多数样本的类别作为叶子结点的类别;如果 S_j 为空,以 S 中的多数类别作为叶子结点的类别。

1. 信息增益

从信息论角度看,通过描述属性可以减少类别属性的不确定性。不确定性可以使用熵来描述。

假设训练数据集是关系数据表 S,共有 n 元组和 $m+1$ 个属性,所有属性取值为离散值。其中 A_1、A_2、$\cdots$、A_m 为描述属性或条件属性,C 为类别属性。类别属性 C 的不同取值个数即类别数为 u,其值域为 $(c_1, c_2, \cdots, c_u)$,在 S 中类别属性 C 取值为 $c_i (1 \leqslant i \leqslant u)$ 的元组个数为 s_i。

对于描述属性 $A_k (1 \leqslant k \leqslant m)$,它的不同取值个数为 v,其值域为 $(a_1, a_2, \cdots, a_v)$。在类别属性 C 取值为 $c_i (1 \leqslant i \leqslant u)$ 的子区域中,描述属性 A_k 取 $a_j (1 \leqslant j \leqslant v)$ 的元组个数为 s_{ij}。

例如,如表 6.1 所示是一个训练数据集 S,有 $n=10, m=2$,对于属性 $A_1, v=2$,其值域为 (Yes, No);对于属性 $A_2, v=3$,其值域为(大,中,小);对于类别属性 $C, u=2$,其值域为 (True, False)。

表 6.1　一个训练数据集 S

ID	属性 A_1	属性 A_2	类别 C
1	Yes	大	False
2	No	中	False
3	No	小	False
4	Yes	中	False
5	No	大	True
6	No	中	False
7	Yes	大	True
8	No	小	True
9	No	中	False
10	No	小	True

定义 6.2　对于某个属性 B,取值为 $\{b_1,b_2,\cdots,b_k\}$,它将训练数据集 S 中的所有元组分为 k 个组,$p(b_i)$ 为 b_i 出现的概率,$p(b_i)=s_i/n$,n 为 S 中元组总数,s_i 为 b_i 出现的元组数。定义自信息量 $I(b_i)$ 如下:

$$I(b_i) = \log_2 \frac{1}{p(b_i)} = -\log_2 p(b_i)$$

显然,$p(b_i)=1$ 时,$I(b_i)=0$; $p(b_i)=0$ 时,$I(b_i)=\infty$。如果说 $p(b_i)$ 反映了 b_i 出现的可能性,则自信息量 $I(b_i)$ 反映了 b_i 出现的不确定性。

例如,对于表 6.1,属性 A_1 取值为 Yes 或 No,$p(\text{Yes})=3/10=0.3$,$p(\text{No})=7/10=0.7$,则 $I(\text{Yes})=-\log_2(0.3)=1.74$,$I(\text{No})=-\log_2(0.7)=0.51$。从中看到,取值 Yes 的概率较小,其不确定性较大,取值 No 的概率较大,其不确定性较小。

定义 6.3　类别属性 C 的无条件熵 $E(C)$ 定义为:

$$E(C) = -\sum_{i=1}^{u} p(c_i)\log_2 p(c_i) = -\sum_{i=1}^{u} \frac{s_i}{n}\log_2 \frac{s_i}{n}$$

其中,$p(c_i)$ 为 $C=c_i(1\leqslant i\leqslant u)$ 的概率。注意,这里的对数函数以 2 为底,因为信息用二进制位编码,此时熵的单位为位或比特。也可以以 e 为底,此时熵的单位为奈特。

实际上,$E(C)$ 反映了属性 C 中各个类别取值的平均自信息量,即平均不确定性,当所有 $p(c_i)$ 相同时,此时 $E(C)$ 最大,呈现最大的不确定性;当有一个 $p(c_i)=1$ 时,此时 $C(X)$ 最小即为 0,呈现最小的不确定性。

例如,对于表 6.1 所示的训练数据集 S,有:

$p(\text{True})=4/10=0.4$,$p(\text{False})=6/10=0.6$,$E(C)=-0.4\times\log_2 0.4-0.6\times\log_2 0.6=0.971$ 位。

熵是信息论中一个非常重要的概念,从平均意义上来表征信源的总体信息测度。在这里将 S 中任一个属性 X 看作是一个离散的随机变量,$E(X)$ 表示属性 X 所包含的信息量的多少,也就是属性 X 对 S 的分类能力。$E(X)$ 越小表示属性 X 的分布越不均匀,这个属性越纯,其分类能力越好;反之,$E(X)$ 越大表示属性 X 的分布越均匀,这个属性越不纯,其分类能力越差。

定义 6.4　对于描述属性 $A_k(1\leqslant j\leqslant m)$,类别属性 C 的条件熵 $E(C,A_k)$ 定义为:

$$E(C,A_k) = \sum_{j=1}^{v} \frac{s_j}{n}\left(-\sum_{i=1}^{u} \frac{s_{ij}}{s_j}\log_2 \frac{s_{ij}}{s_j}\right)$$

【例 6.1】 对于表 6.1 所示的训练数据集 S。考虑属性 A_1,按属性 A_1 排序后的统计结果如表 6.2 所示。则:

$$E(C, A_1) = \frac{3}{10}\left(-\frac{2}{3}\log_2\frac{2}{3} - \frac{1}{3}\log_2\frac{1}{3}\right) + \frac{7}{10}\left(-\frac{3}{7}\log_2\frac{3}{7} - \frac{4}{7}\log_2\frac{4}{7}\right) = 0.965$$

表 6.2 按属性 A_1 排序后的统计结果

ID	属性 A_1	类别 C	统计	结 果
4	Yes	False	$s_{11}=2$	$s_1=3$
1	Yes	False		
7	Yes	True	$s_{12}=1$	
5	No	True	$s_{21}=3$	$s_2=7$
8	No	True		
10	No	True		
2	No	False	$s_{22}=4$	
3	No	False		
6	No	False		
9	No	False		

考虑属性 A_2,按属性 A_2 排序后的统计结果如表 6.3 所示。则:

$$E(C, A_2) = \frac{3}{10}\left(-\frac{1}{3}\log_2\frac{1}{3} - \frac{2}{3}\log_2\frac{2}{3}\right) + \frac{4}{10}\left(-\frac{4}{4}\log_2\frac{4}{4}\right) + \frac{3}{10}\left(-\frac{1}{3}\log_2\frac{1}{3} - \frac{2}{3}\log_2\frac{2}{3}\right)$$
$$= 0.551$$

表 6.3 按属性 A_2 排序后的统计结果

ID	属性 A_2	类别 C	统计	结 果
1	大	False	$s_{11}=1$	$s_1=3$
5	大	True	$s_{12}=2$	
7	大	True		
2	中	False	$s_{21}=4$	$s_2=4$
4	中	False		
6	中	False		
9	中	False		
3	小	False	$s_{31}=1$	$s_3=3$
8	小	True	$s_{32}=2$	
10	小	True		

条件熵 $E(C, A_k)$ 表示在已知描述属性 A_k 的情况下,类别属性 C 对训练数据集 S 的分类能力,或者说,在已知描述属性 A_k 的情况下,类别属性 C 的不确定性。显然,描述属性 A_k 会增强类别属性 C 的分类能力,或者说通过 A_k 可以减少 C 的不确定性,所以总是有 $E(C, A_k) \leqslant E(C)$。

例如,对于表 6.1 所示的训练数据集 S,$E(C, A_2) < E(C, A_1)$,表明描述属性 A_2 可以更好地减少类别属性 C 的不确定性。

不同描述属性减少类别属性不确定性的程度不同,即不同描述属性对减少类别属性不确定性的贡献不同。

因此可以采用类别属性的无条件熵与条件熵的差(信息增益)来度量描述属性减少类别不确定性的程度。

定义 6.5 给定描述属性 $A_k(1 \leqslant k \leqslant m)$，对应类别属性 C 的信息增益(Information Gain)定义为：

$$G(C, A_k) = E(C) - E(C, A_k) \quad \text{或者} \quad \text{Gain}(C, A_k) = E(C) - E(C, A_k)$$

【例 6.2】 对于表 6.1 所示的训练数据集 S，有：

$$G(C, A_1) = E(C) - E(C, A_1) = 0.971 - 0.965 = 0.006$$
$$G(C, A_2) = E(C) - E(C, A_2) = 0.971 - 0.551 = 0.42$$

$G(C, A_k)$ 反映描述属性 A_k 减少 C 不确定性的程度，$G(C, A_k)$ 越大，A_k 对减少 C 不确定性的贡献越大，或者说选择测试属性 A_k 对分类提供的信息越多。

前面计算出 $G(C, A_1) = 0.06$，表示在已知描述属性 A_1 的情况下，类别属性 C 对训练数据集 S 分类的不确定性减少了 0.006。同样，$G(C, A_2) = 0.42$ 表示在已知描述属性 A_2 的情况下，类别属性 C 对训练数据集 S 分类的不确定性减少了 0.42。

由于 $G(C, A_2) > G(C, A_1)$，所以描述属性 A_2 在减少类别属性 C 不确定性上好于属性 A_1（直观地看表 6.1，A_2 为"中"时，C 就一定为 False，所以其确定性更好）。

ID3 算法就是利用信息增益这种启发信息来选择测试属性，即每次从描述属性集中选取信息增益值最大的描述属性作为测试属性来划分数据集，以便使用该属性所划分获得的训练样本子集进行分类所需信息最小。

实际上，能正确分类训练样本集 S 的决策树不止一棵。ID3 算法能得出结点个数最少的决策树。

2. ID3 算法

ID3 算法以信息增益为度量，用于决策树结点的属性选择，每次优先选取信息量最多的属性，即能使熵值变为最小的属性，以构造一颗熵值下降最快的决策树，到叶子结点处的熵值为 0。此时，每个叶子结点对应的实例集中的实例属于同一类。

建立决策树的 ID3 算法 Generate_decision_tree(S, A) 如下。

输入：训练数据集 S，描述属性集合 A 和类别属性 C。

输出：决策树(以 Node 为根结点)。

方法：其过程描述如下。

```
创建对应 S 的结点 Node(初始时为决策树的根结点);
if(S 中的样本属于同一类别 c)
{    以 c 标识 Node 并将它作为叶子结点;
     return;
}
if(A 为空)
{    以 S 中占多数的样本类别 c 标识 Node 并将它作为叶子结点;
     return;
}
for (对于属性集合 A 中每个属性 Ak)
     Ai = MAX{G(C, Ak)}                    //选择对 S 而言信息增益最大的描述属性 Ai
                                           //将 Ai 作为 Node 的测试属性;
```

```
for (A_i 的每个可能取值 a_ij)
{   产生 S 的一个子集 S_j;                          //S_j 为 S 中 A_i = a_ij 的样本集合
    if(S_j 为空)
    {   创建对应 S_j 的结点 Node_j;
        以 S 中占多数的样本类别 c 标识 Node_j;
        将 Node_j 作为叶子结点形成 Node 的一个分枝;
    }
    else
        Generate_decision_tree(S_j, A - {A_i});      //递归创建子树形成 Node 的一个分枝
}
```

【例 6.3】 对于如表 6.4 所示的训练数据集 S,给出利用 S 构造对应的决策树的过程。

表 6.4 一个训练数据集 S

编号	描述属性				类别属性
	年龄	收入	学生	信誉	购买计算机
1	≤30	高	否	中	否
2	≤30	高	否	优	否
3	31～40	高	否	中	是
4	＞40	中	否	中	是
5	＞40	低	是	中	是
6	＞40	低	是	优	否
7	31～40	低	是	优	是
8	≤30	中	否	中	否
9	≤30	低	是	中	是
10	＞40	中	是	中	是
11	≤30	中	是	优	是
12	31～40	中	否	优	是
13	31～40	高	是	中	是
14	＞40	中	否	优	否

(1) 求数据集 S 中类别属性的无条件熵。

E(购买计算机)$= -(9/14) \times \log_2(9/14) - (5/14) \times \log_2(5/14) = 0.94$。

(2) 求描述属性集合{年龄,收入,学生,信誉}中每个属性的信息增益,选取最大值的属性作为划分属性。

对于"年龄"属性:

① 年龄为"≤30"的元组数为 $s_1 = 5$,其中类别属性取"是"时共有 $s_{11} = 2$ 个元组,类别属性取"否"时共有 $s_{21} = 3$ 个元组。

② 年龄为"31～40"的元组数为 $s_2 = 4$,其中类别属性取"是"时共有 $s_{12} = 4$ 个元组,类别属性取"否"时共有 $s_{22} = 0$ 个元组。

③ 年龄为"＞40"的元组数为 $s_3 = 5$,其中类别属性取"是"时共有 $s_{13} = 3$ 个元组,类别属性取"否"时共有 $s_{23} = 2$ 个元组。

所以，E(购买计算机，年龄) $= -[(2/5) \times \log_2(2/5) + (3/5) \times \log_2(3/5)] \times (5/14) - [(4/4) \times \log_2(4/4)] \times (4/14) - [(3/5) \times \log_2(3/5) + (2/5) \times \log_2(2/5)] \times (5/14) = 0.69$。

则 G(购买计算机，年龄) $= 0.94 - 0.69 = 0.25$。

同样：E(购买计算机，收入) $= -[(3/4) \times \log_2(3/4) + (1/4) \times \log_2(1/4)] \times (4/14) - [(4/6) \times \log_2(4/6) + (2/6) \times \log_2(2/6)] \times (6/14) - [(2/4) \times \log_2(2/4) + (2/4) \times \log_2(2/4)] \times (4/14) = 0.91$。

G(购买计算机，收入) $= 0.94 - 0.91 = 0.03$。

E(购买计算机，学生) $= -[(6/7) \times \log_2(6/7) + (1/7) \times \log_2(1/7)] \times (7/14) - [(3/7) \times \log_2(3/7) + (4/7) \times \log_2(4/7)] \times (7/14) = 0.79$。

G(购买计算机，学生) $= 0.94 - 0.79 = 0.15$。

E(购买计算机，信誉) $= -[(6/8) \times \log_2(6/8) + (2/8) \times \log_2(2/8)] \times (8/14) - [(3/6) \times \log_2(3/6) + (3/6) \times \log_2(3/6)] \times (6/14) = 0.89$。

G(购买计算机，信誉) $= 0.94 - 0.89 = 0.05$。

图 6.6　选取年龄属性作为根结点

通过比较，求得信息增益最大的描述属性为"年龄"，选取该描述属性来划分样本数据集 S，构造决策树的根结点，如图 6.6 所示。

（3）求年龄属性取值为"$\leqslant 30$"的子树。此时的子表 S_1 如表 6.5 所示，描述属性集合为{收入，学生，信誉}。

表 6.5　年龄属性取值为"$\leqslant 30$"的子表 S_1

编号	描述 属性			类别属性
	收入	学生	信誉	购买计算机
1	高	否	中	否
2	高	否	优	否
8	中	否	中	否
9	低	是	中	是
11	中	是	优	是

① 选择数据集 S_1 的划分属性。

求类别属性的无条件熵：

E(购买计算机) $= -(2/5) \times \log_2(2/5) - (3/5) \times \log_2(3/5) = 0.97$。

E(购买计算机，收入) $= -[(1/1) \times \log_2(1/1)] \times (1/5) - [(1/2) \times \log_2(1/2) + (1/2) \times \log_2(1/2)] \times (2/5) - [(2/2) \times \log_2(2/2)] \times (2/5) = 0.4$。

G(购买计算机，收入) $= 0.97 - 0.4 = 0.57$。

E(购买计算机，学生) $= -[(2/2) \times \log_2(2/2)] \times (2/5) - [(3/3) \times \log_2(3/3)] \times (3/5) = 0$。

G(购买计算机，学生) $= 0.97 - 0 = 0.97$。

E(购买计算机，信誉) $= -[(1/3) \times \log_2(1/3) + (2/3) \times \log_2(2/3)] \times (3/5) - [(1/2) \times \log_2(1/2)] + [(1/2) \times \log_2(1/2)] \times (2/5) = 0.95$。

G(购买计算机，信誉) $= 0.97 - 0.95 = 0.02$。

通过比较，求得信息增益最大的描述属性为"学生"。选取该描述属性来划分样本数据

集 S_1。

② 对于数据集 S_1，求学生属性取值为"否"的子树。此时的子表 S_{11} 如表 6.6 所示，其中全部类别属性值相同，该分支结束。

表 6.6　学生属性取值为"否"的子表 S_{11}

编号	描 述 属 性		类别属性
	收入	信誉	购买计算机
1	高	中	
2	高	优	否
8	中	中	

③ 对于数据集 S_1，求学生属性取值为"是"的子树。此时的子表 S_{12} 如表 6.7 所示，其中全部类别属性值相同，该分支结束。

表 6.7　学生属性取值为"是"的子表 S_{12}

编号	描 述 属 性		类别属性
	收入	信誉	购买计算机
9	低	中	
11	中	优	是

此时构造部分决策树如图 6.7 所示。

（4）求年龄属性取值为"31～40"的子树。此时的子表 S_2 如表 6.8 所示，描述属性集合为 {收入,学生,信誉}，其中全部类别属性值相同，该分支结束。

此时构造部分决策树如图 6.8 所示。

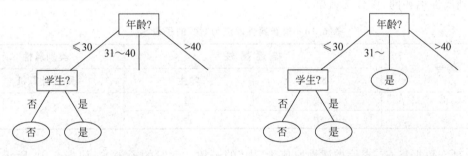

图 6.7　部分决策树　　　　　　　　　图 6.8　部分决策树

表 6.8　年龄属性取值为"31～40"的子表 S_2

编号	描 述 属 性			类别属性
	收入	学生	信誉	购买计算机
3	高	否	中	
7	低	是	优	
12	中	否	优	是
13	高	是	中	

（5）求年龄属性取值为"＞40"的子树。此时的子表 S_3 如表 6.9 所示，描述属性集合为 {收入,学生,信誉}。

表 6.9　年龄属性取值为">40"的子表 S_3

编号	描述属性			类别属性
	收入	学生	信誉	购买计算机
4	中	否	中	是
5	低	是	中	
10	中	是	中	
6	低	是	优	否
14	中	否	优	

① 选择数据集 S_3 的划分属性。

E(购买计算机)$=-(3/5)\times\log_2(3/5)-(2/5)\times\log_2(2/5)=0.97$。

E(购买计算机,收入)$=-[(1/2)\times\log_2(1/2)+(1/2)\times\log_2(1/2)]\times(2/5)-[(2/3)\times\log_2(2/3)+(1/3)\times\log_2(1/3)]\times(3/5)=0.95$。

G(购买计算机,收入)$=0.97-0.95=0.02$。

E(购买计算机,学生)$=-[(2/3)\times\log_2(2/3)+(1/3)\times\log_2(1/3)]\times(3/5)-[(1/2)\times\log_2(1/2)+(1/2)\times\log_2(1/2)]\times(2/5)=0.95$。

G(购买计算机,学生)$=0.97-0.95=0.02$。

E(购买计算机,信誉)$=-[(3/3)\times\log_2(3/3)]\times(3/5)-[(2/2)\times\log_2(2/2)]\times(2/5)=0$。

G(购买计算机,信誉)$=0.97-0=0.97$。

通过比较,求得信息增益最大的描述属性为"信誉",选取该描述属性来划分样本数据集 S_3。

② 对于数据集 S_3,求信誉属性取值为"优"的子树。此时的子表 S_{31} 如表 6.10 所示,其中全部类别属性值相同,该分支结束。

表 6.10　信誉属性取值为"优"的子表 S_{31}

编号	描述属性		类别属性
	收入	学生	购买计算机
6	低	是	否
14	中	否	

③ 对于数据集 S_3,求信誉属性取值为"中"的子树。此时的子表 S_{32} 如表 6.11 所示,其中全部类别属性值相同,该分支结束。

表 6.11　信誉属性取值为"中"的子表 S_{32}

编号	描述属性		类别属性
	收入	学生	购买计算机
4	中	否	是
5	低	是	
10	中	是	

最后构造的决策树如图 6.5 所示。

ID3 算法的优点:算法的理论清晰,方法简单,学习能力较强。

ID3 算法的缺点：用信息增益作为选择分枝属性的标准，偏向于取值较多的属性；只能处理离散型属性；对比较小的数据集有效，且对噪声比较敏感；另外可能出现过度拟合的问题。所谓过度拟合，是给定一个假设空间 S，一个假设 $t \in S$，如果存在其他的假设 $t_1 \in S$，使得在训练样本上 t 的错误率比 t_1 小，但在实际算法执行中 t_1 的错误率比 t 小，则称假设 t 过度拟合训练数据，过度拟合产生的原因是数据有噪声或者训练样本太小等，解决办法有及早停止树增长和后剪枝法等。

3. 提取分类规则

建立了决策树之后，可以对从根结点到叶子结点的每条路径创建一条 IF-THEN 分类规则，即沿着路径，每个内部属性-值对（内部结点-分枝对）形成规则前件（IF 部分）的一个合取项，叶子结点形成规则后件（THEN 部分）。

例如，对于图 6.5 所示的决策树，可以转换成以下 IF-THEN 分类规则：

IF 年龄 = '≤30' AND 学生 = '否'	THEN 购买计算机 = '否'
IF 年龄 = '≤30' AND 学生 = '是'	THEN 购买计算机 = '是'
IF 年龄 = '31～40'	THEN 购买计算机 = '是'
IF 年龄 = '>40' AND 信誉 = '优'	THEN 购买计算机 = '否'
IF 年龄 = '>40' AND 信誉 = '中'	THEN 购买计算机 = '是'

6.3　SQL Server 决策树分类

知识梳理

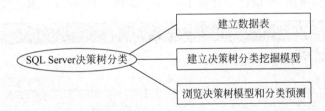

对于如表 6.4 所示的训练数据集，本节采用 SQL Server 进行决策树分类。

6.3.1　建立数据表

在 SQL Server 管理器的 DMK 数据库中建立表 DST，其结构如图 6.9 所示，并输入表 6.4 中的数据。

列名	数据类型	允许 Null 值
编号	int	☐
年龄	char(10)	☑
收入	char(10)	☑
学生	char(10)	☑
信誉	char(10)	☑
购买计算机	char(10)	☑
		☐

LCB-PC.DMK - dbo.DST

图 6.9　DST 表结构

为了进行分类预测,建立一个与 DST 相同结构的表 DST1,其中输入的数据如表 6.12 所示,其中类别属性为空。在利用 DST 训练样本建立好决策树分类模型后,可以使用该模型预测出 DST1 表中样本的类别属性。

表 6.12 DST1 表数据

编号	描 述 属 性				类别属性
	年龄	收入	学生	信誉	购买计算机
1	≤30	中	是	中	
2	31~40	中	否	优	
3	>40	高	否	优	

6.3.2 建立决策树分类挖掘模型

1. 建立数据源视图

启动 SQL Server Data Tools,从"文件"→"最近使用的项目和解决方案"列表中选择 DM 项目(该项目在 5.3.2 节中已经创建)。

新建 DMK1.dsv 数据源视图的过程如下:

(1) 在"解决方案资源管理器"中右击"数据源视图",在出现的快捷菜单中选择"新建数据源视图"命令,启动新建数据源视图向导,单击"下一步"按钮。

(2) 保持关系数据源 DMK 不变,单击"下一步"按钮。

(3) 在"名称匹配"对话框中保持默认的"与主键同名"选项,单击"下一步"按钮。

(4) 在"选择表和视图"对话框中选择 DST 表,如图 6.10 所示。单击"下一步"按钮。

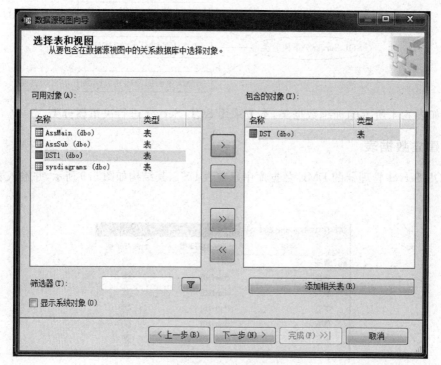

图 6.10 "选择表和视图"对话框

(5) 在出现的对话框中修改数据源视图名称为 DMK1，单击"完成"按钮。这样就创建了数据源视图 DMK1.dsv，它包含 DMK 数据库的 DST 表。

采用同样的操作建立数据源视图 DMK1-1.dsv，它只对应 DMK 数据库中的 DST1 表。

2. 建立挖掘结构 DST.dmm

其步骤如下。

(1) 在解决方案资源管理器中右击"挖掘结构"，选择"新建挖掘结构"命令启动数据挖掘向导。在"欢迎使用数据挖掘向导"对话框中单击"下一步"按钮。在"选择定义方法"对话框中，确保已选中"从现有关系数据库或数据仓库"，再单击"下一步"按钮。

(2) 出现"创建数据挖掘结构"对话框，从"您要使用何种数据挖掘技术？"下拉列表中选择"Microsoft 决策树"，如图 6.11 所示，单击"下一步"按钮。

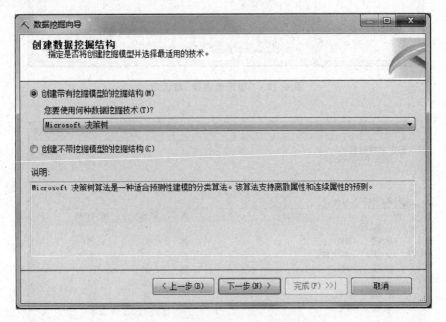

图 6.11　指定"Microsoft 决策树"算法

说明： Microsoft 决策树算法是由 Microsoft SQL Server Analysis Services 提供的分类和回归算法，用于对离散和连续属性进行预测性建模。对于离散属性，该算法根据数据集中输入列（描述属性）之间的关系进行预测，它使用这些列的值预测指定为可预测的列（类别属性）的状态。对于连续属性，该算法使用线性回归确定决策树的拆分位置。一个决策树模型必须包含一个键列、若干输入列和至少一个可预测列。

(3) 选择数据源视图为 DMK1，单击"下一步"按钮。

(4) 出现"指定表类型"对话框，在 DST 表的对应行中选中"事例"复选框（默认值），如图 6.12 所示。单击"下一步"按钮。

(5) 出现"指定定型数据"对话框，设置数据挖掘结构如图 6.13 所示，表示条件属性为"年龄"、"收入"、"信誉"和"学生"，分类属性为"购买计算机"。单击"下一步"按钮。

(6) 出现"指定列的内容和数据类型"对话框，保持默认值，表示不修改列的数据类型，单击"下一步"按钮。在"创建测试集"对话框中，将"测试数据百分比"选项的默认值 30% 更改为 0。单击"下一步"按钮。

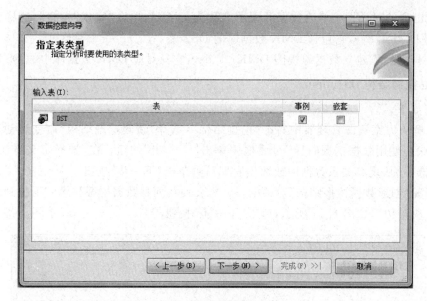

图 6.12　"指定表类型"对话框

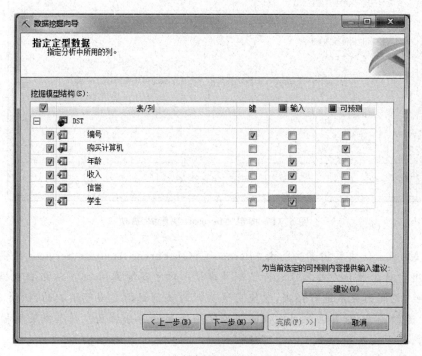

图 6.13　"指定定型数据"对话框

（7）出现"完成向导"对话框，在"挖掘结构名称"和"挖掘模型名称"中保持默认值 DST。然后单击"完成"按钮。

（8）单击"挖掘模型"选项卡，右击挖掘模型结构名称 DST，在出现的快捷菜单中选择"设置算法参数"命令，在"算法参数"对话框中设置参数如图 6.14 所示，单击"确定"按钮。

设置各个参数的说明如下。

① 将 COMPLEXITY_PENALTY 设定为 0.01，由于这里事件数据很少，如果该值过大，

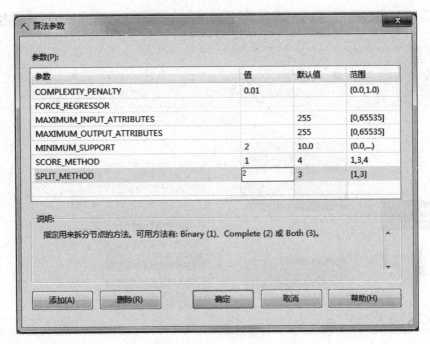

图 6.14　设置算法参数

不会折分结点,导致无法建立决策树。

② MINIMUM_SUPPORT:指定一个叶子结点必须包含的最小事例数。如果将该值设置为小于 1 的数,则指定的是最小事例数在总事例数中所占的百分比。如果将该值指定为大于 1 的整数,则指定的是最小事例的绝对数。默认值为 10。

③ 将 MINIMUM_SUPPORT 设定为 2,表示叶子结点中最少的事件数为 2。

④ 将 SCORE_METHOD 设定为 1,表示采用信息熵作为属性选择的启发信息。

⑤ 将 SPLIT_METHOD 设定为 2,表示决策树中每个结点可以扩展出多个结点(如果为 1,则每个结点最多只能扩展出 2 个结点,也可以保持默认值 3)。

6.3.3　浏览决策树模型和分类预测

1. 部署决策树分类模型并浏览结果

在解决方案资源管理器中单击 DM,在出现的下拉菜单中选择"部署"命令,系统开始执行部署,完成后出现部署成功的提示信息。

单击"挖掘结构"下的 DST.dmm,在出现的下拉菜单中选择"浏览"命令,或者单击"挖掘模型查看器"标签,系统创建的决策树如图 6.15 所示。将鼠标移到信誉='优'的结点,会自动弹出相应的决策结果,图中表示当"年龄>40 且信誉='优'"时,购买计算机的结果为"否",且对应的事件个数为 2。

单击"依赖网络关系",看到的决策树依赖网络关系如图 6.16 所示。表示"学生"、"信誉"和"年龄"属性都可能影响是否购买计算机,而与"收入"属性无关,其中"年龄"属性是影响力最强的、"学生"属性次之、"信誉"属性最弱。

正是因为"收入"属性与分类结果无关,所以可以在表 6.4 中删除"收入"属性,减少数据量,达到属性约简的目的。这便是决策树在属性约简中的应用。

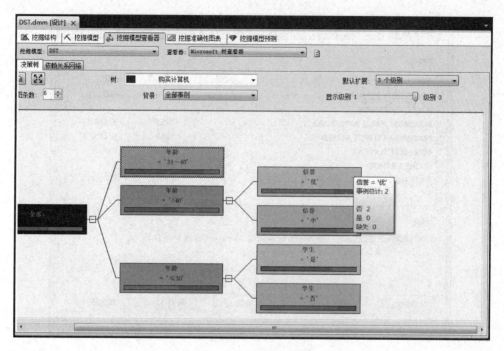

图 6.15　创建的决策树

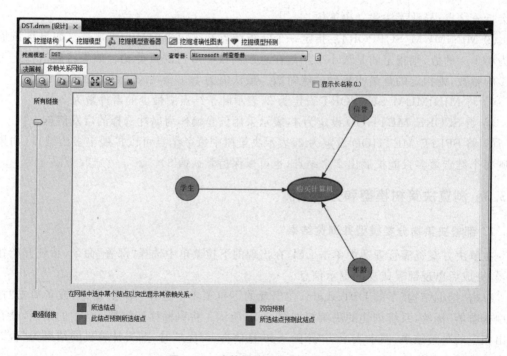

图 6.16　决策树的依赖网络关系

2. 分类预测

对 DST1 表进行分类预测的过程如下。

（1）单击"挖掘模型预测"选项卡，再单击"选择输入表"对话框中的"选择事例表"命令，出现"选择表"对话框，指定 DMK1-1 数据源中的 DST1 表，如图 6.17 所示，单击"确定"按钮。

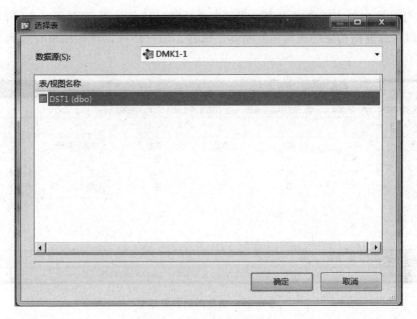

图 6.17 "选择表"对话框

(2) 保持默认的字段联接关系,将 DST1 表中的各个列拖放到下方的列表中,选中"购买计算机"字段的前面"源",从下拉列表中选择"DST 挖掘模型",如图 6.18 所示,表示其他字段数据直接来源于 DST1 表,只有"购买计算机"字段是采用前面训练样本集得到的决策树模型DST 来进行预测的。

图 6.18 创建挖掘预测结构

（3）在任一空白处右击并在出现的菜单中选择"结果"命令，出现如图 6.19 所示的分类预测结果，可以结合前面构建的决策树判断其正确性。用户还可以将该结果存放到另一个数据库表中。

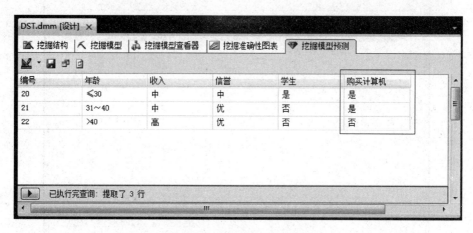

图 6.19　决策树的预测结果

6.4　电子商务数据的决策树分类

知识梳理

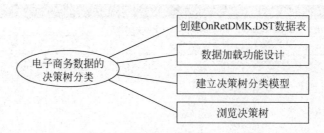

本节介绍从 OnRetDW 数据仓库系统中提取训练样本数据，并采用 SQL Server 实现决策树分类。

6.4.1　创建 OnRetDMK.DST 数据表

启动 SQL Server 管理器，打开 OnRetDMK 数据库，在其中创建一个名称为 DST 的数据表，用于存放从 OnRetDW 数据仓库系统的 SDW 数据库中提取训练样本数据。

DST 表的表结构如图 6.20 所示，其中"编号"为主键，它是一个标识规范列。

6.4.2　数据加载功能设计

OnRetDMK 数据库中的商品数据是多维

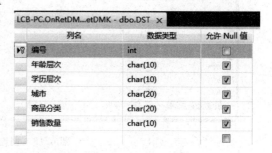

图 6.20　DST 表结构

的,这里仅仅介绍在顾客年龄层次、学历层次、城市、商品分类和销售数量 5 个属性上建立决策树,前 4 个属性为条件属性,最后一个为类别属性。销售数量类别属性采用离散化处理,其值域为{高,中,低}。

设计产生 OnRetDMK.DST 表数据的 Windows 窗体设计过程如下。

(1) 启动 Visual Studio 2012,打开第 4 章创建的 ETL 项目。

(2) 添加一个 Form3 窗体,其设计界面如图 6.21 所示,其中只有一个 button1 命令按钮。

(3) 在窗体上设计如下事件处理方法:

图 6.21　Form3 窗体的设计界面

```csharp
private void button1_Click(object sender, EventArgs e)
{   string mystr, mysql;
    SqlConnection myconn = new SqlConnection();
    mystr = "Data Source = LCB - PC; Initial Catalog = SDW; Integrated Security = True";
    myconn.ConnectionString = mystr;
    myconn.Open();
    mysql = "SELECT Age.年龄层次,Education.学历层次,"
        + "Locates.市,Products.分类,COUNT( * ) AS 数量 "
        + "FROM Sales,Age,Education,Locates,Products "
        + "WHERE Sales.Age_key = Age.Age_key AND "
        + "Sales.Educ_key = Education.Educ_key "
        + "AND Sales.Locate_key = Locates.Locate_key "
        + "AND Sales.Prod_key = Products.Prod_key "
        + "GROUP BY Age.年龄层次,Education.学历层次,Locates.市,Products.分类";
    SqlDataAdapter myda = new SqlDataAdapter(mysql, myconn);
    myconn.Close();
    DataSet mydataset = new DataSet();                    //获取 SDW 数据库中的样本数据
    myda.Fill(mydataset, "mydata");
    mystr = "Data Source = LCB - PC; Initial Catalog = OnRetDMK; Integrated Security = True";
    myconn.ConnectionString = mystr;
    myconn.Open();
    SqlCommand mycmd;
    string llcc,xlcc,cs,fl,sljb;
    int sl;
    for (int i = 0; i < mydataset.Tables["mydata"].Rows.Count; i++)
    {   llcc = mydataset.Tables["mydata"].Rows[i][0].ToString().Trim();
                                                //当前记录的年龄层次
        xlcc = mydataset.Tables["mydata"].Rows[i][1].ToString().Trim();
                                                //当前记录的学历层次
        cs = mydataset.Tables["mydata"].Rows[i][2].ToString().Trim();     //当前记录的城市
        fl = mydataset.Tables["mydata"].Rows[i][3].ToString().Trim();  //当前记录的商品分类
        sl = int.Parse(mydataset.Tables["mydata"].Rows[i][4].ToString().Trim());
                //当前记录的数量
        if (sl >= 4)
            sljb = "高";
        else if (sl >= 2)
            sljb = "中";
        else
```

```
                    sljb = "低";
               mysql = "INSERT INTO DST(年龄层次,学历层次,城市,商品分类,销售数量) "
                   + "VALUES('" + llcc + "','"
                   + xlcc + "','" + cs + "','" + fl + "','" + sljb + "')";
               mycmd = new SqlCommand(mysql, myconn);
               mycmd.ExecuteNonQuery();
          }
          myconn.Close();
          MessageBox.Show("从 SDW 载入数据到 OnRetDMK 执行完毕!", "操作提示");
     }
```

上述事件处理方法的过程是: 采用如下 SQL 语句将 SDW 数据库的数据提取到 DataSet
对象 mydataset 的 mydata 表中:

```
USE SDW
SELECT Age.年龄层次,Education.学历层次,Locates.市,Products.分类,COUNT( * ) AS 数量
FROM Sales,Age,Education,Locates,Products
WHERE Sales.Age_key = Age.Age_key AND Sales.Educ_key = Education.Educ_key
    AND Sales.Locate_key = Locates.Locate_key AND Sales.Prod_key = Products.Prod_key
GROUP BY Age.年龄层次,Education.学历层次,Locates.市,Products.分类
```

然后,扫描 mydata 表的所有行,将"数量"转换为等级后插入到 DST 表中。

(4) 启动 Form3 窗体,单击"产生 DST 表数据"命令按钮。DST 表中产生的部分数据如
表 6.13 所示。

表 6.13　DST 表中部分数据

编号	描述属性				类别属性
	年龄层次	学历层次	城市	商品分类	销售数量
1	老年	低	昆明市	电脑办公	高
2	老年	低	昆明市	手机/数码	低
3	老年	低	石家庄	电脑办公	高
4	老年	高	南京市	电脑办公	高
5	老年	高	南京市	手机/数码	高
6	青年	低	哈尔滨市	电脑办公	低
...	...	...	...	...	...

6.4.3　建立决策树分类模型

启动 SQL Server Data Tools,从"文件"→"最近使用的项目和解决方案"列表中选择
OnRetDM 项目(该项目在 5.4.3 节中已经创建)。

在该项目中添加数据源视图 On Ret DMK 1.dsv 和挖掘结构 DST.dmm,其过程与 6.3
节创建决策树挖掘模型的过程类似。

在创建数据源视图 On Ret DMK 1.dsv 时,在"数据表和视图"对话框中从"可用对象"列
表选择 DST 表,如图 6.22 所示。

在创建挖掘结构 DST.dmm 时,设置挖掘模型结构如图 6.23 所示。其他设置与 6.3 节建
立的挖掘模型相同。这里数据源视图和挖掘结构名称均采用默认值。

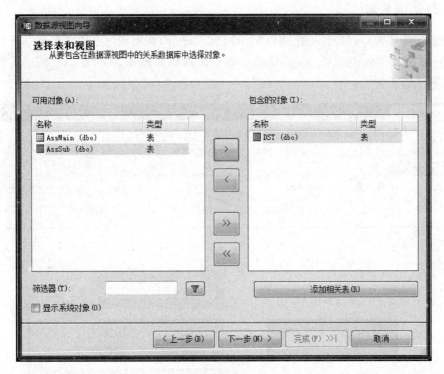

图 6.22　选择 DST 表

图 6.23　设置挖掘模型结构

6.4.4　浏览决策树

在项目重新部署后,单击"挖掘结构"下的 DST.dmm,在出现的下拉菜单中选择"浏览"命令,或者单击"挖掘模型查看器"标签,系统创建的决策树如图 6.24 所示。看到顾客购物数量仅仅与顾客学历正相关。

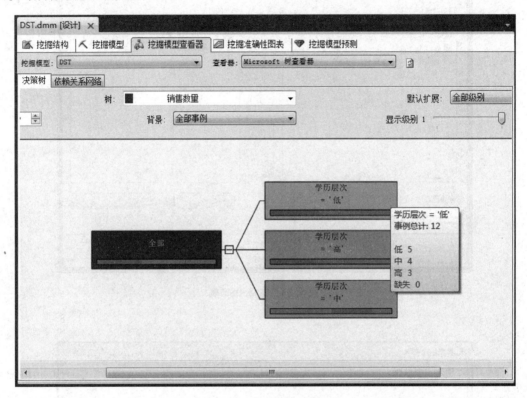

图 6.24　创建的决策树

当然,SQL Server 决策树的构建采用微软自己的算法。例如,决策树中的"学历层次"="低"的结点,总事例数为 12,购买数量高的有 3 个、购买数量中的有 4 个、购买数量低的有 5 个,它没有进一步扩展,这与算法参数设置有关。

说明:本决策树的挖掘结果仅仅针对 OnRetS 网站的实验数据,不同的实验数据可能会产生不同的挖掘结果。另外,算法参数设置会严重影响挖掘结果,不同的参数设置可能会产生不同高度和宽度的决策树。

练　习　题

1. 单项选择题

(1) 以下(　　)数据挖掘方法能够帮助市场分析人员将购买商品的顾客进行分类划分。

    A. 分类   B. 预测

    C. 关联分析   D. 聚类

(2) 决策树算法是一种(　　)数据挖掘算法。

　　A. 关联分析　　　　　　　　　　B. 预测

　　C. 分类　　　　　　　　　　　　D. 聚类

(3) 熵表示为消除不确定性所需要的信息量,投掷均匀正六面体骰子的熵是(　　)比特。

　　A. 1　　　　　　　　　　　　　　B. 2.6

　　C. 3.2　　　　　　　　　　　　　D. 3.8

(4) 利用信息增益方法作为属性选择度量建立决策树时,已知某训练样本集的 4 个条件属性的信息增益分别为：G(收入)＝0.940 位,G(职业)＝0.151 位,G(年龄)＝0.780 位,G(信誉)＝0.048 位,则应该选择(　　)属性作为决策树的测试属性。

　　A. 收入　　　　　　　　　　　　B. 职业

　　C. 年龄　　　　　　　　　　　　D. 信誉

(5) 决策树中不包含(　　)。

　　A. 根结点　　　　　　　　　　　B. 内部结点

　　C. 外部结点　　　　　　　　　　D. 叶子结点

2. 问答题

(1) 什么是决策树？如何用决策树进行分类？

(2) 简述决策树的优点。

(3) 给出在决策树中一个结点划分停止的常用标准。

(4) 说明在决策树中将一个结点划分为更小的后续结点之后,结点熵不会增加。

(5) 对于如表 6.14 所示的训练数据集。构造其决策树。有一个客户信息如下：X＝(有房＝'否',婚姻状况＝'已婚',年收入＝'中'),采用决策树分类法,预测该客户的拖欠贷款类别。

表 6.14　一个数据集

TID	有房	婚姻状况	年收入	拖欠贷款
1	是	单身	中	否
2	否	已婚	中	否
3	否	单身	低	否
4	是	已婚	中	否
5	否	离异	低	是
6	否	已婚	低	否
7	是	离异	高	否
8	否	单身	低	是
9	否	已婚	低	否
10	否	单身	低	是

上机实验题

上机实现 6.4 节 OnRetDM 项目中的挖掘结构 DST.dmm,设置算法的参数如图 6.25 所示,查看参数的决策树有什么变化。并给出所有的决策规则。

图 6.25　设置算法参数

第 7 章　贝叶斯分类算法

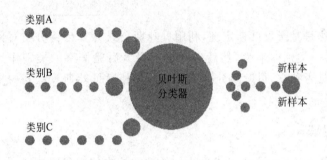

类别A

类别B

贝叶斯
分类器

新样本

新样本

类别C

本章指南

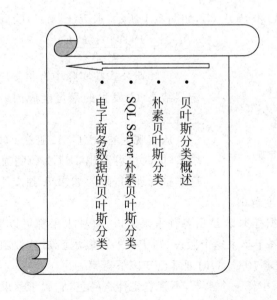

- 贝叶斯分类概述
- 朴素贝叶斯分类
- SQL Server 朴素贝叶斯分类
- 电子商务数据的贝叶斯分类

7.1　贝叶斯分类概述

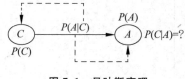

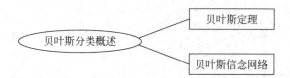

贝叶斯分类算法是基于贝叶斯定理,利用贝叶斯公式计算出待分类对象(元组)的后验概率,即该对象属于某一类别的概率,然后选择具有最大后验概率的类别作为该对象所属的类别。根据描述属性是否独立,贝叶斯分类算法又分为朴素贝叶斯算法和树增强朴素贝叶斯算法,本章仅介绍前者。

7.1.1　贝叶斯定理

对于某个样本数据库 D,设 A 是类别未知的数据样本的描述属性,C 为样本的类别属性。

(1) $P(C)$ 是关于 C 的先验概率,之所以称为"先验"是因为它不考虑任何 A 方面的因素。

(2) $P(A)$ 是关于 A 的先验概率。先验概率通常是根据先验知识确定的,这里是源于样本数据库 D,确定的各种属性发生的概率。

(3) $P(A|C)$ 表示在已知 C 发生后 A 的条件概率,条件概率是指某事件发生后该事件的发生概率。

(4) $P(C|A)$ 表示 A 发生后 C 的后验概率,后验概率是指获取了新的附加信息后,对先验概率修正后得到的更符合实际的概率。

若已知 $P(C)$、$P(A)$ 和 $P(A|C)$,如图 7.1 所示,求 $P(C|A)$ 后验概率的贝叶斯公式如下:

$$P(C \mid A) = \frac{P(A \mid C)P(C)}{P(A)}$$

贝叶斯公式在实际中有很多应用,它可以帮助人们确定某结果(C)发生的最可能原因(A),贝叶斯公式也称为逆概公式。

从直观上看,$P(C|A)$ 随着 $P(C)$ 和 $P(A|C)$ 的增长而增长,同时也可看出 $P(C|A)$ 随着 $P(A)$ 的增加而减小。这是很合理的,因为如果 A 独立于 C 时被确定的可能性越大,则 A 对 C 的支持度越小。

图 7.1　贝叶斯定理

【**例 7.1**】 假定数据样本集 D 由各种水果组成,每种水果都可以用颜色来描述。如果用 A 代表红色,C 代表 A 属于苹果这个假设,则 $P(C|A)$ 表示已知 A 是红色的条件下 A 是苹果的概率(确信程度)。在求 $P(C|A)$ 时通常已知以下概率。

(1) $P(C)$:拿出 D 中任一个水果,不管它是什么颜色,它属于苹果的概率。

(2) $P(A)$:拿出 D 中任一个水果,不管它是什么水果,它是红色的概率。

(3) $P(A|C)$:D 中一个水果,已知它是一个苹果,则它是红色的概率。

此时可以直接利用贝叶斯定理求 $P(C|A)$，即表示拿出 D 中一个红色的水果，它是苹果的概率。

例如，某果园种植的水果（构成数据样本集 D）有 70% 的是苹果，苹果中有 80% 是红色的，该果园中红色水果占 60%。一个人摘取一个红色水果，是苹果的可能性多大？

依题意，有 $P(C)=0.7,P(A)=0.6,P(A|C)=0.8,$

$$P(C\mid A)=\frac{P(A\mid C)P(C)}{P(A)}=\frac{0.8\times 0.7}{0.6}=0.93$$

即一个人摘取任意一个红色水果，是苹果的可能性为 93%。

7.1.2　贝叶斯信念网络

前面介绍的贝叶斯定理中仅考虑两个随机变量，当有两个以上随机变量时可以构成一个贝叶斯信念网络。

定义 7.1　贝叶斯信念网络（Bayesian Belief Network，BBN）简称贝叶斯网，它是一个概率网络，是一种基于概率推理的数学模型，解决复杂系统的不确定性和不完整性问题。用图形表示一组随机变量之间的概率关系。贝叶斯网有两个主要成分。

（1）一个有向无环图（DAG）：图中每个结点代表一个随机变量，每条有向边表示变量之间的依赖关系。若有一条有向边从结点 X 到结点 Y，那么 X 就是 Y 的父结点，Y 就是 X 的子结点。

（2）一个条件概率表（CPT）：把各结点和父结点关联起来。在 CPT 中，如果结点 X 没有父结点，则表中只包含先验概率 $P(X)$；如果结点 X 只有一个父结点 Y，则表中包含条件概率 $P(X|Y)$；如果结点 X 有多个父结点 $Y_1,Y_2,\cdots,Y_k$，则表中包含条件概率 $P(X|Y_1,Y_2,\cdots,Y_k)$。

贝叶斯网中的一个结点可以被选为输出结点，用以代表类别属性，一个贝叶斯网可以有多于一个的输出结点。该网络可以利用学习推理算法，其分类过程不是返回一个类别，而是返回一个关于类别属性的概率分布，即对每个类别的预测概率。

例如，假设结点 X 直接影响结点 Y，即 $X{\to}Y$，则从 X 指向 Y 建立结点 X 到结点 Y 的箭头 (X,Y)，权值（即连接强度）用条件概率 $P(Y|X)$ 来表示，如图 7.2 所示。其中箭头表示条件依赖关系。

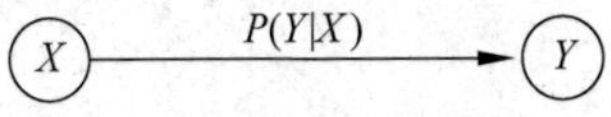

图 7.2　基本的贝叶斯网

定义 7.2　对于随机变量 $(A_1,A_2,\cdots,A_n)$，任何数据对象 $(a_1,a_2,\cdots,a_n)$ 的联合概率可以通过以下公式计算获得：

$$P(a_1,a_2,\cdots,a_n)=\prod_{i=1}^{n}P(a_i\mid \mathrm{parent}(A_i))$$

其中，$\mathrm{parent}(A_i)$ 表示 A_i 的父结点，如图 7.2 所示，$\mathrm{parent}(H)=\{X\}$，$\mathrm{parent}(X)=\{\}$。$P(z_i|\mathrm{parent}(Z_i))$ 对应条件概率表中关于 A_i 结点的一个入口。若 A_i 没有父结点，则 $P(a_i|\mathrm{parent}(A_i))=P(a_i)$。

考虑两个结点 X 和 Y 通过第 3 个结点 Z 间接相连的情况，贝叶斯网局部结构有 3 种子情况：顺连、分连和汇连。

顺连和分连分别如图 7.3(a) 和 (b) 所示。汇连如图 7.3(c) 所示，汇连中存在多因一果的情况，这就需要计算联合概率 $P(X=x_i,Y=y_j)$ 或 $P(X,Y)$，根据定义 7.2，有：

$$P(X = x_i, Y = y_j) = P(X = x_i \mid \text{parent}(X)) \times P(Y = j_j \mid \text{parent}(X))$$
$$= P(X = x_i) \times P(Y = y_j)_\circ$$

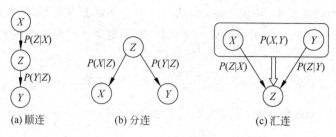

图 7.3　贝叶斯网局部结构的 3 种子情况

【例 7.2】　有 X、Y 和 Z 3 个二元随机变量(取值只有 0、1 两种情况),假设 X、Y 之间是独立的,它们对应的条件概率表如表 7.1 所示。若已知先验概率 $P(X=1)=0.3$,$P(Y=1)=0.6$,$P(Z)=0.7$,求 $P(X=0,Y=0 \mid Z=0)$ 的后验概率。

表 7.1　关于 Z 的条件概率表

	$X=1,Y=1$	$X=1,Y=0$	$X=0,Y=1$	$X=0,Y=0$
$Z=1$	0.8	0.5	0.7	0.1
$Z=0$	0.2	0.5	0.3	0.9

表中的数值表示的是后验概率 $P(Z \mid X,Y)$,如有 $P(Z=1 \mid X=1,Y=1)=0.8$,$P(Z=0 \mid X=1,Y=1)=0.2$。

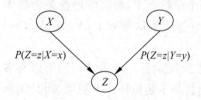

图 7.4　一个贝叶斯网

因此画出相应的贝叶斯网如图 7.4 所示。并有 $P(X=0)=1-P(X=1)=0.7$,$P(Y=0)=1-P(Y=1)=0.4$,$P(Z=0)=1-P(Z=1)=0.3$。

由于 X、Y 均没有父结点,所以联合概率 $P(X=0,Y=0)=P(X=0) \times P(Y=0)=0.7 \times 0.4=0.28$。依条件概率表有 $P(Z=0 \mid X=0,Y=0)=0.9$。

根据贝叶斯定理,有:

$$P(X=0,Y=0 \mid Z=0) = \frac{P(Z=0 \mid X=0,Y=0) \times P(X=0,Y=0)}{P(Z=0)}$$

$$= \frac{0.9 \times 0.28}{0.3} = 0.84$$

同样可以求出 $P(X=0,Y=0 \mid Z=1)$、$P(X=1,Y=0 \mid Z=0)$ 和 $P(X=1,Y=0 \mid Z=1)$ 等。

7.2　朴素贝叶斯分类

知识梳理

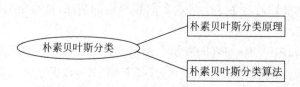

7.2.1 朴素贝叶斯分类原理

1. 朴素贝叶斯分类过程

朴素贝叶斯分类基于一个简单的假定：在给定分类特征条件下，描述属性值之间是相互条件独立的。

朴素贝叶斯分类思想是：假设每个样本用一个 n 维特征向量 $X=\{x_1,x_2,\cdots,x_n\}$ 来表示，描述属性为 $A_1,A_2,\cdots,A_n$ (A_i 之间相互独立)。类别属性为 C，假设样本中共有 m 个类即 C_1，$C_2,\cdots,C_m$，对应的贝叶斯网如图 7.5 所示，其中 $P(A_i|C)$ 是后验概率，可以通过训练样本集求出。

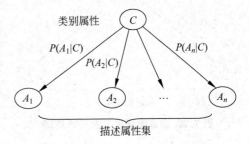

图 7.5 一个贝叶斯网

说明：这里的贝叶斯网为什么画成 C 指向 $A_1,A_2,\cdots,A_n$，而不是 $A_1,A_2,\cdots,A_n$ 指向 C 呢？这是为了计算后验概率 $P(A_1,A_2,\cdots,A_n|C)$。因为朴素贝叶斯分类中最重要的是计算 $P(A_1,A_2,\cdots,A_n|C)$。

给定一个未知类别的样本 X，朴素贝叶斯分类将 X 划分到属于具有最高后验概率 $P(C_i|X)$ 的类中，也就是说，将 X 分配给类 C_i，当且仅当：

$$P(C_i \mid X) > P(C_j \mid X), \quad 1 \leqslant j \leqslant m, i \neq j$$

根据贝叶斯定理有：

$$P(C_i \mid X) = \frac{P(X \mid C_i)P(C_i)}{P(X)}$$

由于 $P(X)$ 对于所有类为常数，只需要最大化 $P(X|C_i)P(C_i)$ 即可。而 $P(X|C_i)$ 是一个联合后验概率，即

$$P(X \mid C_i) = P(A_1,A_2,\cdots,A_n \mid C_i) = \prod_{k=1}^{n} P(A_k \mid C_i)$$

所以对于某个新样本 $(a_1,a_2,\cdots,a_n)$，它所在类别为

$$c' = \underset{C_i}{\mathrm{argmax}}\left\{P(C_i)\prod_{k=1}^{n} P(a_k \mid C_i)\right\}$$

其中，先验概率 $P(C_i)$ 可以通过训练样本集得到。$P(C_i)=s_i/s$，其中 s_i 是训练样本集中属性 C_i 类的样本数，而 s 是总的样本数。

朴素贝叶斯分类过程如图 7.6 所示。

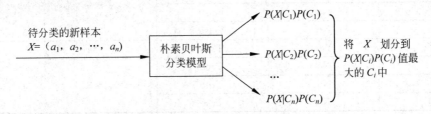

图 7.6 朴素贝叶斯分类过程

2. 后验概率 $P(A_k|C_i)$ 的计算

计算后验概率 $P(a_k|C_i)$(也称为类条件概率)的方法如下。

（1）如果对应的描述属性 A_k 是离散属性，也可以通过训练样本集得到，$P(a_k \mid C_i) = s_{ik}/s_i$，其中 s_{ik} 是在属性 A_k 上具有值 a_k 的类 C_i 的训练样本数，而 s_i 是 C_i 中的训练样本数。

（2）如果对应的描述 A_k 是连续属性，则通常假定该属性服从高斯分布。因而

$$P(a_k \mid C_i) = g(a_k, \mu_i, \sigma_i) = \frac{1}{\sqrt{2\pi}\sigma_i} e^{\frac{(a_k - \mu_i)^2}{2\sigma_i^2}}$$

其中，$g(x_k, \mu_i, \sigma_i)$ 是高斯分布函数，μ_i、σ_i 分别为类别 C_i 的平均值和标准差。

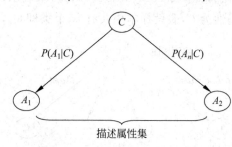

图 7.7　训练数据集 S 的贝叶斯网

【例 7.3】　对于第 6 章表 6.1 的训练样本集 S，所有属性为离散属性。$n=2$（描述属性个数），特征向量为 $A = \{a_1, a_2\}$，描述属性为 A_1 和 A_2（假设 A_1 和 A_2 之间相互独立）。类别属性为 C，$m=2$（类别个数），$C_1 = \text{False}$，$C_2 = \text{True}$。对应的贝叶斯网如图 7.7 所示。求 $P(A_1 \mid C)$ 和 $P(A_2 \mid C)$。

（1）求条件概率 $P(C_i)$

训练样本集 S 中有 10 个样本，即 $s=10$，其中有 6 个属于 C_1 的样本，4 个属于 C_2 的样本，所以有

$$s_1 = 6, s_2 = 4$$
$$P(C_1) = s_1/s = 6/10 = 0.6$$
$$P(C_2) = s_2/s = 4/10 = 0.4$$

（2）求后验概率 $P(A_i \mid C)$

考虑属性 A_1，按属性 C 和 A_1 排序后的统计结果如表 7.2 所示，则

$$P(A_1 = \text{Yes} \mid C = \text{False}) = s_{11}/s_1 = 2/6 = 1/3$$
$$P(A_1 = \text{No} \mid C = \text{False}) = s_{12}/s_1 = 4/6 = 2/3$$
$$P(A_1 = \text{Yes} \mid C = \text{True}) = s_{21}/s_2 = 1/4$$
$$P(A_1 = \text{No} \mid C = \text{True}) = s_{22}/s_2 = 3/4$$

表 7.2　按属性 C 和 A_1 排序后的统计结果

ID	属性 A_1	类别 C	统 计 结 果	
1	Yes	False	$s_{11} = 2$	
4	Yes	False		
2	No	False	$s_{12} = 4$	$s_1 = 6$
3	No	False		
6	No	False		
9	No	False		
7	Yes	True	$s_{21} = 1$	
5	No	True	$s_{22} = 3$	$s_2 = 4$
8	No	True		
10	No	True		

考虑属性 A_2，按属性 C 和 A_2 排序后的统计结果如表 7.3 所示，则

$$P(A_2 = \text{大} \mid C = \text{False}) = s_{11}/s_1 = 1/6$$
$$P(A_2 = \text{中} \mid C = \text{False}) = s_{12}/s_1 = 4/6 = 2/3$$

$$P(A_2 = 小 \mid C = \text{False}) = s_{13}/s_1 = 1/6$$
$$P(A_2 = 大 \mid C = \text{True}) = s_{21}/s_2 = 2/4 = 1/2$$
$$P(A_2 = 小 \mid C = \text{True}) = s_{22}/s_2 = 2/4 = 1/2$$

表 7.3　按属性 C 和 A_2 排序后的统计结果

ID	属性 A_2	类别 C	统 计 结 果	
1	大	False	$s_{11}=1$	
2	中	False	$s_{12}=4$	$s_1=6$
4	中	False		
6	中	False		
9	中	False		
3	小	False	$s_{13}=1$	
5	大	True	$s_{21}=2$	$s_2=4$
7	大	True		
8	小	True	$s_{22}=2$	
10	小	True		

7.2.2　朴素贝叶斯分类算法

对于训练样本集 S，产生各个类的先验概率 $P(C_i)$ 和各个类的后验概率 $P(a_1, a_2, \cdots, a_n \mid C_i)$ 的朴素贝叶斯分类参数学习算法如下。

输入：训练数据集 S。

输出：各个类别的先验概率 $P(C_i)$，各个类的后验概率 $P(a_1, a_2, \cdots, a_n \mid C_i)$。

方法：其描述过程如下。

```
for(S 中每个训练样本 s(a_{s1}, …, a_{sn}, c_s))
{    统计类别 c_s 的计数 c_s.count;
     for (每个描述属性值 a_{si})
          统计类别 c_s 中描述属性值 a_{si} 的计数 c_s.a_{si}.count;
}
for(每个类别 c)
{    P(c) = c.count / |S|;          //|S| 为 S 中样本总数
     for (每个描述属性 A_i)
          for (每个描述属性值 a_i)
               P(a_i|c) = c.a_i.count / c.count;
     for (每个 a_1, …, a_n)
               P(a_1, …, a_n | c) = ∏_{i=1}^{n} P(a_i | c);
}
```

对于一个样本 $(a_1, a_2, \cdots, a_n)$，求其类别的朴素贝叶斯分类算法如下：

输入：各个类别的先验概率 $P(C_i)$、各个类的后验概率 $P(a_1, a_2, \cdots, a_n \mid C_i)$、新样本 $r(a_1, a_2, \cdots, a_n)$。

输出：新样本的类别 $maxc$。

方法：其描述过程如下。

```
maxp = 0;
for (每个类别 C_i)
{   p = P(C_i) * P(a_1,a_2,…,a_n|C_i);
    if (p>maxp) maxc = C_i;
}
return maxc;
```

【例 7.4】　对于第 6 章表 6.4 所示的训练数据集 S,有以下新样本 X:

年龄 = '≤30',收入 = '中',学生 = '是',信誉 = '中'

采用朴素贝叶斯分类算法求 X 所属类别的过程如下。

（1）由训练样本集 S 建立贝叶斯网如图 7.8 所示。

（2）根据类别"购买计算机"属性的取值,分为两个类,C_1 表示购买计算机为"是"的类,C_2 表示购买计算机为"否"的类,它们的先验概率 $P(C_i)$ 根据训练样本集计算如下:

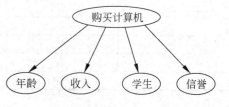

$P(C_1) = P(购买计算机 = '是') = 9/14 = 0.64$

$P(C_2) = P(购买计算机 = '否') = 5/14 = 0.36$

图 7.8　由训练样本集 S 建立贝叶斯网

（3）计算后验概率 $P(a_i|C_i)$,先计算 $P(年龄 = $ '≤30'|购买计算机 = '是')和 $P(年龄 = $ '≤30'|购买计算机 = '否')。将训练数据集 S 按"购买计算机"和"年龄"属性排序后的统计结果如表 7.4 所示,则

$$P(年龄 = '≤30'|购买计算机 = '是') = s_{11}/s_1 = 2/9 = 0.22$$

$$P(年龄 = '≤30'|购买计算机 = '否') = s_{21}/s_2 = 3/5 = 0.6$$

表 7.4　按"购买计算机"和"年龄"属性排序后的统计结果

编号	年龄	购买计算机	统 计 结 果	
9	≤30	是	$s_{11}=2$	
11	≤30	是		
3	31～40	是	$s_{12}=4$	$s_1=9$
7	31～40	是		
12	31～40	是		
13	31～40	是		
4	>40	是	$s_{13}=3$	
5	>40	是		
10	>40	是		
1	≤30	否	$s_{21}=3$	
2	≤30	否		$s_2=5$
8	≤30	否		
6	>40	否	$s_{22}=2$	
14	>40	否		

类似地求出下面的后验概率:

$$P(收入 = '中'|购买计算机 = '是') = 4/9 = 0.44$$

$$P(收入 = '中'|购买计算机 = '否') = 2/5 = 0.4$$

$$P(学生 = '是' | 购买计算机 = '是') = 6/9 = 0.67$$
$$P(学生 = '是' | 购买计算机 = '否') = 1/5 = 0.2$$
$$P(信誉 = '中' | 购买计算机 = '是') = 6/9 = 0.67$$
$$P(信誉 = '中' | 购买计算机 = '否') = 2/5 = 0.4$$

（4）假设条件独立性，$X=$（年龄$='\leqslant30'$，收入$='中'$，学生$='是'$，信誉$='中'$），使用以上概率得到：

$$
\begin{aligned}
P(X | 购买计算机 = '是') =\ & P(年龄 = '\leqslant 30' | 购买计算机 = '是') \\
& \times P(收入 = '中' | 购买计算机 = '是') \\
& \times P(学生 = '是' | 购买计算机 = '是') \\
& \times P(信誉 = '中' | 购买计算机 = '是') \\
=\ & 0.22 \times 0.44 \times 0.67 \times 0.67 = 0.04
\end{aligned}
$$

$$
\begin{aligned}
P(X | 购买计算机 = '否') =\ & P(年龄 = '\leqslant 30' | 购买计算机 = '否') \\
& \times P(收入 = '中' | 购买计算机 = '否') \\
& \times P(学生 = '是' | 购买计算机 = '否') \\
& \times P(信誉 = '中' | 购买计算机 = '否') \\
=\ & 0.6 \times 0.4 \times 0.2 \times 0.4 = 0.02
\end{aligned}
$$

（5）分类

考虑"购买计算机$='是'$"的类，有

$$P(X | 购买计算机 = '是') \times P(购买计算机 = '是') = 0.04 \times 0.64 = 0.0256$$

考虑"购买计算机$='否'$"的类，有

$$P(X | 购买计算机 = '否') \times P(购买计算机 = '否') = 0.02 \times 0.36 = 0.0072$$

因此，对于样本 X，采用朴素贝叶斯分类预测为"购买计算机$='是'$"。这与第 6 章采用决策树所得到的分类结果是一致的。

朴素贝叶斯分类算法的优点是易于实现，多数情况下结果较满意。缺点是由于假设描述属性间独立，丢失准确性，因为实际上属性间存在依赖关系。

7.3　SQL Server 朴素贝叶斯分类

知识梳理

对于第 6 章表 6.4 所示的训练数据集，介绍采用 SQL Server 提供的朴素贝叶斯分类算法进行分类和预测。

7.3.1　建立朴素贝叶斯分类挖掘模型

朴素贝叶斯分类挖掘模型 Bayes.dmm 利用 6.3.1 节创建的 DMK 数据库的 DST 表，以及 6.3.2 节创建的 DMK1.dsv 和 DMK1-1.dsv 数据源视图。

建立挖掘结构 Bayes.dmm 的步骤如下：

（1）启动 SQL Server Data Tools，从"文件"→"最近使用的项目和解决方案"列表中选择
DM 项目。在解决方案资源管理器中，右击"挖掘结构"，再选择"新建挖掘结构"启动数据挖掘
向导。在"欢迎使用数据挖掘向导"对话框中单击"下一步"按钮。在"选择定义方法"页面上，
确保已选中"从现有关系数据库或数据仓库"，再单击"下一步"按钮。

（2）出现"创建数据挖掘结构"对话框，在"您要使用何种数据挖掘技术？"下拉列表中选择
Microsoft Naive Bayes，如图 7.9 所示，单击"下一步"按钮。

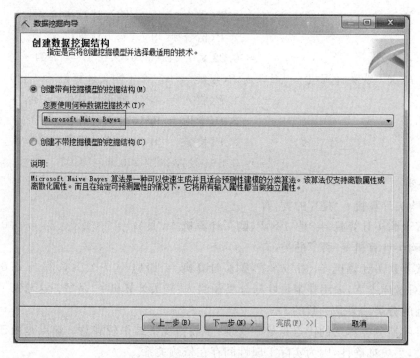

图 7.9　指定朴素贝叶斯分类算法

说明：Microsoft Naive Bayes 算法是 Microsoft SQL Server Analysis Services 提供的一
种基于贝叶斯定理的分类算法，可用于预测性建模。该算法计算输入列与可预测列之间的条
件概率，并假定列相互独立。由于此独立性假设，所以取名为 Naive Bayes。一个 Naive Bayes
模型必须包含一个键列、至少一个可预测列和至少一个输入列。所有属性均不能为连续属性；
如果数据包含连续数值数据，则将会被忽略或离散化。

（3）在出现的"选择数据源视图"中选择 DMK1 数据源视图，单击"下一步"按钮。

（4）出现"指定表类型"对话框，在 DST 表的对应行中选中"事例"复选框，保持默认设置。
单击"下一步"按钮。

（5）出现"指定定型数据"对话框，设置数据挖掘结构如图 7.10 所示。单击"下一步"
按钮。

（6）出现"指定列的内容和数据类型"对话框，保持默认值，单击"下一步"按钮。出现"创
建测试集"对话框，将"测试数据百分比"选项的默认值 30% 更改为 0。单击"下一步"按钮。

（7）出现"完成向导"对话框，将"挖掘结构名称"和"挖掘模型名称"改为 Bayes，如图 7.11
所示。然后单击"完成"按钮。

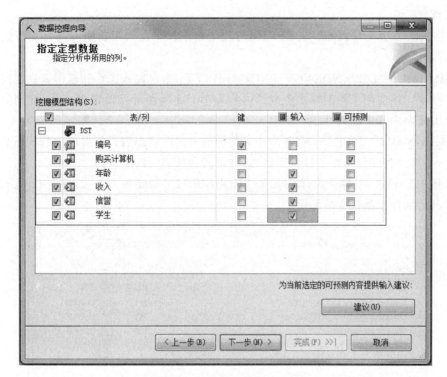

图 7.10　"指定定型数据"对话框

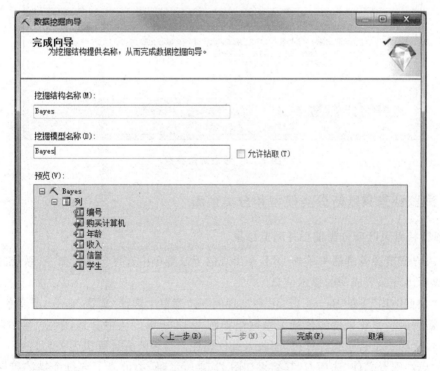

图 7.11　"完成向导"对话框

(8) 单击"挖掘模型"选项卡,出现"算法参数"对话框,其中各个参数的说明如下。

① MAXIMUM_INPUT_ATTRIBUTES:指定算法在调用功能选择之前可以处理的最

大输入属性数。

②　MAXIMUM_OUTPUT_ATTRIBUTES：指定算法在调用功能选择之前可以处理的最大输出属性数。

③　MINIMUM_DEPENDENCY_PROBABILITY：指定输入属性和输出属性之间的最小依赖关系概率。该值用于限制算法生成的内容大小。此属性可以设置为 0～1 之间的值。较大的值减少模型内容中的特性数。

④　MAXIMUM_STATES：指定算法支持的最大属性状态数。如果属性的状态数大于最大状态数，则算法将使用属性的最常用状态，并视其余状态为缺失。

这里将 MINIMUM_DEPENDENCY_PROBABLITY 设定为 0.1，如图 7.12 所示。这是因为本示例的属性个数较少的原因。

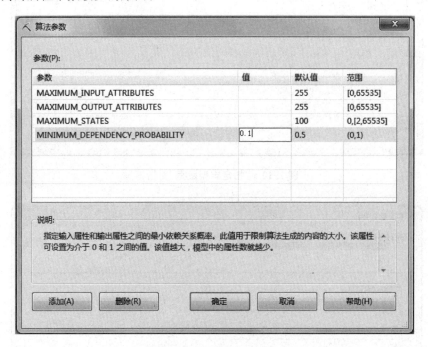

图 7.12　设置算法参数

7.3.2　浏览朴素贝叶斯分类模型和分类预测

1. 部署朴素贝叶斯分类模型并浏览结果

在解决方案资源管理器中单击 DM，在出现的下拉菜单中选择"部署"命令，系统开始执行部署，完成后出现部署成功的提示信息。

单击"挖掘结构"下的 Bayes.dmm，在出现的下拉菜单中选择"浏览"命令，或者单击"挖掘模型查看器"标签，系统创建的依赖关系网络如图 7.13 所示。从中看到，学生、年龄和信誉 3 个条件属性会影响是否购买计算机，而收入条件属性与是否购买计算机无关。

单击"属性配置文件"选项卡，其结果如图 7.14 所示，从中可以了解每个描述属性的状态分布情况。例如，在全部 14 个样本中，年龄为">40"的概率为 0.357，年龄为"≤30"的概率为 0.357，年龄为"31～40"的概率为 0.286。在购买计算机为"否"的 5 个样本中，年龄为">40"的概率为 0.4，年龄为"≤30"的概率为 0.6，年龄为"31～40"的概率为 0。

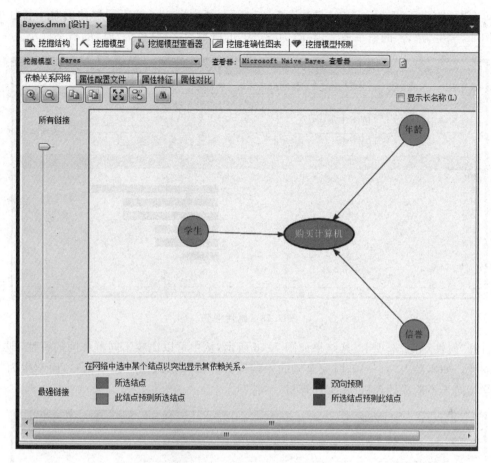

图 7.13　创建的依赖关系网络

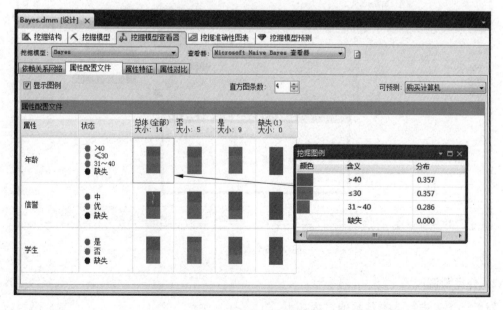

图 7.14　属性配置文件

单击"属性特征"选项卡,其结果如图 7.15 所示,从中可以了解不同群体的基本特征的概率。例如,学生为"否"的概率最大,年龄为"≤30"的概率次之,学生为"是"的概率最小。

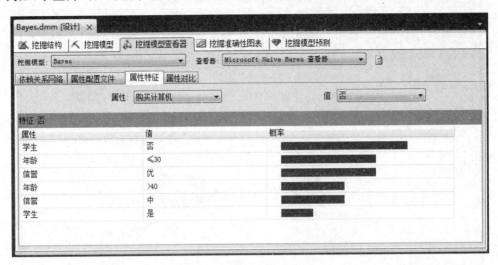

图 7.15　属性特征

打开"属性对比"选项卡,其结果如图 7.16 所示,从中可以比较不同群体间的特性,即类别的倾向性。如年龄为"31~40"时完全倾向于购买计算机(购买计算机="是"),而学生为"否"时完全倾向于不购买计算机(购买计算机="否")。

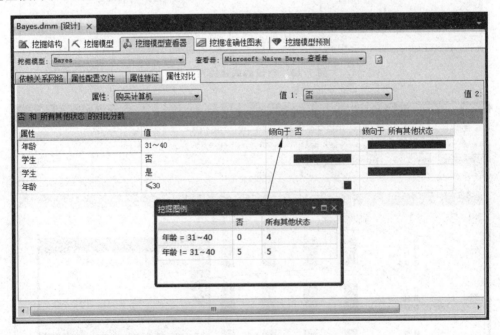

图 7.16　属性对比

2. 分类预测

对 DST1 表进行分类预测的过程如下。

(1) 单击"挖掘模型预测"标签,再单击"选择输入表"对话框中的"选择事例表"命令,出现"选择表"对话框,指定 DMK1-1 数据源中的 DST1 表,单击"确定"按钮。

（2）保持默认的字段联接关系，将 DST1 表中的各个列拖放到下方的列表中，选中"购买计算机"字段前面的"源"，从下拉列表中选择"DST 挖掘模型"，如图 7.17 所示，表示其他字段数据直接来源于 DST1 表，只有"购买计算机"字段是采用前面训练样本集得到的 Bayes 挖掘模型来进行预测的。

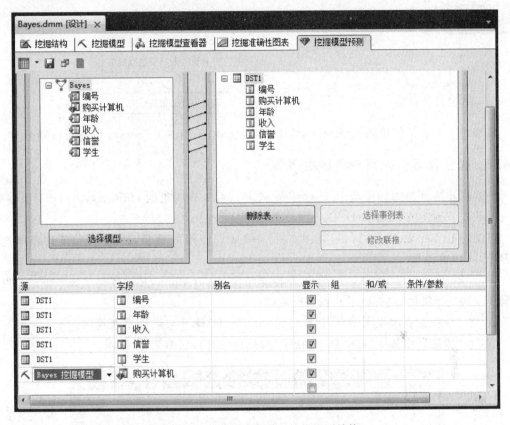

图 7.17　创建朴素贝叶斯挖掘预测结构

（3）在任一空白处右击并在出现的菜单中选择"结果"命令，出现如图 7.18 所示的分类预测结果。从中看到和决策树的预测结果完全相同。

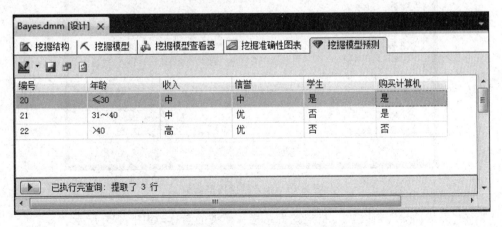

图 7.18　朴素贝叶斯挖掘模型的预测结果

7.4　电子商务数据的贝叶斯分类

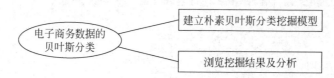

本节对于 6.4 节创建的 OnRetDMK. DST 数据表,采用 SQL Server 实现贝叶斯分类。

7.4.1　建立朴素贝叶斯分类挖掘模型

朴素贝叶斯分类挖掘模型 Bayes. dmm 利用 6.4.1 节创建的 OnRetDMK. DST 数据表,以及 6.3.3 节创建的 On Ret DMK 1. dsv 数据源视图。

启动 SQL Server Data Tools,从"文件"→"最近使用的项目和解决方案"列表中选择 OnRetDM 项目。

在 OnRetDM 项目中添加一个贝叶斯挖掘结构 Bayes. dmm,其过程与 7.3 节创建贝叶斯挖掘模型的过程类似,只有以下几点有所不同。

(1) 在"选择数据源视图"对话框中指定 On Ret DMK 1. dsv 数据源视图。

(2) 在"指定定型数据"对话框中,指定挖掘模型结构,如图 7.19 所示。

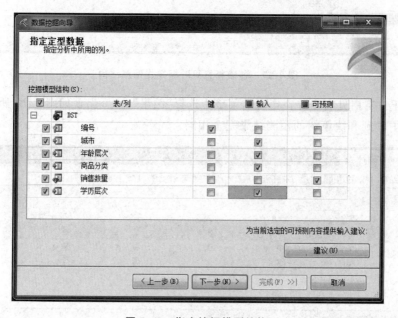

图 7.19　指定挖掘模型结构

(3) 在"完成向导"对话框中,指定挖掘结构和模型的名称,如图 7.20 所示。

(4) 在"算法参数"对话框中将 MINIMUM_DEPENDENCY_PROBABLITY 设定为 0.1 (该参数与 7.3 节的贝叶斯挖掘模型的参数相同)。

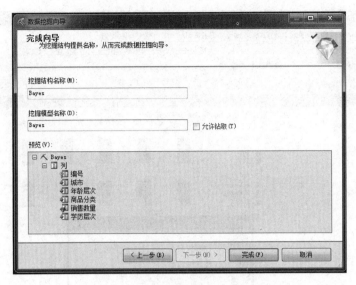

图 7.20　指定挖掘结构和模型的名称

7.4.2　浏览挖掘结果及分析

在项目重新部署后,单击"挖掘结构"下的 Bayes. dmm,在出现的下拉菜单中选择"浏览"命令,或者单击"挖掘模型查看器"标签,系统创建的依赖关系网络如图 7.21 所示,发现销售数量与年龄层次和商品分类相关。单击"属性配置文件"选项卡,其结果如图 7.22 所示。

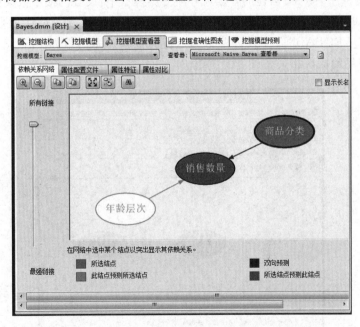

图 7.21　创建的依赖关系网络

从中看到,采用贝叶斯挖掘模型分类结果与第 6 章的决策树挖掘模型结果不一致(决策树挖掘模型的结果是顾客购物数量仅仅与顾客学历正相关)。这是由两种数据挖掘方法的特点决定的。

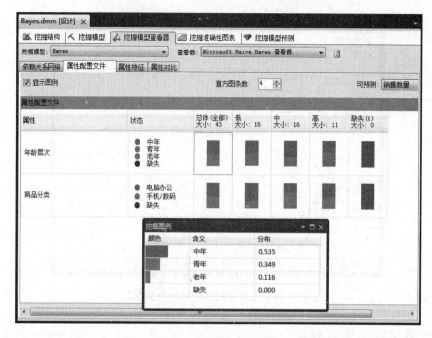

图 7.22 属性配置文件

朴素贝叶斯分类实际上是一种概率方法,而且假设各个条件属性是独立的,它并不把一个样本绝对地指派给某一类,而是通过计算得出属于某一类的概率,具有最大概率的类便是该对象所属的类。在 SQL Server 构建的朴素贝叶斯分类模型中,设置的最小依赖概率会严重影响分类结果。例如,在挖掘模型 Bayes.dmm 中,通过"算法参数"对话框将 MINIMUM_DEPENDENCY_PROBABLITY 设定为 0.2,对应的依赖关系网络如图 7.23 所示,表示顾客购物数量仅仅与年龄层次相关。

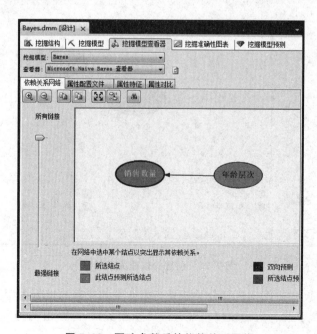

图 7.23 更改参数后的依赖关系网络

　　而决策树挖掘模型是基于信息熵的,采用信息增益作为启发信息,每次选择信息增益最大的条件属性来扩展树。

　　一般地,在属性个数比较多或者属性之间相关性较大时,朴素贝叶斯分类模型的效果比不上决策树模型,而在属性相关性较小时,朴素贝叶斯分类模型的效果比较好。

练 习 题

1. 单项选择题

(1) 朴素贝叶斯算法是一种( )数据挖掘算法。

　　A. 关联分析　　　　　B. 预测　　　　　　C. 分类　　　　　　D. 聚类

(2) 朴素贝叶斯分类算法是基于( )假设的。

　　A. 使用的描述属性是相关的　　　　　　　B. 使用的描述属性是独立的

　　C. 描述属性和类别属性是独立的　　　　　D. 以上都不对

(3) 若 $P(H)=0.5,P(X)=0.8,P(X|H)=0.7$,则 $P(H|X)$ 为( )。

　　A. 0.475　　　　　　B. 0.57　　　　　　C. 0.4375　　　　　D. 0.5

(4) 以下有关贝叶斯信念网络(BBN)的叙述中错误的是( )。

　　A. BBN 是一个有向无环图

　　B. BBN 中每个结点代表一个随机变量

　　C. BBN 中每条有向边表示变量之间的依赖关系

　　D. BBN 中最多只有一个输出结点

(5) 贝叶斯信念网络由两部分组成,分别是网络结构和( )。

　　A. 条件概率　　　　　B. 先验概率　　　　C. 后验概率　　　　D. 条件概率表

(6) 有关朴素贝叶斯分类算法的叙述中正确的是( )。

　　A. 朴素贝叶斯分类算法是一种精确的分类算法

　　B. 采用朴素贝叶斯分类算法将一个样本分到某个类别中,表示它 100% 属于该类别

　　C. 朴素贝叶斯分类算法是一种基于概率的分类算法

　　D. 以上都不对

2. 问答题

(1) 为什么朴素贝叶斯称为"朴素"? 简述朴素贝叶斯分类的主要思想。

(2) 有如表 7.5 所示的数据集,求概率 $P(A=0|+)$、$P(A=1|+)$、$P(B=1|+)$、$P(B=0|-)$、$P(C=1|+)$ 和 $P(C=1|-)$。

表 7.5　一个数据集

记录号	A	B	C	类别
1	0	0	0	+
2	0	0	1	−
3	0	1	1	−
4	0	1	1	−
5	0	0	1	+
6	1	0	1	+

续表

记录号	*A*	*B*	*C*	类别
7	1	0	1	—
8	1	0	1	—
9	1	1	1	+
10	1	0	1	+

(3) 对于如表 7.6 所示的训练数据集。有一个客户信息如下：X=(有房='否'，婚姻状况='已婚'，年收入='中')，采用贝叶斯分类法，预测记录的拖欠贷款类别。

表 7.6　一个数据集

TID	有房	婚姻状况	年收入	拖欠贷款
1	是	单身	中	否
2	否	已婚	中	否
3	否	单身	低	否
4	是	已婚	中	否
5	否	离异	低	是
6	否	已婚	低	否
7	是	离异	高	否
8	否	单身	低	是
9	否	已婚	低	否
10	否	单身	低	是

上机实验题

上机实现 7.4 节 OnRetDM 项目中的挖掘结构 Bayes.dmm。另外新建一个贝叶斯挖掘结构 Bayes1.dmm，采用 On Ret DMK 1.dsv 数据源视图，其挖掘模型结构如图 7.24 所示，分析顾客年龄层次和学历层次与购买商品分类的关系。

图 7.24　指定挖掘模型结构

第 8 章　神经网络算法

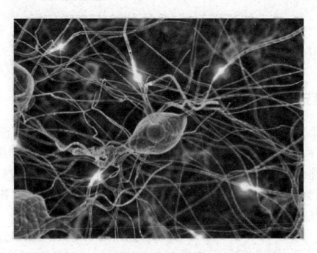

人脑的神经网络结构

本章指南

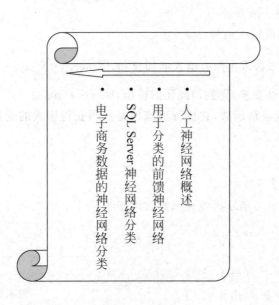

- 人工神经网络概述
- 用于分类的前馈神经网络
- SQL Server 神经网络分类
- 电子商务数据的神经网络分类

8.1　人工神经网络概述

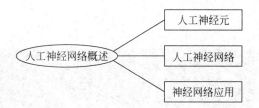

8.1.1　人工神经元

人的智慧来自于大脑,大脑神经系统由 $10^{10} \sim 10^{11}$ 个神经元组成。神经元不仅是大脑神经系统的基本单元,而且是行为反应的基本单元,思维过程是神经元的连接活动过程。一个神经元可以接受多个神经元的信息,同时,一个神经元可以向多个神经元发送信息。神经元的基本功能是通过接受、整合、传导和输出信息实现信息交换,神经元群通过各个神经元的信息交换,实现脑的分析功能,进而实现样本的交换产出。

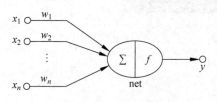

图 8.1　人工神经元模型

人工神经元用于模拟生物神经元,人工神经元可以看作是一个多输入、单输出的信息处理单元,它先对输入变量进行线性组合,然后对组合的结果做非线性变换。因此可以将神经元抽象为一个简单的数学模型,也称为感知器。最简单的人工神经元模型如图 8.1 所示,后面讨论的神经元都是指这种人工神经元。

其中 n 个输入 x_i 表示其他神经元的输出值,即当前神经元的输入值。n 个权值 w_i 相当于突触的连接强度。f 是一个非线性输出函数。y 表示当前神经元的输出值。

神经元的工作过程一般是:

(1) 从各输入端接收输入信号 x_i。

(2) 根据连接权值 w_i,求出所有输入的加权和,即 $\mathrm{net} = \sum_{i=1}^{n} w_i x_i$。

(3) 对 net 做非线性变换,得到神经元的输出,即 $y = f(\mathrm{net})$。

f 称为激活函数或激励函数,它执行对该神经元所获得输入的变换,反映神经元的特性。常用的激活函数类型如下。

1. 线性函数

$$f(x) = kx + c$$

其中,k、c 为常量,如图 8.2 所示。线性函数常用于线性神经网络。

2. 符号函数

$$\begin{cases} f(x) = 1 & (\text{当 } x \geqslant 0) \\ f(x) = 0 & (\text{当 } x < 0) \end{cases}$$

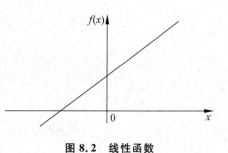

图 8.2　线性函数

符号函数如图 8.3 所示。

3. 对数函数

$$f(x) = \frac{1}{1 + e^{-x}}$$

对数函数又称 S 形函数，其图形如图 8.4 所示，是最为常用的激活函数，它将 $(-\infty, +\infty)$ 区间映射到 $(0,1)$ 的连续区间。

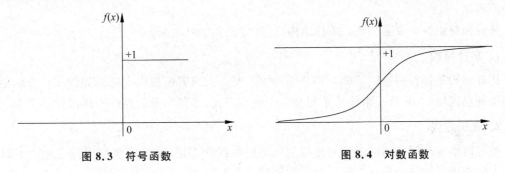

图 8.3　符号函数　　　　　　　　　图 8.4　对数函数

特别地，$f(x)$ 是关于 x 处处可导的，并有 $f(x)$ 的导数 $f'(x) = f(x)(1 - f(x))$。

4. 双曲正切函数

$$f(x) = \frac{1 - e^{-kx}}{1 + e^{-kx}}$$

5. 高斯函数

$$f(x) = e^{-\frac{1}{2}\left(\frac{x-c}{\sigma}\right)^2}$$

其中，c 确定函数的中心，σ 确定函数的宽度。

【例 8.1】　一个人工神经元如图 8.5 所示，采用 $f(x) = \dfrac{1}{1 + e^{-x}}$ 激活函数。当输入 $x_1 = 1$，$x_2 = 0$，$x_3 = 1$ 时，则

$$\text{net} = \sum_{i=1}^{3} w_i x_i = 0.3 \times 1 + 0.5 \times 0 + 0.2 \times 1$$
$$= 0.5$$

$$y = f(\text{net}) = \frac{1}{1 + e^{-0.5}} = 0.62$$

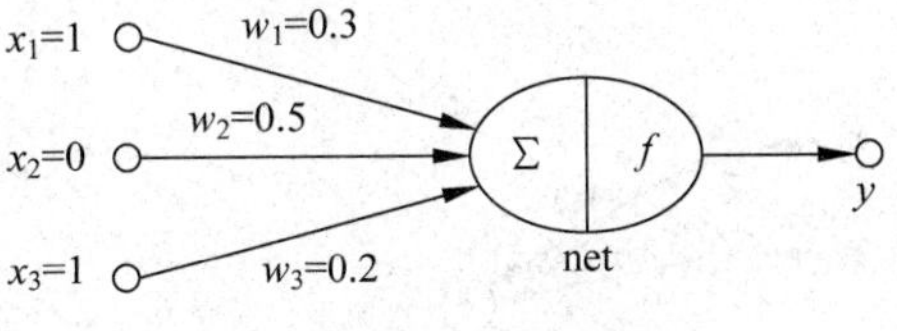

图 8.5　一个人工神经元

也就是说，当该人工神经元接受 $X = (1,0,1)$ 输入时，产生的输出是 0.62。

假如某分类模型就只有这样一个神经元，设阈值为 0.6，当 $y \geq 0.6$ 时，X 划分到 C_1 类别，否则，X 划分到 C_2 类别，则 $X = (1,0,1)$ 样本就划分到 C_1 类别了。

很多情况下，会给人工神经元的 net 加上一个偏置 θ（通常是一个 $-1 \sim 1$ 的值），当作阈值以改变单元的活性，即只有其输入综合超过该阈值时，神经元才会被激活而发放脉冲。如果有多个神经元，每个神经元的偏置 θ 可能都不相同。例如，当 θ 取值为 -0.2 时，有

$$\text{net} = \sum_{i=1}^{3} w_i x_i + \theta = 0.3 \times 1 + 0.5 \times 0 + 0.2 \times 1 - 0.2 = 0.3$$

$$y = f(\text{net}) = \frac{1}{1 + e^{-0.3}} = 0.57$$

这样就将 X 划分到 C_2 类别了。

8.1.2 人工神经网络

人工神经网络（Artificial Neural Network，ANN）是以模拟人脑神经元为基础而创建的，由一组相连接的神经元组成。神经网络的学习就是通过迭代算法对权值逐步修改的优化过程。学习的目标是通过修改权值使训练样本集中的所有样本都能被正确分类，从而建立分类和预测模型。

神经网络由 3 个要素组成：拓扑结构、连接方式和学习规则。

1. 拓扑结构

拓扑结构是神经网络的基础。拓扑结构可以是两层或者两层以上的。如图 8.6 所示是一个两层神经网络，它只有一组输入单元和一个输出单元，是最简单的神经网络结构。

2. 连接方式

神经网络的连接包括层之间的连接和每一层内部的连接，连接的强度用权表示。不同的连接方式构成了网络的不同连接模型。常见的有以下几种。

1）前馈神经网络

前馈神经网络也称前向神经网络，其中单元分层排列，分别组成输入层、隐藏层和输出层，每一层只接受来自前一层单元的输入，无反馈。如图 8.7 所示的是一个两层前馈神经网络，图中箭头表示连接方向。

2）反馈神经网络

在反馈神经网络中，除了单向连接外，最后一层单元的输出返回去作为第一层单元的输入。如图 8.8 所示的是一个两层反馈神经网络。

注意在神经网络结构中，输入层结点和其他层结点是有区别的，输入层结点简单地把接受的值传送给其他层的结点（图 8.6～8.8 中为输出层），而不作任何转换。其他层（包含输出层）中每个结点是一个人工神经元，计算输入的加权和。

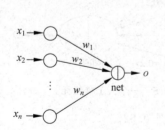
图 8.6 两层神经网络

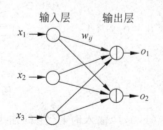
图 8.7 一个两层前馈神经网络

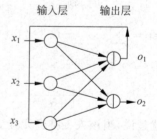
图 8.8 一个两层反馈神经网络

3）层内有互连的神经网络

在前面两种神经网络中，同一层的单元都是相互独立的，不发生横向联系。有些神经网络中同一层的单元之间存在连接。

3. 学习规则

神经网络的学习分为离线学习和在线学习两类。离线学习是指神经网络的学习过程和应用过程是独立的，而在线学习是指学习过程和应用过程是同时进行的。

8.1.3　神经网络应用

神经网络方法应用于实际问题的一般过程如下。

（1）神经网络在开始训练之前，必须设计好神经网络的拓扑结构，包括输入层的单元数、隐藏层数（如果多于一层）、每一隐藏层的单元数和输出层的单元数，单元之间的连接方式，以及每个单元激活函数的选取。同时需要对网络连接的权值和每个单元的偏置进行初始化。

实际上，神经网络拓扑结构的设计是一个试验过程，可能影响网络训练结果的准确性。权和偏置的初值也可能影响结果的准确性。如果网络经过训练之后其准确性仍无法接受的话，则通常需要采用不同的网络拓扑结构或使用不同的初始值，重新对其进行训练。如何设计合适的拓扑结构，是目前神经网络应用的难点之一。

（2）进行训练样本学习，计算各层连接权值和偏置值。

（3）是工作阶段，用确定好的神经网络解决实际分类问题。

8.2　用于分类的前馈神经网络

到目前为止，根据拓扑结构和连接方式分类，人们已经提出了近 40 种神经网络模型，其中包括前馈神经网络、反馈神经网络、竞争神经网络和自映射神经网络等。目前用于数据分类的主要是前馈神经网络。

8.2.1　前馈神经网络的学习过程

前馈神经网络广泛使用的学习算法是由 Rumelhart 等人提出的误差后向传播（Back Propagation，BP）算法。

BP 算法的学习过程分为两个基本子过程，即工作信号正向传递子过程和误差信号反向传递子过程，如图 8.9 所示。

其完整的学习过程中，对于一个训练样本，其迭代过程如下：

调用工作信号正向传递子过程，从输入层到输出层产生输出信号，这可能会产生误差，然后调用误差信号反向传递子过程从输出层到输入层传递误差信号，利用该误差信号求出权修改量 Δw_{ij}，通过它更新权 w_{ij}，这是一次迭代过程。当误差或 Δw_{ij} 仍不满足要求时，以更新后的权重复上述过程。

下面以如图 8.10 所示的全连接 3 层神经网络作为前馈神经网络来介绍 BP 算法的学习过程。所谓全连接，就是除了输出层外，每个单元和后续相邻层的所有单元都相连。

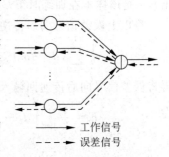

图 8.9　BP 算法的信号传递

1. 工作信号正向传递子过程

该前馈神经网络共分为 3 层,具有一个输入层和一个输出层,输入层和输出层之间只有一个隐藏层。每个层具有若干单元(神经元),每一层内的单元之间没有信息交流,前一层单元与后一层单元之间通过有向加权边相连。设输入层到隐藏层的权值为 v_{ij},隐藏层到输出层的权值为 w_{ij},输入层单元个数为 n,隐藏层单元个数为 m,输出层单元个数为 l,采用 S 型激活函数。

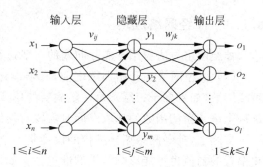

图 8.10　一个 3 层的全连接的神经网络

输入信号从输入层输入,然后被隐藏层的单元进行运算处理,最后传递到输出层产生输出信号。在这一过程中,神经网络内部的连接权值保持固定不变,每一层单元的状态只影响和它直接相连的后继层单元的状态。

输入层的输入向量为 $X=(x_1,x_2,\cdots,x_n)$,隐藏层输出向量为 $Y=(y_1,y_2,\cdots,y_m)$,并有

$$\mathrm{net}_j = \sum_{i=1}^{n} v_{ij}x_i + \theta_j, \quad y_j = f(\mathrm{net}_j) = \frac{1}{1+\mathrm{e}^{-\mathrm{net}_j}}$$

其中偏置 θ_j 是隐藏层中结点 j 用来改变单元的活性的阈值。同样地,输出层输出向量 $O=(o_1,o_2,\cdots,o_l)$,并有

$$\mathrm{net}_k = \sum_{j=1}^{m} w_{jk}y_j + \theta_k, \quad o_k = f(\mathrm{net}_k) = \frac{1}{1+\mathrm{e}^{-\mathrm{net}_k}}$$

这样,O 向量就是输入向量 X 对应的实际输出,o_k 是输入向量 X 对应的第 k 个输出单元的输出。

2. 误差信号反向传递子过程

在这一过程中,难免产生误差信号,误差信号从输出层开始反向传递回输入层。误差信号每向后传递一层,位于两层之间的连接权值和前一层单元的阈值都会被修正。

为了降低推导过程的复杂性,在下面讨论一次误差信号反向传递,计算权修改量 Δw_{jk}、Δv_{ij} 时不考虑偏置 θ_k 和 θ_j,这不影响权修改量的计算结果。

对于某个训练样本,实际输出与期望输出存在着误差,用误差平方和来表示误差信号,即 E 定义为

$$E = \frac{1}{2}(d-o)^2 = \frac{1}{2}\sum_{k=1}^{l}(d_k-o_k)^2$$

其中 d_k 是输出层第 k 个单元基于训练样本的期望输出(也就是该训练样本真实类别对应的输出),o_k 是该样本在训练时第 k 个单元的实际输出。

将以上误差信号向后传递回隐藏层,即将以上定义式 E 展开到隐藏层:

$$E = \frac{1}{2}\sum_{k=1}^{l}(d_k-o_k)^2 = \frac{1}{2}\sum_{k=1}^{l}[d_k-f(\mathrm{net}_k)]^2 = \frac{1}{2}\sum_{k=1}^{l}\left[d_k-f\left(\sum_{j=1}^{m}w_{jk}y_j\right)\right]^2$$

再将误差信号向后传递回输入层,即将以上定义式 E 进一步展开至输入层:

$$E = \frac{1}{2}\sum_{k=1}^{l}\left[d_k-f\left(\sum_{j=1}^{m}w_{jk}y_j\right)\right]^2 = \frac{1}{2}\sum_{k=1}^{l}\left[d_k-f\left(\sum_{j=1}^{m}w_{jk}f\,\mathrm{net}_j\right)\right]^2$$

$$= \frac{1}{2}\sum_{k=1}^{l}\left\{d_k-f\left[\sum_{j=1}^{m}w_{jk}f\left(\sum_{i=1}^{n}v_{ij}x_i\right)\right]\right\}^2$$

　　从中看到，误差平方和 E 取决于权值 v_{ij} 和 w_{jk}，它是权值的二次函数。为了使误差信号 E 最快地减少，采用梯度下降法，E 是一个关于权值的函数，$E(w_{jk})$ 在某点 w_{jk} 的梯度 $\Delta E(w_{jk})$ 是一个向量，其方向是 $E(w_{jk})$ 增长最快的方向。显然，负梯度方向是 $E(w_{jk})$ 减少最快的方向。在梯度下降法中，求某函数极大值时，沿着梯度方向走，可以最快达到极大点；反之，沿着负梯度方向走，则最快地达到极小点。

　　为使函数 $E(w_{jk})$ 最小化，可以选择任意初始点 w_{jk}，从 w_{jk} 出发沿着负梯度方向走，可使得 $E(w_{jk})$ 下降最快，如图 8.11 所示，所以取

$$\Delta w_{jk} = -\eta \frac{\partial E}{\partial w_{jk}}, \quad j = 1 \sim m, k = 1 \sim l$$

其中 η 是一个学习率，取值为 $0 \sim 1$，用于避免陷入求解空间的局部最小（即权值看上去收敛，但不是最优解），并有助于使 $E(w_{jk})$ 全局最小。如果学习率太小，学习将进行得很慢；

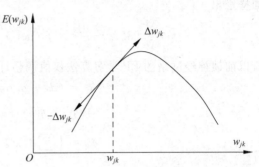

图 8.11　$E(w_{jk})$ 函数的负梯度方向

如果学习率太大，可能出现在不适当的解之间摆动。同样

$$\Delta v_{ij} = -\eta \frac{\partial E}{\partial v_{ij}}, \quad i = 1 \sim n, j = 1 \sim m$$

对于输出层的 Δw_{jk}：

$$\Delta w_{jk} = -\eta \frac{\partial E}{\partial w_{jk}} = -\eta \frac{\partial E}{\partial \mathrm{net}_k} \times \frac{\partial \mathrm{net}_k}{\partial w_{jk}} = -\eta \frac{\partial E}{\partial \mathrm{net}_k} \times y_j$$

对于隐藏层的 Δv_{ij}：

$$\Delta v_{ij} = -\eta \frac{\partial E}{\partial v_{ij}} = -\eta \frac{\partial E}{\partial \mathrm{net}_{jk}} \times \frac{\partial \mathrm{net}_j}{\partial v_{ij}} = -\eta \frac{\partial E}{\partial \mathrm{net}_{jk}} \times x_i$$

对输出层和隐藏层各定义一个权值误差信号，令

$$\delta_k^o = -\frac{\partial E}{\partial \mathrm{net}_k}, \quad \delta_j^y = -\frac{\partial E}{\partial \mathrm{net}_j}$$

则

$$\Delta w_{jk} = \eta \delta_k^o y_j, \quad \Delta v_{ij} = \eta \delta_j^y x_i$$

只要计算出 δ_k^o 和 δ_j^y，则可计算出权值调整量 Δw_{jk} 和 Δv_{ij}。

对于输出层，δ_k^o 可展开为

$$\delta_k^o = -\frac{\partial E}{\partial \mathrm{net}_k} = -\frac{\partial E}{\partial O_k} \times \frac{\partial O_k}{\partial \mathrm{net}_k} = -\frac{\partial E}{\partial O_k} \times f'(\mathrm{net}_k)$$

对于隐藏层，δ_j^y 可展开为

$$\delta_j^y = -\frac{\partial E}{\partial \mathrm{net}_j} = -\frac{\partial E}{\partial y_j} \times \frac{\partial y_j}{\partial \mathrm{net}_j} = -\frac{\partial E}{\partial y_j} \times f'(\mathrm{net}_j)$$

由 $E = \dfrac{1}{2} \sum\limits_{k=1}^{l} (d_k - o_k)^2 = \dfrac{1}{2} \sum\limits_{k=1}^{l} [d_k - f(\mathrm{net}_k)]^2 = \dfrac{1}{2} \sum\limits_{k=1}^{l} \left[d_k - f\left(\sum\limits_{j=1}^{m} w_{jk} y_j \right) \right]^2$，可得

$$\frac{\partial E}{\partial O_k} = -(d_k - o_k)$$

$$\frac{\partial E}{\partial y_j} = -\sum_{k=1}^{l} (d_k - o_k) f'(\mathrm{net}_k) w_{jk}$$

由 $o_k = f(\text{net}_k) = \dfrac{1}{1+\mathrm{e}^{-\text{net}_k}}$ 和 $f(x)$ 的导数 $f'(x) = f(x)(1-f(x))$，可求出 $f'(\text{net}_k) = o_k(1-o_k)$，代入可得

$$\delta_k^o = -\frac{\partial E}{\partial O_k} \times f'(\text{net}_k) = (d_k - o_k)o_k(1-o_k)$$

同样推出

$$\delta_j^y = -\frac{\partial E}{\partial y_j} \times f'(\text{net}_j) = \left(\sum_{k=1}^{l} \delta_k^o w_{jk}\right)y_j(1-y_j)$$

所以前馈神经网络的 BP 学习算法权值调整计算公式如下：

$$\delta_k^o = (d_k - o_k)o_k(1-o_k)$$
$$\Delta w_{jk} = \eta \delta_k^o y_j, \quad w_{jk} = w_{jk} + \Delta w_{jk}$$
$$\delta_j^y = \left(\sum_{k=1}^{l} \delta_k^o w_{jk}\right)y_j(1-y_j)$$
$$\Delta v_{ij} = \eta \delta_j^y x_i, \quad v_{ij} = v_{ij} + \Delta v_{jk}$$

再考虑各层的偏置设置，隐藏层的净输出为

$$\text{net}_j = \sum_{i=1}^{n} v_{ij} x_i + \theta_j$$

隐藏层偏置的更新为（$\Delta \theta_j$ 是偏置 θ_j 的改变）

$$\Delta \theta_j = \eta \delta_k^o, \quad \theta_j = \theta_j + \Delta \theta_j$$

相应地，输出层的净输出为

$$\text{net}_j = \sum_{i=1}^{m} w_{ij} y_i + \theta_j$$

输出层偏置的更新为（$\Delta \theta_j$ 是偏置 θ_j 的改变）

$$\Delta \theta_j = \eta \delta_j^y, \theta_j = \theta_j + \Delta \theta_j$$

上述过程是一个样本训练的一次迭代，通过多个样本的多次迭代，直到找到合适的权值和偏置为止。

8.2.2 前馈神经网络用于分类的算法

采用基于 BP 学习过程的前馈神经网络用于分类的流程如图 8.12 所示。其中权值、偏置的更新有两种基本策略：

（1）每处理一个样本就更新一次权和偏置，称为实例更新。

（2）将权和偏置的增量累积到变量中，当处理完训练样本集中所有样本之后再一次性更新权和偏置，这种策略称为周期更新。

处理所有训练样本一次称为一个周期。一般地，在训练前馈神经网络时，误差向后传递算法经过若干周期以后，可以使误差小于设定阈值 ω，此时认为网络收敛，结束迭代过程。此外，还可以定义如下结束条件：

（1）前一周期所有的 Δw_{ij} 都很小，小于某个指定的阈值。

（2）前一周期未正确分类的样本百分比小于某个阈值。

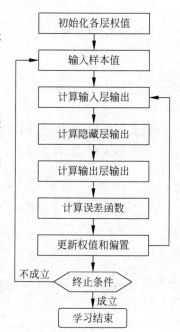

图 8.12　前馈神经网络用于
分类的流程图

（3）超过预先指定的周期数。

对应的算法如下。

输入：训练数据集 S，前馈神经网络 ANN，学习率 η。

输出：经过训练的前馈神经网络 ANN。

方法：其过程描述如下。

在区间$[-1,1]$上随机初始化 ANN 中每条有向加权边的权值、每个隐藏层与输出层单元的偏置；
while(结束条件不满足)
{　for (S 中每个训练样本 s)
　　　for (隐藏层与输出层中每个单元 j)　　　　　//从第一个隐藏层开始向前传播输入
　　　{　if (j 为隐藏层单元)

$$\text{net}_j = \sum_{i=1}^{n} v_{ij} x_i + \theta_j; \quad y_j = \frac{1}{1+e^{-\text{net}_j}}; \}$$

　　　　if (j 为输出层单元)

$$\{\quad \text{net}_j = \sum_{i=1}^{m} w_{ij} y_i + \theta_j; \quad o_j = \frac{1}{1+e^{-\text{net}_j}}; \}$$

　　　}
　　　for (输出层中每个单元 k)
　　　　　$\delta_k^o = (d_k - o_k) o_k (1 - o_k)$
　　　for (隐藏层中每个单元 j)　　　　　　　//从最后一个隐藏层开始向后传播误差

$$\delta_j^y = \left(\sum_{k=1}^{l} \delta_k^o w_{jk} \right) y_j (1 - y_j)$$

　　　for (ANN 中每条有向加权边的权值)
　　　{　if (k 是隐藏层单元)
　　　　　{ $\Delta w_{jk} = \eta \delta_k^o y_j; \; w_{jk} = w_{jk} + \Delta w_{jk}; \}$
　　　　if (i 是输入层单元)
　　　　　{ $\Delta v_{ij} = \eta \delta_j^y x_i; \; v_{ij} = v_{ij} + \Delta v_{jk}; \}$
　　　}
　　　for (隐藏层与输出层中每个单元的偏置)
　　　{if (j 是隐藏层单元)
　　　　　{ $\Delta \theta_j = \eta \delta_k^o, \theta_j = \theta_j + \Delta \theta_j; \}$
　　　　if (j 是输出层单元)
　　　　　{ $\Delta \theta_j = \eta \delta_j^y, \theta_j = \theta_j + \Delta \theta_j; \}$
　　　}
　}
}

【例 8.2】　有如图 8.13 所示的一个简单的前馈神经网络，输入层有 3 个单元，编号为 $0 \sim 2$，隐藏层只有一层，共 2 个单元，编号为 0、1，输出层仅有一个单元，编号为 0。其中 ee_j 表示隐藏层的误差信号 δ_j^y，eo_k 表示输出层的误差信号 δ_k^o，θe 表示隐藏层的偏置，θo 表示输出层的偏置。假设学习率 $\eta = 0.9$。并规定迭代结束条件是：当某次迭代结束时，所有权改变量都小于某个指定阈值 0.01，则训练终止。

现有一个训练样本 s，它的输入向量为 $(1,0,1)$，类别为 1。采用上述算法的学习过程如下。

（1）随机产生权值和偏置值，假设结果如表 8.1 所示。

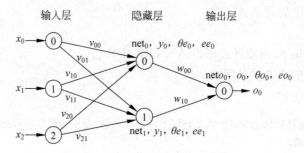

图 8.13　一个简单的前馈神经网络

表 8.1　随机产生权值和偏置

v_{00}	v_{01}	v_{10}	v_{11}	v_{20}	v_{21}	w_{00}	w_{10}	θe_0	θe_1	θo_0
0.2	-0.3	0.4	0.1	-0.5	0.2	-0.3	-0.2	-0.4	0.2	0.1

（2）第 1 次迭代。

① 求隐藏层输出

$\mathrm{net}_0 = \Sigma v_{i0} \times x_i = (0.2 \times 1) + (0.4 \times 0) + (-0.5 \times 1) + (-0.4) = -0.7$，　$y_0 = \dfrac{1}{1 + \mathrm{e}^{-\mathrm{net}_0}} = 0.331812$

$\mathrm{net}_1 = \Sigma v_{i1} \times x_i = (-0.3 \times 1) + (0.1 \times 0) + (0.2 \times 1) + 0.2 = 0.1$，　$y_1 = 0.524979$

② 求输出层输出

$\mathrm{net}o_0 = \Sigma w_{i0} \times y_i = (-0.3 \times 0.331812) + (-0.2 \times 0.524979) + 0.1 = -0.10454$，

$o_0 = 0.473889$

③ 求输出层误差信号

$eo_0 = (1 - 0.473889) \times 0.473889 \times (1 - 0.473889) = 0.131169$

④ 求隐藏层误差信号

$ee_0 = 0.131169 \times (-0.3) \times 0.331812 \times (1 - 0.331812) = -0.00872456$

$ee_1 = 0.131169 \times (-0.2) \times 0.524979 \times (1 - 0.524979) = -0.00654209$

⑤ 求隐藏层权改变量和新权

$\Delta w_{00} = 0.9 \times 0.131169 \times 0.331812 = 0.0391712$，　$w_{00} = -0.3 + 0.0391712 = -0.260829$

$\Delta w_{10} = 0.9 \times 0.131169 \times 0.524979 = 0.0619749$，　$w_{10} = -0.2 + 0.0619749 = -0.138025$

⑥ 求输入层权改变量和新权

$\Delta v_{00} = 0.9 \times (-0.00872456) \times 1 = -0.00785211$，　$v_{00} = 0.2 + (-0.00785211) = 0.192148$

$\Delta v_{01} = 0.9 \times (-0.00654209) \times 1 = -0.00588788$，　$v_{01} = -0.3 + (-0.00588788) = -0.305888$

$\Delta v_{10} = 0.9 \times (-0.00872456) \times 0 = 0$，　$v_{10} = 0.4 + 0 = 0.4$

$\Delta v_{11} = 0.9 \times (-0.00654209) \times 0 = 0$，　$v_{11} = 0.1 + 0 = 0.1$

$\Delta v_{20} = 0.9 \times (-0.00872456) \times 1 = -0.00785211$，　$v_{20} = -0.5 + (-0.00785211) = -0.507852$

$\Delta v_{21} = 0.9 \times (-0.00654209) \times 1 = -0.00588788$，　$v_{21} = 0.2 + (-0.00588788) = 0.194112$

⑦ 求隐藏层每个单元的偏置改变量和新偏置

$\Delta \theta e_0 = 0.9 \times (-0.00872456) = -0.00785211$，　$\theta e_0 = -0.4 + (-0.00785211) = -0.407852$

$\Delta \theta e_1 = 0.9 \times (-0.00654209) = -0.00588788$，　$\theta e_1 = 0.2 + (-0.00588788) = 0.194112$

$\Delta \theta o_0 = 0.9 \times 0.131169 = 0.118052$，　$\theta o_0 = 0.1 + 0.118052 = 0.218052$

(3) 第 2 次迭代。

① 求隐藏层输出

$net_0 = (0.192148 \times 1) + (0.4 \times 0) + (-0.507852 \times 1) + (-0.407852) = -0.723556$，　$y_0 = 0.32661$

$net_1 = (-0.305888 \times 1) + (0.1 \times 0) + (0.194112 \times 1) + 0.194112 = 0.082336$，　$y_1 = 0.520572$

② 求输出层输出

$neto_0 = (-0.260829 \times 0.32661) + (-0.138025 \times 0.520572) + (0.218052) = 0.0610107$，　$o_0 = 0.515248$

③ 求输出层误差信号

$eo_0 = (1 - 0.515248) \times 0.515248 \times (1 - 0.515248) = 0.121075$

④ 求隐藏层误差信号

$ee_0 = 0.121075 \times (-0.260829) \times 0.32661 \times (1 - 0.32661) = -0.00694556$

$ee_1 = 0.121075 \times (-0.138025) \times 0.520572 \times (1 - 0.520572) = -0.00417078$

⑤ 求隐藏层权改变量和新权

$\Delta w_{00} = 0.9 \times 0.121075 \times 0.32661 = 0.03559$，　$w_{00} = -0.260829 + 0.03559 = -0.225239$

$\Delta w_{10} = 0.9 \times 0.121075 \times 0.520572 = 0.0567256$，　$w_{10} = -0.138025 + 0.0567256 = -0.0812994$

⑥ 求输入层权改变量和新权

$\Delta v_{00} = 0.9 \times (-0.00694556) \times 1 = -0.00625101$，　$v_{00} = 0.192148 + (-0.00625101) = 0.185897$

$\Delta v_{01} = 0.9 \times (-0.00417078) \times 1 = -0.00375371$，　$v_{01} = -0.305888 + (-0.00375371) = -0.309642$

$\Delta v_{10} = 0.9 \times (-0.00694556) \times 0 = 0$，　$v_{10} = 0.4 + (0) = 0.4$

$\Delta v_{11} = 0.9 \times (-0.00417078) \times 0 = 0$，　$v_{11} = 0.1 + (0) = 0.1$

$\Delta v_{20} = 0.9 \times (-0.00694556) \times 1 = -0.00625101$，　$v_{20} = -0.507852 + (-0.00625101) = -0.514103$

$\Delta v_{21} = 0.9 \times (-0.00417078) \times 1 = -0.00375371$，　$v_{21} = 0.194112 + (-0.00375371) = 0.190358$

⑦ 求隐藏层每个单元的偏置改变量和新偏置

$\Delta \theta e_0 = 0.9 \times (-0.00694556) = -0.00625101$，　$\theta e_0 = -0.407852 + (-0.00625101) = -0.414103$

$\Delta \theta e_1 = 0.9 \times (-0.00417078) = -0.00375371$，　$\theta e_1 = 0.194112 + (-0.00375371) = 0.190358$

$\Delta \theta o_0 = 0.9 \times 0.121075 = 0.108968$，　$\theta o_0 = 0.218052 + 0.108968 = 0.32702$

(4) 第 28 次迭代。

① 求隐藏层输出

$net_0 = (0.170964 \times 1) + (0.4 \times 0) + (-0.529036 \times 1) + (-0.429036) = -0.787108$，　$y_0 = 0.31279$

$net_1 = (-0.260002 \times 1) + (0.1 \times 0) + (0.239998 \times 1) + (0.239998) = 0.219993$，　$y_1 = 0.554778$

② 求输出层输出

$neto_0 = (0.113356 \times 0.31279) + (0.486526 \times 0.554778) + 1.40659 = 1.71196$，　$o_0 = 0.847091$

③ 求输出层误差信号

$eo_0 = (1 - 0.847091) \times 0.847091 \times (1 - 0.847091) = 0.019806$

④ 求隐藏层误差信号

$ee_0 = (0.019806 \times 0.113356) \times 0.31279 \times (1 - 0.31279) = 0.000482598$

$ee_1 = (0.019806 \times 0.486526) \times 0.554778 \times (1 - 0.554778) = 0.00238012$

⑤ 求隐藏层权改变量和新权

$\Delta w_{00} = 0.9 \times 0.019806 \times 0.31279 = 0.00557562$，　$w_{00} = 0.113356 + 0.00557562 = 0.12$

$\Delta w_{10} = 0.9 \times 0.019806 \times 0.554778 = 0.00988915$，　$w_{10} = 0.486526 + 0.00988915 = 0.50$

⑥ 求输入层权改变量和新权

$\Delta v_{00} = 0.9 \times 0.000482598 \times 1 = 0.000434338$，　$v_{00} = 0.170964 + 0.000434338 = 0.17$

$\Delta v_{01} = 0.9 \times 0.00238012 \times 1 = 0.00214211$，　$v_{01} = -0.260002 + 0.00214211 = -0.26$

$\Delta v_{10} = 0.9 \times 0.000482598 \times 0 = 0, \quad v_{10} = 0.4 + 0 = 0.4$

$\Delta v_{11} = 0.9 \times 0.00238012 \times 0 = 0, \quad v_{11} = 0.1 + 0 = 0.1$

$\Delta v_{20} = 0.9 \times 0.000482598 \times 1 = 0.000434338, \quad v_{20} = -0.529036 + 0.000434338 = -0.53$

$\Delta v_{21} = 0.9 \times 0.00238012 \times 1 = 0.00214211, \quad v_{21} = 0.239998 + 0.00214211 = 0.24$

⑦ 求隐藏层每个单元的偏置改变量和新偏置

$\Delta \theta e_0 = 0.9 \times 0.000482598 = 0.000434338, \quad \theta e_0 = -0.429036 + 0.000434338 = -0.43$

$\Delta \theta e_1 = 0.9 \times 0.00238012 = 0.00214211, \quad \theta e_1 = 0.239998 + 0.00214211 = 0.24$

总的迭代次数为 28 次,最后一次得到的权 v_{ij} 和 w_{ij} 即为该训练样本学习后得到的神经网络权值,如图 8.14 所示。显然,一个样本的训练是远远不够的,只有几个大量的训练才可能得到一个合适的神经网络模型。

基于 BP 的前馈神经网络分类算法简单易学,在数据没有任何明显模式的情况下,这种方法很有效,但存在以下问题。

(1) 从数学上看,它是一个非线性优化问题,这就不可避免地可能存在局部极小问题。

(2) 学习算法的收敛速度很慢,通常需要几千步迭代或更多(前面例子中一次样本训练就需要 28 次迭代)。

(3) 网络的运行是单向传递,没有反馈。

(4) 网络的输入层和输出层单元个数的确

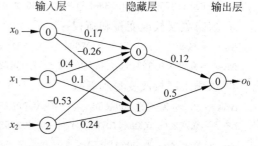

图 8.14   训练 $s = (1, 0, 1, 1)$ 样本后得到的前馈神经网络

定相对简单,而隐藏层的层数和结点个数的选取尚无理论上的指导,而是根据经验或实验选取。

(5) 新加入的样本要影响已经学习过的样本,难以在线学习,同时描述每个样本的特征个数也要求必须相同。

8.3   SQL Server 神经网络分类

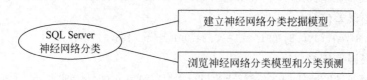

对于第 6 章表 6.4 所示的训练数据集 S,介绍采用 SQL Server 提供的神经网络分类算法进行分类和预测。

8.3.1   建立神经网络分类挖掘模型

神经网络分类挖掘模型 BP.dmm 利用 6.3.1 节创建的 DMK 数据库的 DST 表,以及 6.3.2 节创建的 DMK1.dsv 和 DMK1-1.dsv 数据源视图。

建立挖掘结构 BP.dmm 的步骤如下。

（1）启动 SQL Server Data Tools，从"文件"→"最近使用的项目和解决方案"列表中选择
DM 项目。在解决方案资源管理器中，右击"挖掘结构"，再选择"新建挖掘结构"启动数据挖掘
向导。在"欢迎使用数据挖掘向导"对话框中单击"下一步"按钮。在"选择定义方法"对话框
中，确保已选中"从现有关系数据库或数据仓库"，再单击"下一步"按钮。

（2）出现"创建数据挖掘结构"对话框，在"您要使用何种数据挖掘技术？"下拉列表中选择
"Microsoft 神经网络"，如图 8.15 所示，单击"下一步"按钮。

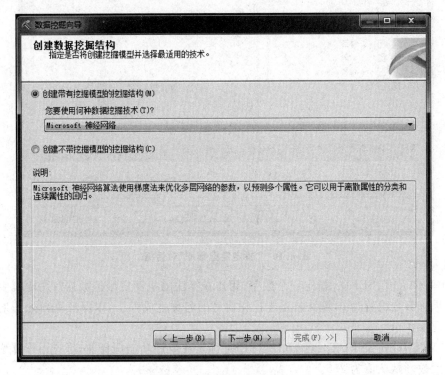

图 8.15　指定神经网络算法

说明：在 SQL Server Analysis Services 中，Microsoft 神经网络算法组合输入属性的每个
可能状态和可预测属性的每个可能状态，并使用定型数据计算概率，以预测结果。它创建由多
至 3 层神经元组成的网络。同时，一个神经网络模型必须包含一个键列、一个或多个输入列以
及一个或多个可预测列。输入列和可预测列都可以是离散或者连续型数据。

（3）在出现的"选择数据源视图"中选择 DMK1 数据源视图，单击"下一步"按钮。

（4）出现"指定表类型"对话框，在 DST 表的对应行中选中"事例"复选框，保持默认设置。
单击"下一步"按钮。

（5）出现"指定定型数据"对话框，设置定型数据如图 8.16 所示。单击"下一步"按钮。

（6）出现"指定列的内容和数据类型"对话框，保持默认值，单击"下一步"按钮。出现"创
建测试集"对话框，将"测试数据百分比"选项的默认值 30% 更改为 0。单击"下一步"按钮。

（7）出现"完成向导"对话框，将"挖掘结构名称"和"挖掘模型名称"改为 BP。然后单击
"完成"按钮。

（8）在"挖掘模型"选项卡中右击 BP，选择"设置算法参数"命令，出现神经网络挖掘模型
的"算法参数"对话框，其中各个参数说明如下。

① HIDDEN_NODE_RATIO：指定隐藏神经元相对于输入和输出神经元的比率。

图 8.16　"指定定型数据"对话框

② HOLDOUT_SEED：指定一个数字，用作在算法随机确定维持数据时伪随机生成器的种子。如果该参数设置为 0，算法将基于挖掘模型的名称生成种子，以保证重新处理期间模型内容的一致性。

③ MAXIMUM_INPUT_ATTRIBUTES：确定在应用功能选择前，可应用于算法的输入属性的最大数。默认值为 255。

④ MAXIMUM_OUTPUT_ATTRIBUTES：确定在应用功能选择前，可应用于算法的输出属性的最大数。默认值为 255。

⑤ MAXIMUM_STATES：指定算法支持的每个属性的离散状态的最大数。如果特定属性的状态数大于为该参数指定的数，则算法将使用该属性最普遍的状态并将剩余状态作为缺失的状态处理。默认值为 100。

⑥ SAMPLE_SIZE：指定用来给模型定型的事件数。该算法使用此数或 HOLDOUT_PERCENTAGE 参数指定的包含在维持数据中的事例总数的百分比，取两者中较小的一个。默认值为 10 000。

这里使用所有参数的默认值。

8.3.2　浏览神经网络分类模型和分类预测

1. 部署神经网络分类模型并浏览结果

在解决方案资源管理器中单击 DM，在出现的下拉菜单中选择"部署"命令，系统开始执行部署，完成后出现部署成功的提示信息。

单击"挖掘结构"下的 BP.dmm，在出现的下拉菜单中选择"浏览"命令，或者单击"挖掘模型查看器"选项卡，神经网络的分类结果如图 8.17 所示。

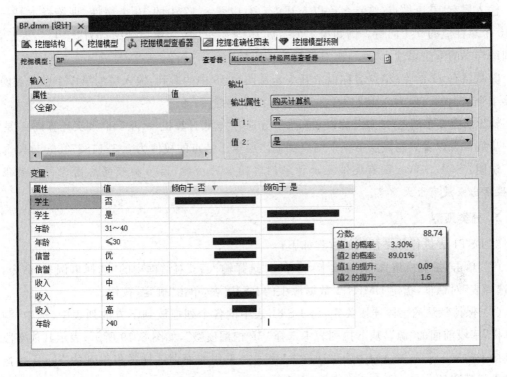

图 8.17 神经网络分类结果

从"查看器"下拉列表中选择"Microsoft 一般内容树查看器",看到的结果如图 8.18 所示。所构建的神经网络模型 BP 共有 3 层。

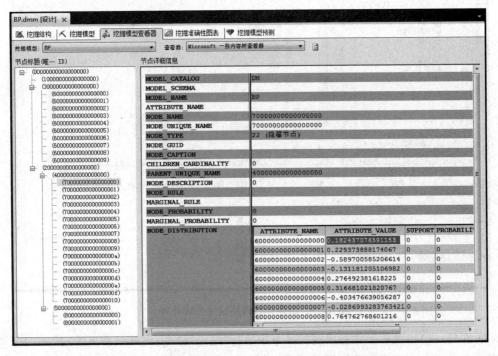

图 8.18 选择"Microsoft 一般内容树查看器"的结果

输入层有 10 个结点(结点名称以 6 开头),对应图 8.17 中的 10 个属性,训练样本是一个含 10 个属性值的 0/1 向量。例如第 1 个结点为"学生='否'",第 2 个结点为"学生='是'",如果训练样本的学生属性为"是",则对应的输入向量为(0,1,…)。

隐藏层有 17 结点(结点名称以 7 开头),从图 8.18 中的看到,输入层的第 1 个结点到隐藏层第 1 个结点的权值为 0.182437076591153,以此类推。

输出层有 2 个结点(结点名称以 8 开头),分别为"购买计算机='否'"和"购买计算机='是'",进一步展开可以看到隐藏层第 1 个结点到输出层第 1 结点的权值为 0.521182736662347。

说明:SQL Server 没有提供显示神经网络图像的功能,因为神经网络图像一般都很复杂,显示出来没有太大意义。

2. 分类预测

对 DST1 表进行分类预测的过程如下。

(1) 单击"挖掘模型预测"选项卡,再单击"选择输入表"对话框中的"选择事例表"命令,出现"选择表"对话框,指定 DMK1-1 数据源中的 DST1 表,单击"确定"按钮。

(2) 保持默认的字段连接关系,将 DST1 表中的各个列拖放到下方的列表中,选中"购买计算机"字段前面的"源",从下拉列表中选择"BP 挖掘模型",如图 8.19 所示,表示其他字段数据直接来源于 DST1 表,只有"购买计算机"字段是采用前面训练样本集得到的 Bayes 挖掘模型来进行预测的。

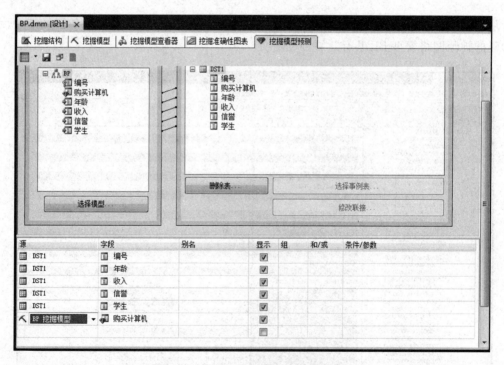

图 8.19　创建神经网络挖掘预测结构

(3) 在任一空白处右击并在出现的菜单中选择"结果"命令,出现如图 8.20 所示的分类预测结果。从中可以看到和决策树及朴素贝叶斯挖掘模型的预测结果完全相同。

图 8.20　神经网络挖掘模型的预测结果

8.4　电子商务数据的神经网络分类

知识梳理

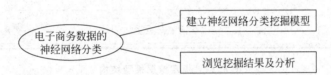

本节对于 6.4 节创建的 OnRetDMK.DST 数据表,采用 SQL Server 实现神经网络分类。

8.4.1　建立神经网络分类挖掘模型

神经网络分类挖掘模型 BP.dmm 利用 6.4.1 节创建的 OnRetDMK.DST 数据表,以及 6.3.3 节创建的 On Ret DMK 1.dsv 数据源视图。

启动 SQL Server Data Tools,从"文件"→"最近使用的项目和解决方案"列表中选择 OnRetDM 项目。

在 OnRetDM 项目中添加一个神经网络挖掘结构 BP.dmm,其过程与 8.3 节创建神经网络挖掘模型的过程类似,只有以下几点有所不同。

(1) 在"选择数据源视图"对话框中指定 On Ret DMK 1.dsv 数据源视图。

(2) 在"指定定型数据"对话框中,指定挖掘模型结构,如图 8.21 所示。

(3) 在"完成向导"对话框中,指定挖掘结构和模型的名称,如图 8.22 所示。

8.4.2　浏览挖掘结果及分析

在项目重新部署后,单击"挖掘结构"下的 BP.dmm,在出现的下拉菜单中选择"浏览"命令,或者单击"挖掘模型查看器"选项卡,系统创建的神经网络分类如图 8.23 所示,其中第 1 行表示"上海市"顾客销售数量是"低"的概率为 58.18%、销售数量是"高"的概率为 1.4%。

从"查看器"下拉列表中选择"Microsoft 一般内容树查看器",得到神经网络模型 BP 共有 3 层。输入层有以下 23 个结点。

图 8.21　指定挖掘模型结构

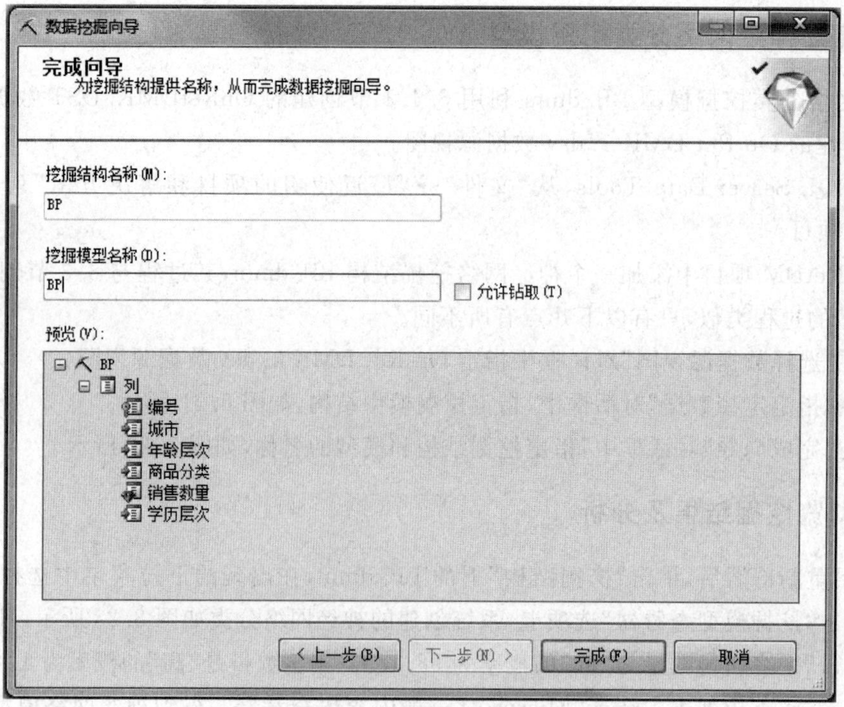

图 8.22　指定挖掘结构和模型的名称

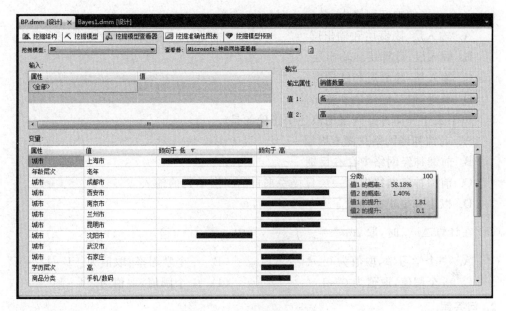

图 8.23 神经网络分类结果

输入结点 0：城市 = 北京市
输入结点 1：城市 = 长沙市
⋮
⋮
输入结点 14：城市 = 西安市
输入结点 15：年龄层次 = 老年
输入结点 16：年龄层次 = 青年
输入结点 17：年龄层次 = 中年
输入结点 18：商品分类 = 电脑办公
输入结点 19：商品分类 = 手机/数码
输入结点 20：学历层次 = 低
输入结点 21：学历层次 = 高
输入结点 22：学历层次 = 中

隐藏层有 33 结点。输出层有 3 个结点，对应的"销售数量"为"高"、"中"和"低"。

练　习　题

1. 单项选择题

(1) 神经网络算法是一种(　　)数据挖掘算法。

　　A. 关联分析　　　　　　B. 预测　　　　　　C. 分类　　　　　　D. 聚类

(2) 一个神经元接收输入信号为 $x_i(1{\leqslant}i{\leqslant}n)$，权值为 $w_i(1{\leqslant}i{\leqslant}n)$，输出为 $y=f(\mathrm{net})$，其中 f 称为激活函数或激励函数，通常 net 的取值是(　　)。

$$\text{A. net} = \sum_{i=1}^{n} x_i \qquad\qquad\qquad \text{B. net} = \sum_{i=1}^{n} w_i x_i$$

$$\text{C. net} = \sum_{i=1}^{n} w_i \qquad\qquad\qquad \text{D. net} = \sum_{i=1}^{n} w_i / x_i$$

（3）一个 3 层的神经网络中，各层分别是（　　　）。

　　A. 输入层、隐藏层和输出层

　　B. 输入层、计算层和输出层

　　C. 输入层、隐藏层和统计层

　　D. 预处理层、隐藏层和输出层

（4）以下关于前馈神经网络的叙述中正确的是（　　　）。

　　A. 前馈神经网络只能有 3 层

　　B. 前馈神经网络中存在反馈

　　C. 前馈神经网络中每一层只接受来自前一层单元的输入

　　D. 以上都是正确的

（5）在计算 Δw_{jk} 时，取 $\Delta w_{jk} = -\eta \dfrac{\partial E}{\partial w_{jk}}$，其中，$\eta$ 是（　　　）。

　　A. 一个学习率，取值为 0～1　　　　　　B. 一个学习率，取值为 -1～1

　　C. 一个阈值，取值为 0～1　　　　　　　D. 一个阈值，取值为 -1～1

2. 问答题

（1）简述神经元的特点。

（2）给出用一个神经元将平面上两个点分开的设计思想。

（3）简述训练前馈神经网络时常用的基本迭代结束条件。

（4）以 3 层前馈神经网络为例，简述 BP 算法的学习过程。

（5）由单神经元构成的神经网络如图 8.24 所示。

已知：$x_0 = 1, w_0 = -1, w_1 = w_2 = w_3 = w_4 = 0.5$。假设神经元的激励函数为符号函数，即

$$\begin{cases} y = 1 & (\text{当 } s \geqslant 0) \\ y = -1 & (\text{当 } s < 0) \end{cases}$$

若该网络输入端有 10 种不同的输入模式，即 $x_1 x_2 x_3 x_4 = 0000 \sim 1001$。试分析该神经网络对以上输入的分类结果。

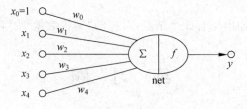

图 8.24　一个神经网络

上机实验题

上机实现 8.4 节 OnRetDM 项目中的挖掘结构 BP.dmm。另外新建一个神经网络挖掘结构 BP1.dmm，采用 On Ret DMK 1.dsv 数据源视图，其挖掘模型结构如图 8.25 所示，分析顾客年龄层次和学历层次与购买商品分类的关系。

图 8.25　指定挖掘模型结构

第9章 回归分析算法

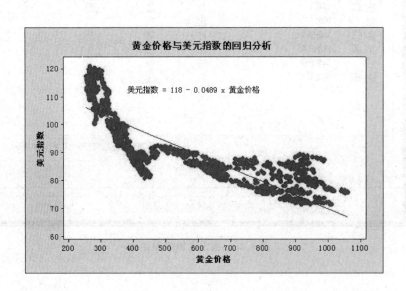

本章指南

9.1 回归分析概述

知识梳理

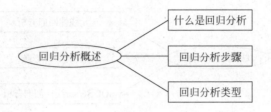

1. 什么是回归分析

回归分析(Regression Analysis)是利用数据统计原理,对大量统计数据进行数学处理,并确定因变量(如 Y)与某些自变量(如 X)的相关关系,建立一个相关性较好的回归方程(函数表达式),如图 9.1 所示,并加以外推,用于预测今后的因变量的变化的分析方法。在回归分析中,通常自变量是确定型变量,因变量是随机变量。

回归分析主要解决的问题如下:

(1) 确定变量之间是否存在相关关系,若存在,则找出数学表达式。

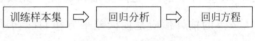

图 9.1 回归分析

(2) 根据一个或几个变量的值,预测或控制另一个或几个变量的值,且要估计这种控制或预测可以达到何种精确度。

2. 回归分析步骤

回归分析的基本步骤如下:

(1) 根据自变量与因变量的现有数据以及关系,初步设定回归方程。

(2) 求出合理的回归系数。

(3) 进行相关性检验,确定相关系数。

(4) 在符合相关性要求后,即可根据已得的回归方程与具体条件相结合,来确定事物的未来状况,并计算预测值的置信区间。

为使回归方程较能符合实际,首先应尽可能定性判断自变量的可能种类和个数,并在观察事物发展规律的基础上定性判断回归方程的可能类型;其次,力求掌握较充分的高质量统计数据,再运用统计方法,利用数学工具和相关软件从定量方面计算或改进定性判断。

3. 回归分析类型

根据因变量与自变量的相关关系,将回归分析类型分为线性回归、非线性回归和逻辑回归等。

与一般的分类方法不同,一般的分类方法输出是离散类别值或者连续值,而回归分析的输出通常是连续值。

9.2 线性回归分析

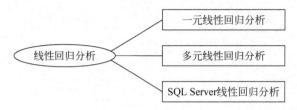

线性回归有一元线性回归和多元线性回归之分。因变量 Y 在一个自变量 X 上的回归线性称为一元线性回归;因变量在多个自变量 X_1、X_2、$\cdots$、X_n 上的线性回归称为多元线性回归。

9.2.1 一元线性回归分析

如果两个变量呈线性关系,就可用一元线性回归方程来描述。其一般形式为 $Y=a+bX$,其中,X 是自变量,Y 是因变量,a、b 是一元线性回归方程的系数。

a、b 的估计值应是使误差平方和 $D(a,b)$ 取最小值的 $\hat{a}$、$\hat{b}$。

$$D(a,b) = \sum_{i=1}^{n} (y_i - a - bx_i)^2$$

式中,n 是训练样本数目,(x_1,y_1),$\cdots$,(x_n,y_n) 是训练样本集。一元线性回归分析如图 9.2 所示。

训练样本集 $\Longrightarrow$ $Y=a+bX$ $\xrightarrow{\text{Min}(D(a,b))}$ 求出 $\hat{a}$、$\hat{b}$

图 9.2　一元线性回归分析

【**例 9.1**】 有如表 9.1 所示的产品销售表,Price 是自变量,Sales 是因变量。$n=12$,训练样本集为 $(20,1.81)$,$(25,1.7)$,$(30,1.65)$,$\cdots$,$(90,1.18)$。

表 9.1　产品销售表

no(编号)	Price(价格)	Sales(销售量)	no(编号)	Price(价格)	Sales(销售量)
1	20	1.81	7	60	1.3
2	25	1.7	8	65	1.26
3	30	1.65	9	70	1.24
4	35	1.55	10	75	1.21
5	40	1.48	11	80	1.2
6	50	1.4	12	90	1.18

误差平方和 $D(a,b)=(1.81-a-20b)^2+(1.7-a-25b)^2+(1.65-a-30b)^2+\cdots+(1.18-a-90b)^2$。那么,如何求出使误差平方和 $D(a,b)$ 取最小值的 $\hat{a}$、$\hat{b}$ 呢?

结论是可以采用最小二乘法估计系数 $\hat{a}$、$\hat{b}$。为了使 $D(a,b)$ 取最小值,分别取 D 关于 a、b

的偏导数,并令它们等于零:

$$\frac{\partial D}{\partial a} = -2\sum_{i=1}^{n}(y_i - a - bx_i) = 0$$

$$\frac{\partial D}{\partial b} = -2\sum_{i=1}^{n}(y_i - a - bx_i)x_i = 0$$

求解上述方程组,得到唯一的一组解 $\hat{a}$、$\hat{b}$:

$$\hat{b} = \frac{n\sum_{i=1}^{n}x_iy_i - \left(\sum_{i=1}^{n}x_i\right)\left(\sum_{i=1}^{n}y_i\right)}{n\sum_{i=1}^{n}x_i^2 - \left(\sum_{i=1}^{n}x_i\right)^2} = \frac{\sum_{i=1}^{n}(x_i - \bar{x})(y_i - \bar{y})}{\sum_{i=1}^{n}(x_i - \bar{x})^2}$$

$$\hat{a} = \frac{\sum_{i=1}^{n}y_i - b'\sum_{i=1}^{n}x_i}{n} = \bar{y} - b'\bar{x}$$

其中,$\bar{x} = \dfrac{\sum_{i=1}^{n}x_i}{n}$,$\bar{y} = \dfrac{\sum_{i=1}^{n}y_i}{n}$。

利用训练样本可以求出 $\hat{a}=1.9$,$\hat{b}=0.009$。这样,可以将 Sales$=1.9-0.009$Price 作为 Sales$=a+b\times$Price 的估计。称 Sales$=1.9-0.009$Price 为 Sales 关于 Price 的一元线性回归关系。

得到一元线性回归关系后,在检验合适后,可用其进行预测。对于任意 Price,将其代入方程即可预测出与之对应的 Sales。

例如,当 Price$=45$ 时,Sales$=1.9-0.009$Price$=1.9-0.009\times45=1.495$;当 Price$=100$ 时,Sales$=1.9-0.009$Price$=1.9-0.009\times100=1$。

9.2.2　多元线性回归分析

多元回归是指因变量 Y 与多个自变量 X_1、X_2、$\cdots$、X_p 有关。多元线性回归方程是一元线性回归方程的推广,其一般形式为:

$$Y = a + b_1X_1 + \cdots + b_pX_p$$

其中,X_1、X_2、$\cdots$、X_p 是自变量,Y 是因变量;a、b_1、$\cdots$、b_p 是多元(p 元)线性回归方程的系数。

对于 Y 关于 X_1、X_2、$\cdots$、X_p 的 p 元线性回归方程,可以采用最小二乘法估计系数 a、b_1、$\cdots$、b_p。

a、b_1、$\cdots$、b_p 的估计值应是使误差平方和(残差平方和)$D(a,b_1,\cdots,b_p)$ 取最小值的 $\hat{a}$、$\hat{b}_1$、$\cdots$、$\hat{b}_p$:

$$D(a,b_1,b_2,\cdots,b_p) = \sum_{i=1}^{n}(y_i - a - b_1x_{i1} - b_2x_{i2} - \cdots - b_px_{ip})^2$$

式中,n 是训练样本个数,$(x_{i1},\cdots,x_{ip},y_i)(1\leqslant i\leqslant n)$ 是训练样本。

采用最小二乘估计法,为使 $D(a,b_1,\cdots,b_p)$ 取最小值,分别取 D 关于 a、b_1、$\cdots$、b_p 的偏导数,并令它们等于零:

$$\frac{\partial D}{\partial a} = -2\sum_{i=1}^{n}(y_i - a - b_1 x_{i1} - b_2 x_{i2} - \cdots - b_p x_{ip}) = 0$$

$$\frac{\partial D}{\partial b_j} = -2\sum_{i=1}^{n}(y_i - a - b_1 x_{i1} - b_2 x_{i2} - \cdots - b_p x_{ip})x_{ij} = 0 (j = 1, 2, \cdots, p)$$

求解上述方程组，即可得到 $\hat{a}$、$\hat{b}_1$、$\cdots$、$\hat{b}_p$。

同样，称 $Y = \hat{a} + \hat{b}_1 X_1 + \cdots + \hat{b}_p X_p$ 为 Y 关于 X_1、X_2、$\cdots$、X_p 的 p 元线性回归关系。

得到多元线性回归关系后，在检验合适后，可用其进行预测。对于任意 x_1、x_2、$\cdots$、x_p，将其代入方程即可预测出与之对应的 y。

【例 9.2】 27 名糖尿病人的血清总胆固醇、甘油三酯、空腹胰岛素、糖化血红蛋白、空腹血糖的测量值如表 9.2 所示，采用 SQL Server 建立血糖与其他几项指标关系的多元线性回归方程。

这里，$n=27$，$p=4$，多元线性回归方程如下：

$$Y = a + b_1 X_1 + b_2 X_2 + b_3 X_3 + b_4 X_4$$

$$D(a, b_1, b_2, b_3, b_4) = \sum_{i=1}^{n}(y_i - a - b_1 x_{i1} - b_2 x_{i2} - b_3 x_{i3} - b_4 x_{i4})^2$$

分别取 D 关于 a、b_1、$\cdots$、b_4 的偏导数，并令它们等于零，得到相应的方程组：

$$\sum_{i=1}^{n}(a + b_1 x_{i1} + b_2 x_{i2} + b_3 x_{i3} + b_4 x_{i4}) = \sum_{i=1}^{n} y_i$$

$$\sum_{i=1}^{n}(a + b_1 x_{i1} + b_2 x_{i2} + b_3 x_{i3} + b_4 x_{i4})x_{i1} = \sum_{i=1}^{n} y_i x_{i1}$$

$$\sum_{i=1}^{n}(a + b_1 x_{i1} + b_2 x_{i2} + b_3 x_{i3} + b_4 x_{i4})x_{i2} = \sum_{i=1}^{n} y_i x_{i2}$$

$$\sum_{i=1}^{n}(a + b_1 x_{i1} + b_2 x_{i2} + b_3 x_{i3} + b_4 x_{i4})x_{i3} = \sum_{i=1}^{n} y_i x_{i3}$$

$$\sum_{i=1}^{n}(a + b_1 x_{i1} + b_2 x_{i2} + b_3 x_{i3} + b_4 x_{i4})x_{i4} = \sum_{i=1}^{n} y_i x_{i4}$$

可以求出多元线性回归方程的系数 $\hat{a}$、$\hat{b}_1$、$\cdots$、$\hat{b}_4$。

多元线性回归关系的计算通常比较复杂，可以借助某些工具来完成，如 SQL Server、SPSS 和 SAS 等，其中 SPSS 和 SAS 是目前流行的统计分析软件。

表 9.2 27 名糖尿病人的测量数据

序号（no）	X_1（总胆固醇）	X_2（甘油三酯）	X_3（胰岛素）	X_4（糖化血红蛋白）	Y（血糖）
1	5.68	1.90	4.53	8.2	11.2
2	3.79	1.64	7.32	6.9	8.8
3	6.02	3.56	6.95	10.8	12.3
4	4.85	1.07	5.88	8.3	11.6
5	4.60	2.32	4.05	7.5	13.4
6	6.05	0.64	1.42	13.6	18.3
7	4.90	8.50	12.60	8.5	11.1
8	7.08	3.00	6.75	11.5	12.1

续表

序号(no)	X_1(总胆固醇)	X_2(甘油三酯)	X_3(胰岛素)	X_4(糖化血红蛋白)	Y(血糖)
9	3.85	2.11	16.28	7.9	9.6
10	4.65	0.63	6.59	7.1	8.4
11	4.59	1.97	3.61	8.7	9.3
12	4.29	1.97	6.61	7.8	10.6
13	7.97	1.93	7.57	9.9	8.4
14	6.19	1.18	1.42	6.9	9.6
15	6.13	2.06	10.35	10.5	10.9
16	5.71	1.78	8.53	8.0	10.1
17	6.40	2.40	4.53	10.3	14.8
18	6.06	3.67	12.79	7.1	9.1
19	5.09	1.03	2.53	8.9	10.8
20	6.13	1.71	5.28	9.9	10.2
21	5.78	3.36	2.96	8.0	13.6
22	5.43	1.13	4.31	11.3	14.9
23	6.50	6.21	3.47	12.3	16.0
24	7.98	7.92	3.37	9.8	13.2
25	11.54	10.89	1.20	10.5	20.0
26	5.84	0.92	8.61	6.4	13.3
27	3.84	1.20	6.45	9.6	10.4

9.2.3 SQL Server 线性回归分析

对于表 9.2,采用 SQL Server 建立血糖与其他几项指标关系的多元线性回归方程的过程如下。

1. 建立数据表

在 SQL Server 管理器的 DMK 数据库中建立表 RAT,其结构如图 9.3 所示,其中 no 列是标识规范列。输入表 9.2 中的数据记录。

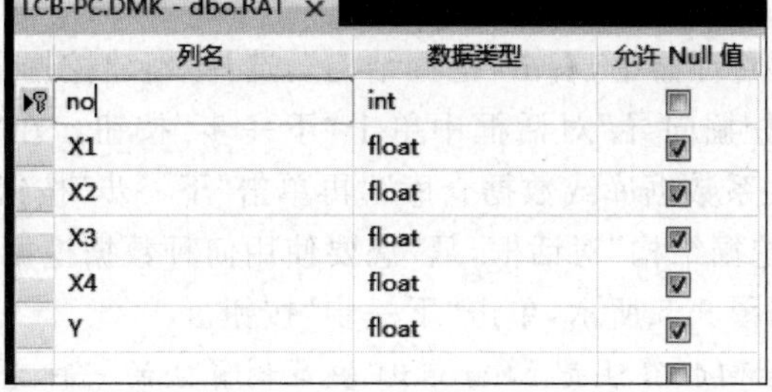

图 9.3　RAT 表结构

2. 建立数据源视图

启动 SQL Server Data Tools,从"文件"→"最近使用的项目和解决方案"列表中选择 DM 项目(该项目在 5.3.2 节中已经创建)。

新建 DMK2.dsv 数据源视图的过程如下:

（1）在"解决方案资源管理器"中右击"数据源视图"，在出现的快捷菜单中选择"新建数据源视图"命令，启动新建数据源视图向导，单击"下一步"按钮。

（2）保持关系数据源 DMK 不变，单击"下一步"按钮。

（3）在"名称匹配"对话框中保持默认的"与主键同名"选项，单击"下一步"按钮。

（4）在"选择表和视图"对话框中选择 RAT 表，如图 9.4 所示。单击"下一步"按钮。

图 9.4　"选择表和视图"对话框

（5）在出现的对话框中修改数据源视图名称为 DMK2，单击"完成"按钮。这样就创建了数据源视图 DMK2.dsv，它包含 DMK 数据库的 RAT 表。

3. 建立挖掘结构 LineRA.dmm

其步骤如下。

（1）在解决方案资源管理器中，右击"挖掘结构"，选择"新建挖掘结构"命令启动数据挖掘向导。在"欢迎使用数据挖掘向导"对话框中单击"下一步"按钮。在"选择定义方法"对话框中，确保已选中"从现有关系数据库或数据仓库"，再单击"下一步"按钮。

（2）出现"创建数据挖掘结构"对话框，从"您要使用何种数据挖掘技术？"下拉列表中选择"Microsoft 线性回归"，如图 9.5 所示，单击"下一步"按钮。

说明：Microsoft 线性回归算法是 Microsoft 决策树算法的一种变体。当数据为连续数据时，Microsoft 决策树算法根据可预测的连续列生成树时，每个结点都包含一个回归方程。拆分出现在回归公式的每个非线性点处。例如，一个结点包含如图 9.6 所示的连续数据，采用线性回归得到回归方程（通常使用两条连线建模），两条连线的相交点是非线性点，它就是决策树模型中的结点要拆分的点。从而该结点拆分成两个子结点，一个子结点对应回归方程 1，另一个子结点对应回归方程 2。一个线性回归模型必须包含一个键列、若干输入列和至少一个可预测列。

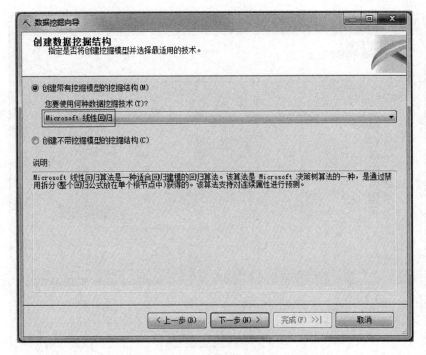

图 9.5 指定"Microsoft 线性回归"算法

（3）选择数据源视图为 DMK2，单击"下一步"按钮。

（4）出现"指定表类型"对话框，在 RAT 表的对应行中选中"事例"复选框（默认值）。单击"下一步"按钮。

（5）出现"指定定型数据"对话框，设置数据挖掘结构如图 9.7 所示，表示条件属性为 $X1$、$X2$、$X3$ 和 $X4$，分类属性为 Y。单击"下一步"按钮。

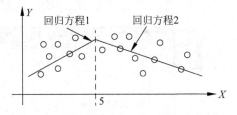

图 9.6 一个结点包含的连续数据

（6）出现"指定列的内容和数据类型"对话框，保持默认值，表示不修改列的数据类型，单击"下一步"按钮。在"创建测试集"对话框中，将"测试数据百分比"选项的默认值 30％更改为 0。单击"下一步"按钮。

（7）出现"完成向导"对话框，设置"挖掘结构名称"和"挖掘模型名称"为 LineRA，然后单击"完成"按钮。

（8）单击"挖掘模型"选项卡，右击挖掘模型结构名称 LineRA，在出现的快速菜单中选择"设置算法参数"命令，出现"算法参数"对话框，其中各个参数的说明如下。

① FORCE_REGRESSOR：强制算法将指示的列用作回归量，而不考虑算法计算出的列的重要性。

② MAXIMUM_INPUT_ATTRIBUTES：定义算法在调用功能选择之前可以处理的输入属性数。如果将此值设置为 0，则表示关闭功能选择。默认值为 255。

③ MAXIMUM_OUTPUT_ATTRIBUTES：定义算法在调用功能选择之前可以处理的输出属性数。如果将此值设置为 0，则表示关闭功能选择。默认值为 255。

这里设置算法参数如图 9.8 所示。

图 9.7　"指定定型数据"对话框

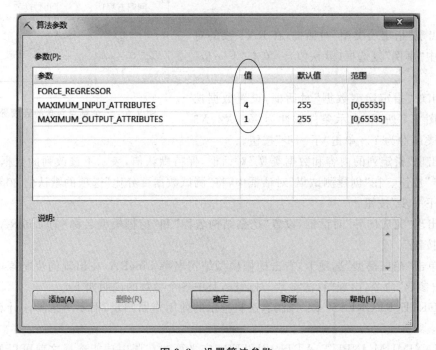

图 9.8　设置算法参数

4. 浏览线性回归模型和预测

1) 部署线性回归模型并浏览结果

在解决方案资源管理器中单击 DM,在出现的下拉菜单中选择"部署"命令,系统开始执行部署,完成后出现部署成功的提示信息。

单击"挖掘结构"下的 LineRA.dmm,在出现的下拉菜单中选择"浏览"命令,系统挖掘的回归分析结果如图 9.9 所示。从中看到,得出的多元线性回归关系如下:

$$Y = 11.924 + 0.732 \times (X4 - 9.119) + 0.677 \times (X1 - 5.813)$$
$$= 1.313 + 0.677X1 + 0.732X4$$

注意:从图 9.8 看到,虽然 Microsoft 线性回归基于决策树,但该树仅包含一个根结点而没有任何分支,所有数据都位于根结点中。

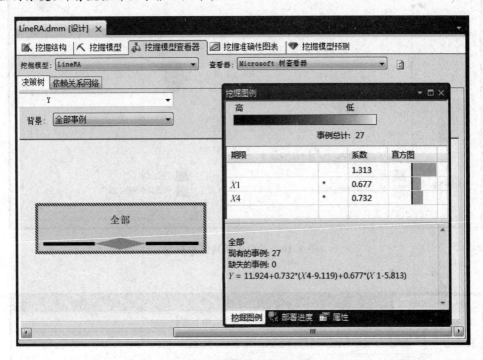

图 9.9　线性回归分析结果

单击"依赖网络关系",看到的回归依赖网络关系如图 9.10 所示。表示 Y 仅仅与 $X1$ 和 $X4$ 相关,其 $X1$ 属性影响力更强,$X4$ 次之。

单击"挖掘准确性图标"选项卡中的"输入选择",再单击"指定其他数据集"后面的 ⬚ 按钮,选择事例表为 DMK2 数据源视图的 RAT 表。返回后单击"提升图"标签,产生的回归分析散点图如图 9.11 所示,从中看到预测值与实际值的差异。如果所有点都落在斜线上,表示预测值与实际值一致。

2) 使用挖掘模型进行预测

单击"挖掘模型预测"选项卡,再单击"选择输入表"对话框中的"选择事例表"命令,这里指定 DMK2 数据源视图中的 RAT 表。

保持默认的字段连接关系,将 RAT 表中的 no、$X1$、$X2$、$X3$ 和 $X4$ 列拖放到下方的列表中,在该列表的最下行(空白)的"源"中选择"LineRA 挖掘结构","字段"中自动出现 Y。最后将 RAT 表的 Y 列拖放到下方的列表中,如图 9.12 所示。

再在空白处右击,在出现的快捷菜单中选择"结果"命令,看到的预测结果如图 9.13 所示,预测 Y 值(图中前一个 Y 列)和实际 Y 值(图中后一个 Y 列)之间存在一定的差异。

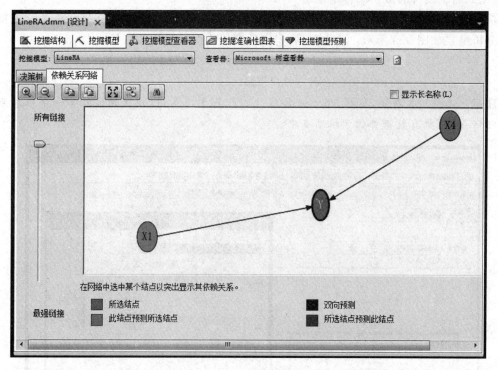

图 9.10　回归依赖网络关系

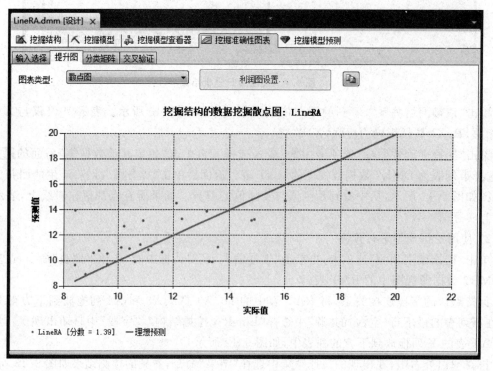

图 9.11　回归分析散点图

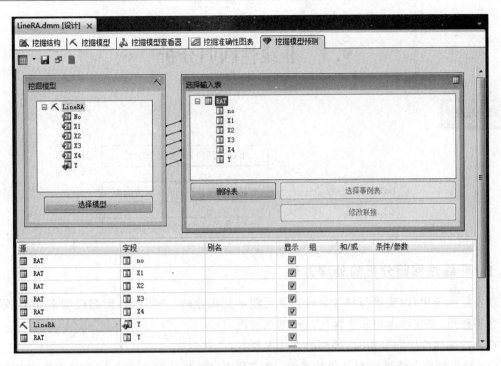

图 9.12 回归分析的预测结构

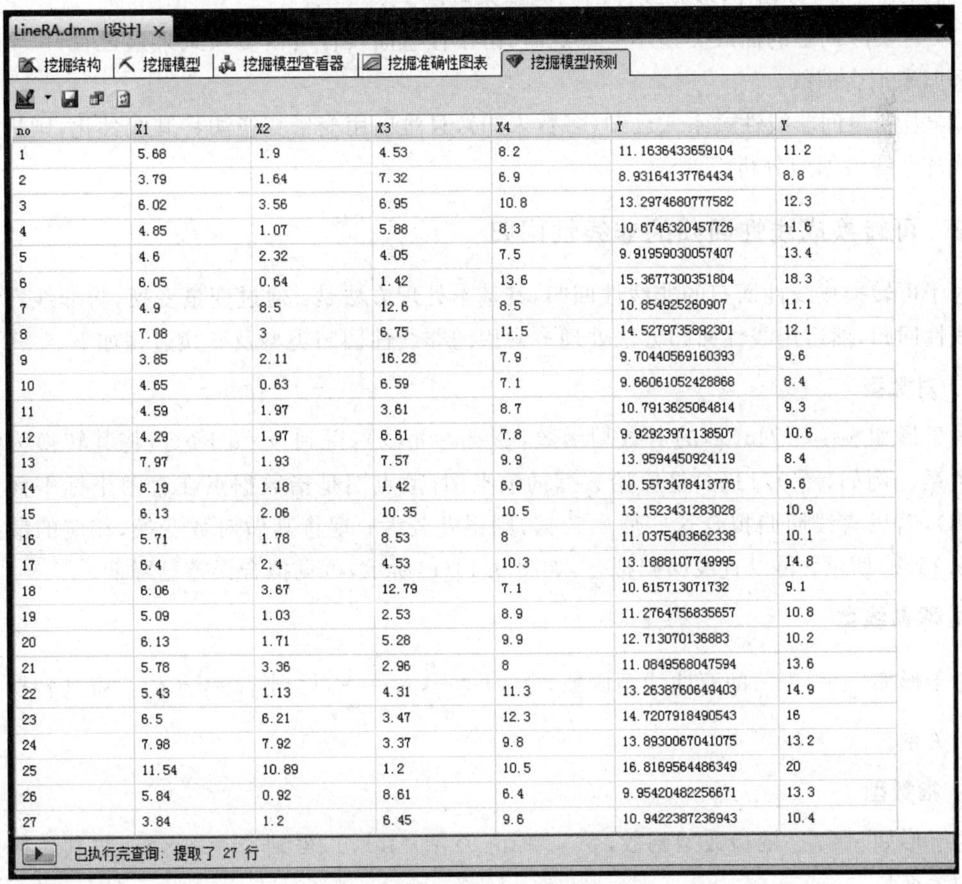

no	X1	X2	X3	X4	Y	Y
1	5.68	1.9	4.53	8.2	11.1636433659104	11.2
2	3.79	1.64	7.32	6.9	8.93164137764434	8.8
3	6.02	3.56	6.95	10.8	13.2974680777582	12.3
4	4.85	1.07	5.88	8.3	10.6746320457726	11.6
5	4.6	2.32	4.05	7.5	9.91959030057407	13.4
6	6.05	0.64	1.42	13.6	15.3677300351804	18.3
7	4.9	8.5	12.6	8.5	10.854925280907	11.1
8	7.08	3	6.75	11.5	14.5279735892301	12.1
9	3.85	2.11	16.28	7.9	9.70440569160393	9.6
10	4.65	0.63	6.59	7.1	9.66061052428868	8.4
11	4.59	1.97	3.61	8.7	10.7913625064814	9.3
12	4.29	1.97	6.61	7.8	9.92923971138507	10.6
13	7.97	1.93	7.57	9.9	13.9594450924119	8.4
14	6.19	1.18	1.42	6.9	10.5573478413776	9.6
15	6.13	2.06	10.35	10.5	13.1523431283028	10.9
16	5.71	1.78	8.53	8	11.0375403662338	10.1
17	6.4	2.4	4.53	10.3	13.1888107749995	14.8
18	6.06	3.67	12.79	7.1	10.615713071732	9.1
19	5.09	1.03	2.53	8.9	11.2764756835657	10.2
20	6.13	1.71	5.28	9.9	12.713070136883	10.2
21	5.78	3.36	2.96	8	11.0849568047594	13.6
22	5.43	1.13	4.31	11.3	13.2638760649403	14.9
23	6.5	6.21	3.47	12.3	14.7207918490543	16
24	7.98	7.92	3.37	9.8	13.8930067041075	13.2
25	11.54	10.89	1.2	10.5	16.8169564486349	20
26	5.84	0.92	8.61	6.4	9.95420482256671	13.3
27	3.84	1.2	6.45	9.6	10.9422387236943	10.4

已执行完查询: 提取了 27 行

图 9.13 回归分析的预测结果

9.3 非线性回归分析

知识梳理

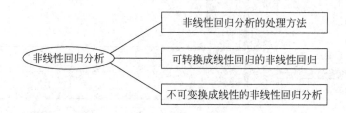

9.3.1 非线性回归分析的处理方法

在实际问题中,因变量与自变量的关系可能不是线性的,若用线性回归模型来处理,效果可能会不理想,需要考虑用非线性回归模型来解决。

在进行非线性回归分析时,处理的方法主要有:

(1) 首先确定非线性模型的函数类型,对于其中可线性化问题则通过变量变换将其线性化,从而归结为前面介绍的多元线性回归问题来解决。

(2) 若实际问题的曲线类型不易确定时,由于任意曲线皆可由多项式来逼近,所以常用多项式回归来拟合曲线。

(3) 若变量间非线性关系式已知(多数未知),且难以用变量变换法将其线性化,则进行数值迭代的非线性回归分析。

9.3.2 可转换成线性回归的非线性回归

对于可转换成线性回归的非线性回归,其基本处理方法是:通过变量变换,将非线性回归化为线性回归,然后用线性回归方法处理。常用的非线性回归类型及变换过程如下。

1. 对数型

对于形如 $y=a+b\ln(x)$ 的对数型函数,令 $x_1=\ln(x)$,得到 $y=a+bx_1$,将其转换为线性回归关系。例如,图 9.14(a)是原始数据的散点图(散点图是指数据点在直角坐标平面上的分布图),若以直线回归拟合这些原始数据,则误差较大;现将其做对数变换,相应的散点图如图 9.14(b)所示;再以直线回归拟合,如图 9.14(c)所示,可见拟合误差已降低。

2. 双曲线型

对于形如 $\dfrac{1}{y}=a+\dfrac{b}{y}$ 的双曲线型函数,令 $y_1=\dfrac{1}{y}$,$x_1=\dfrac{1}{x}$,得到 $y_1=a+bx_1$,将其转换为线性回归关系。

3. 指数型

对于形如 $y=ce^{bx}$ 的指数型函数,令 $y_1=\ln(y)$,$a=\ln(c)$,得到 $y_1=a+bx$,将其转换为线性回归关系。

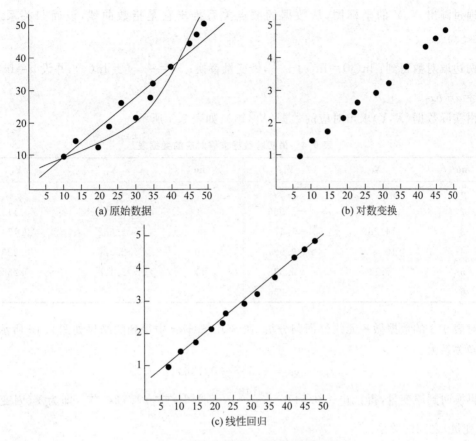

(a) 原始数据   (b) 对数变换

(c) 线性回归

图 9.14 将非线性回归变换成线性回归

4. 幂函数型

对于形如 $y=cx^b$ 的幂函数,令 $y_1=\ln(y)$,$x_1=\ln(x)$,$a=\ln(c)$ 得到 $y_1=a+bx_1$,将其转换为线性回归关系。

5. S 型

对于形如 $y=\dfrac{1}{a+be^{-x}}$ 的 S 型函数,令 $y_1=\dfrac{1}{y}$,$x_1=e^{-x}$,得到 $y_1=a+bx_1$,将其转换为线性回归关系。

【例 9.3】 有一组试验数据如表 9.3 所示,它表示银的两种光学密度 X、Y 之间的关系。推出 Y(因变量)与 X(自变量)之间的关系。

表 9.3 两种光学密度之间关系的试验数据表

编号	X	Y	编号	X	Y
1	0.05	0.1	7	0.25	1
2	0.06	0.14	8	0.31	1.12
3	0.07	0.23	9	0.38	1.19
4	0.1	0.37	10	0.43	1.25
5	0.14	0.59	11	0.47	1.29
6	0.2	0.79			

通过画出 X、Y 的坐标图,从数据的散点关系推出它是指数曲线,设回归关系为 $y = ce^{\frac{b}{x}}(b<0)$。

两边取对数得到:$\ln(y) = \ln(c) + \frac{b}{x}$,做变量替换;$x_1 = \frac{1}{x}$,$y_1 = \ln(y)$,并设 $a = \ln(c)$,得到 $y_1 = a + bx_1$。

由实际数据 (X,Y) 求出对应的数据 (X_1,Y_1),如表 9.4 所示。

表 9.4 由实验数据求得对应的数据表

no	X_1	Y_1	no	X_1	Y_1
1	20	-2.303	7	4	0
2	16.667	-1.966	8	3.226	0.113
3	14.286	-1.47	9	2.632	0.174
4	10	-0.994	10	2.326	0.223
5	7.143	-0.528	11	2.128	0.255
6	5	-0.236			

对表 9.3 的数据做一元线性回归分析,在 SQL Server 中得到的结果如图 9.15 所示,对应的回归关系为:

$$y_1 = 0.547 - 0.146x_1$$

再换回到原变量,得:$\ln y = 0.547 - \frac{0.146}{x}$,$y = e^{0.547 - \frac{0.146}{x}} = 1.73e^{-\frac{0.146}{x}}$,即为 Y(因变量)与 X(自变量)之间的关系。

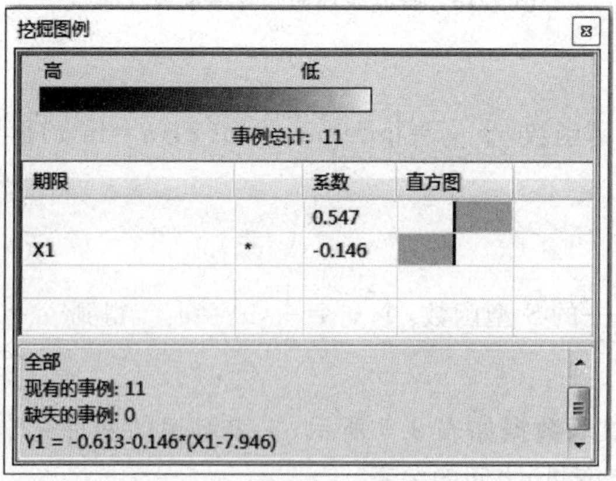

图 9.15 线性回归分析结果

另外,对于高阶回归关系也可以转换成多元回归关系。例如,抛物线模型 $y = b_0 + b_1 x + b_2 x^2$,不能通过变换简单地转换成一元回归关系,但可以令 $x_1 = x$,$x_2 = x^2$,这样转换成 $y = b_0 + b_1 x_1 + b_2 x_2$,即为多元线性回归关系。

9.3.3 不可变换成线性回归的非线性回归分析[*]

对于不可变换成线性的非线性回归问题,不妨设模型为:

$$Y = f(X_1, X_2, \cdots, X_m, \theta_1, \theta_2, \cdots, \theta_p) + e$$

其中，Y 为随机变量，$X = (X_1, X_2, \cdots, X_m)^{\mathrm{T}}$（T 表示转置）为 m 个自变量，$\theta = (\theta_1, \theta_2, \cdots, \theta_p)^{\mathrm{T}}$ 为 p 个未知参数，e 为服从 $N(0, \sigma^2)$ 的随机变量（称为白噪声）。

对 $x_1, x_2, \cdots, x_m, y$ 做 n 次观测，得到观测数据如下：

$$x_{11} x_{12} \cdots x_{1m} y_1$$
$$x_{21} x_{22} \cdots x_{2m} y_2$$
$$\cdots$$
$$x_{n1} x_{n2} \cdots x_{nm} y_n$$

代入这 n 个观测数据，得到：

$$y_1 = f(x_{11}, x_{12}, \cdots, x_{1m}, \theta_1, \theta_2, \cdots, \theta_p) + e_1$$
$$y_2 = f(x_{21}, x_{22}, \cdots, x_{2m}, \theta_1, \theta_2, \cdots, \theta_p) + e_2$$
$$\cdots$$
$$y_n = f(x_{n1}, x_{n2}, \cdots, x_{nm}, \theta_1, \theta_2, \cdots, \theta_p) + e_n$$
$$e_i \sim N(0, \sigma^2) \quad i = 1, 2, \cdots, n$$

为了方便起见，常用这样的记号：$f(x_{i1}, x_{i2}, \cdots, x_{im}, \theta_1, \theta_2, \cdots, \theta_p) = f(x_i, \theta) = f_i(\theta)$（$i = 1, 2, \cdots, n$）。

对于上述模型，记 $D(\theta) = \sum\limits_{i=1}^{n} \left[y_i - f_i(\theta) \right]^2$ 为误差平方和。

采用最小二乘法求 $\hat{\theta}$，显然 $D(\hat{\theta})$ 应为最小值，即 $D(\hat{\theta}) = \min\{D(\theta)\}$。

如果 f 对于 θ 的每个分量都是可微的，则求 $\hat{\theta}$ 相当于求解以下正规方程组：

$$\frac{\partial D(\theta)}{\partial \theta_j} = 0, \quad j = 1, 2, \cdots, p$$

对于 $D(\hat{\theta}) = \min\{D(\theta)\}$，一般可用最优化迭代算法，求出最优解 $\hat{\theta}$，从而确定非线性回归数学模型，具体的最优化迭代算法这里不再介绍。

9.4　逻辑回归分析

知识梳理

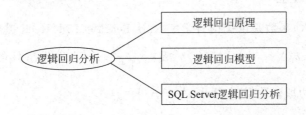

9.4.1　逻辑回归原理

逻辑（Logistic）回归用于分析二分类或有次序的因变量和自变量之间的关系。当因变量是二分类（如 1 或 0）时，称之为二分逻辑回归，自变量 X_1、X_2、$\cdots$、X_k 可以是分类变量或连续变量等。在逻辑回归模型中，是用自变量去预测因变量在给定某个值时的概率。本节主要介绍二分逻辑回归分析方法。

逻辑回归在流行病学中应用较多,常用于探索某疾病的危险因素,根据危险因素预测某疾病发生的概率。所以逻辑回归是以概率分析为基础的。

对于 k 个独立的自变量 $X=(X_1、X_2、\cdots、X_k)$ 和因变量 Y,现要求逻辑回归模型。

设条件概率 $P(Y=1|X)=p(X)$ 为根据观测量 Y 相对于某事件 X 发生的概率(发生事件的条件概率)。能不能采用前面介绍的一元线性回归逻辑,设置 $Y=p(X)=a+bX$ 呢?由于概率 p 的取值在 0 与 1 之间(人们可能更加习惯一个 0 与 1 之间的概率值,而不是一个任意的数值),X 的取值可以是连续值,所以这个关系式显然是不合适的。

也就是说,$p(X)$ 与各个自变量之间是非线性的,呈现 S 型函数关系,如图 9.16 所示。可以设置为这样的 S 型函数为:

$$p(X) = \frac{1}{1+e^{-f(X)}}, \quad -\infty < f(X) < \infty$$

通常 $f(X)$ 可以看成 X 的线性函数,逻辑回归就是要找出 $f(X)$。

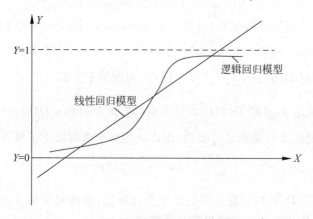

图 9.16   逻辑回归是 S 型关系

说明:本质上讲,逻辑回归也是一个线性分类模型,它与线性回归的不同在于:线性回归的输出可以是很大范围的数,例如从负无穷到正无穷。逻辑回归就是将输出结果压缩到 $0\sim1$,为此采用 S 型函数进行转换。对于二分类来说,可以简单地认为:如果样本 X 属于正类的概率大于 0.5,那么就判定它是正类,否则就是负类。

9.4.2   逻辑回归模型

前面介绍的 $p(X)$ 函数是由美国科学家 R. B. Pearl 和 L. J. Reed 提出的,称为增长函数。由 $p(X)$ 函数可推出 $p(Y=0|X)=1-p(X)=\dfrac{1}{1+e^{f(X)}}$(不发生事件的条件概率),所以有 $\dfrac{p(X)}{1-p(X)}=e^{f(X)}$,两边取对数得到:$\ln\left(\dfrac{p(X)}{1-p(X)}\right)=f(X)$。

其中,$\dfrac{p}{1-p}$ 称为机会比率,即有利于出现某一状态的机会大小。

$f(X)$ 即为回归模型。常用的是线性回归模型,即:

$$\ln\left(\frac{p(X)}{1-p(X)}\right) = f(X) = \beta_0 + \beta_1 X_1 + \beta_2 X_2 + \cdots + \beta_k X_k$$

它反映出 X 每变化一个单位,有利机会对数变化的程度。

假设有 n 组观测样本 $\{x_{i1},x_{i2},\cdots,x_{ik},y_i\}(i=1,2,\cdots,n)$，其中 y_i 为 0/1 值。设 $p_i=P(y_i=1|x)$ 为给定条件下得到 $p_i=1$ 的概率。在同样条件下得到 $p_i=0$ 的条件概率为 $P(y_i=0|x)=1-p_i$。于是，得到一个观测值的概率为：

$$P(y_i) = p_i^{y_i}(1-p_i)^{(1-y_i)}$$

因为各项观测独立，所以 y_1、y_2、$\cdots$、y_n 的似然函数为：

$$L(\beta) = \prod_{i=1}^{n} p(x_i)^{y_i}[1-p(x_i)]^{1-y_i}$$

对数的似然函数为：

$$In(L(\beta)) = \sum_{i=1}^{n}[y_i(\beta_0+\beta_1 x_{i1}+\beta_2 x_{i2}+\cdots+\beta_k x_{ik})-In(1+e^{\beta_0+\beta_1 x_{i1}+\beta_2 x_{i2}+\cdots+\beta_k x_{ik}})]$$

最大似然估计就是求 β_0、β_1、β_2、$\cdots$、β_k 的估值 $\hat{\beta}_0$、$\hat{\beta}_1$、$\hat{\beta}_2$、$\cdots$、$\hat{\beta}_k$ 使上述对数似然函数值最大。

对该对数似然函数求导，得到 $k+1$ 个似然方程。为了解该非线性方程组，可以应用牛顿－拉斐森方法进行迭代求解。为了提高求解效率，在每次迭代完成后，可以对现有 X 与 Y 之间的显著性进行检验，针对已有的训练模型对应的数据集进行验证，删除显著性不符合阈值的 X_i。

【例 9.4】 假设已求出反映因变量 Y 和自变量 X 的概率关系的逻辑回归模型为：

$$\ln\left(\frac{p}{1-p}\right)=-6.03+0.257x$$

即 $p=\dfrac{e^{-6.03+0.257x}}{1+e^{-6.03+0.257x}}$。

下面判断两者之间呈现的关系。设 X 取 x_1 时，Y 的概率为 p_1，当 X 变化一个单位时，即变为 x_1+1，对应 Y 的概率为 p_2，于是：

$$\ln\left(\frac{p_1}{1-p_1}\right)=-6.03+0.257x_1,\ln\left(\frac{p_2}{1-p_2}\right)=-6.03+0.257(x_1+1)$$

两式相减：

$$\ln\left(\frac{p_2}{1-p_2}\right)-\ln\left(\frac{p_1}{1-p_1}\right)=0.257$$

即：$\dfrac{\frac{p_2}{1-p_2}}{\frac{p_1}{1-p_1}}=e^{0.257}=1.293$。也就是有：$\dfrac{p_2}{1-p_2}=1.293\dfrac{p_1}{1-p_1}$。

这表明 X 对 Y 的影响随它的增加而增加。

9.4.3 SQL Server 逻辑回归分析

如表 9.5 所示是某城市市民出行是否经常乘坐公共汽车的调查表，X_1 表示年龄，X_2 表示月收入，X_3 表示性别（0 为女性，1 为男性），Y 表示结果（1 表示经常乘坐公汽，0 表示相反）。用 SQL Server 进行逻辑回归分析的过程如下。

1. 建立数据表

在 SQL Server 管理器的 DMK 数据库中建立表 LogicRAT，其结构如图 9.17 所示，其中 no 列是标识规范列。输入表 9.5 中的数据记录。

表 9.5　某城市市民出行是否经常乘坐公共汽车的调查表

no	描述属性			类别属性
	X_1	X_2	X_3	Y
1	20	1850	0	1
2	21	2000	1	1
3	26	2400	1	1
4	26	3000	0	1
5	27	2200	1	0
6	30	3500	1	0
7	30	3200	0	1
8	40	4000	0	0
9	40	4500	1	0
10	50	5100	0	0
11	50	5300	1	0
12	60	4500	0	1
13	65	3000	0	1
14	65	3100	1	1

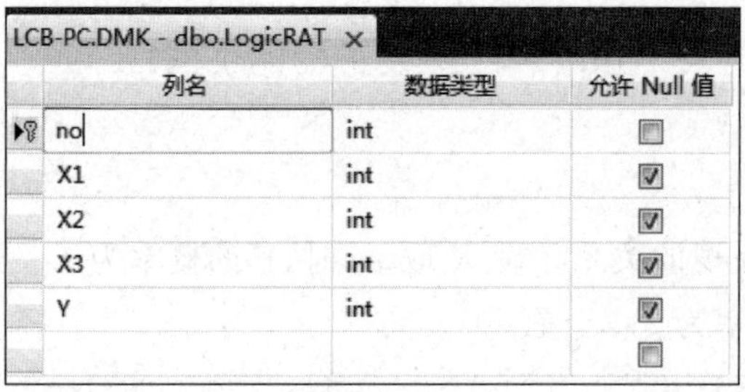

图 9.17　LogicRAT 表结构

2. 建立数据源视图

启动 SQL Server Data Tools,从"文件"→"最近使用的项目和解决方案"列表中选择 DM 项目(该项目在 5.3.2 节中已经创建)。

新建 DMK3.dsv 数据源视图的过程如下。

(1) 在"解决方案资源管理器"中右击"数据源视图",在出现的快捷菜单中选择"新建数据源视图"命令,启动新建数据源视图向导,单击"下一步"按钮。

(2) 保持关系数据源 DMK 不变,单击"下一步"按钮。

(3) 在"名称匹配"对话框中保持默认的"与主键同名"选项,单击"下一步"按钮。

(4) 在"选择表和视图"对话框中选择 LogicRAT 表,如图 9.18 所示。单击"下一步"按钮。

(5) 在出现的对话框中修改数据源视图名称为 DMK3,单击"完成"按钮。这样就创建了数据源视图 DMK3.dsv,它包含 DMK 数据库的 LogicRAT 表。

3. 建立挖掘结构 LogicRA.dmm

其步骤如下。

图 9.18　"选择表和视图"对话框

　　(1) 在解决方案资源管理器中,右击"挖掘结构",选择"新建挖掘结构"命令启动数据挖掘向导。在"欢迎使用数据挖掘向导"对话框中单击"下一步"按钮。在"选择定义方法"对话框中,确保已选中"从现有关系数据库或数据仓库",再单击"下一步"按钮。

　　(2) 出现"创建数据挖掘结构"对话框,从"您要使用何种数据挖掘技术?"下拉列表中选择"Microsoft 逻辑回归",如图 9.19 所示。单击"下一步"按钮。

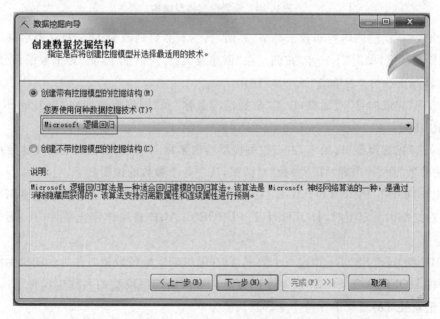

图 9.19　选择"Microsoft 逻辑回归"

（3）选择数据源视图为 DMK3，单击"下一步"按钮。

（4）出现"指定表类型"对话框，在 LogicRAT 表的对应行中选中"事例"复选框（默认值）。单击"下一步"按钮。

（5）出现"指定定型数据"对话框，设置数据挖掘结构如图 9.20 所示，表示条件属性为 X1、X2 和 X3，分类属性为 Y。单击"下一步"按钮。

图 9.20　设置挖掘模型结构

（6）出现"指定列的内容和数据类型"页面，将 X3 和 Y 列改为 Discrete（表示取离散值），其他列保持默认值，单击"下一步"按钮。在"创建测试集"对话框中，将"测试数据百分比"选项的默认值 30% 更改为 0。单击"下一步"按钮。

（7）出现"完成向导"对话框，设置"挖掘结构名称"和"挖掘模型名称"为 LogicRA。然后单击"完成"按钮。

（8）单击"挖掘模型"选项卡，右击挖掘模型结构名称 LogicRA，在出现的快速菜单中选择"设置算法参数"命令，出现"算法参数"对话框，其中各个参数的说明如下。

① HOLDOUT_PERCENTAGE：指定在用于计算维持错误的定型数据中事例所占的百分比。在对挖掘模型定型时，HOLDOUT_PERCENTAGE 被用作停止条件的一部分。默认值为 30。

② HOLDOUT_SEED：指定一个数字，以在随机确定维持数据时作为伪随机生成器的种子。如果将 HOLDOUT_SEED 设置为 0，则算法将根据挖掘模型的名称生成种子，以保证模型内容在重新处理的过程中保持不变。默认值为 0。

③ MAXIMUM_INPUT_ATTRIBUTES：定义算法在调用功能选择之前可以处理的输

入属性数。如果将此值设置为 0,则表示关闭功能选择。默认值为 255。

　　④ MAXIMUM_OUTPUT_ATTRIBUTES:定义算法在调用功能选择之前可以处理的输出属性数。如果将此值设置为 0,则表示关闭功能选择。默认值为 255。

　　⑤ MAXIMUM_STATES:指定算法支持的最大属性状态数。如果属性的状态数大于该最大状态数,算法将使用该属性的最常见状态,同时忽略剩余状态。默认值为 100。

　　⑥ SAMPLE_SIZE:指定用来给模型定型的事例数。默认值为 10000。

　　这里设置算法参数如图 9.21 所示。

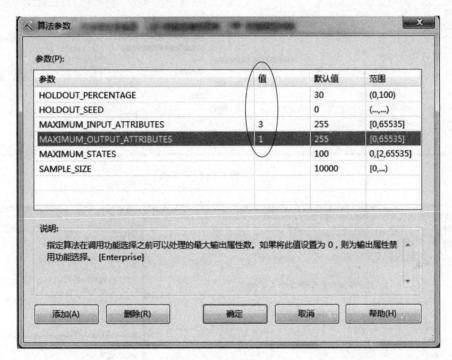

图 9.21　设置算法参数

4. 浏览逻辑回归模型和预测

1) 部署逻辑回归模型并浏览结果

　　在解决方案资源管理器中单击 DM,在出现的下拉菜单中选择“部署”命令,系统开始执行部署,完成后出现部署成功的提示信息。

　　单击“挖掘结构”下的 LogicRA.dmm,在出现的下拉菜单中选择“浏览”命令,系统挖掘的逻辑回归分析结果如图 9.22 所示。

　　图中结果表明,当月收入在 4136.750～5300.000 之间时,经常乘公共汽车的概率为 5.76%,不经常乘公汽的概率为 86.54%。该月收入对不经常乘公共汽车的提升率为 1.51,对经常乘公共汽车的提升率为 0.17。

　　单击“挖掘准确性图标”选项卡中的“输入选择”,再单击“指定其他数据集”后面的 ▭ 按钮,选择事例表为 DMK3 数据源视图的 LogicRAT 表。返回后单击“提升图”,产生的回归分析提升图如图 9.23 所示,从中看到 LogicRA 模型和理想模型的差异。

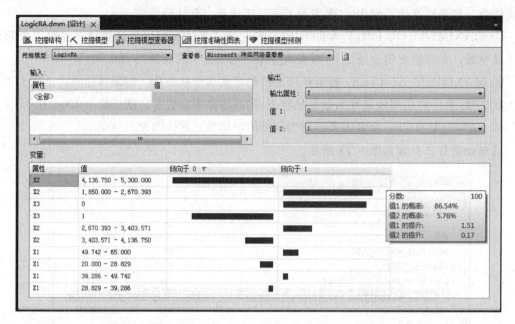

图 9.22　逻辑回归分析结果

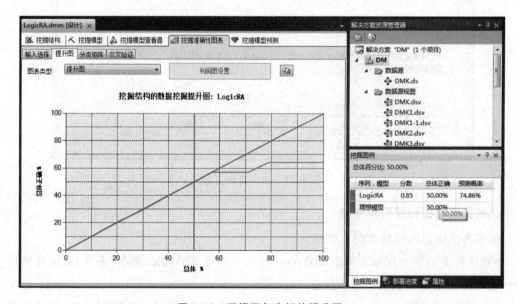

图 9.23　逻辑回归分析的提升图

2）使用逻辑挖掘模型进行预测

单击"挖掘模型预测"选项卡，再单击"选择输入表"对话框中的"选择事例表"命令，这里指定 DMK3 数据源视图中的 LogicRAT 表。

保持默认的字段连接关系，将 LogicRAT 表中的 no、X1、X2 和 X3 列拖放到下方的列表中，在该列表的最下行（空白）的"源"中选择"LogicRA 挖掘结构"，"字段"中自动出现 Y。最后将 LogicRAT 表的 Y 列拖放到下方的列表中，如图 9.24 所示。

再在空白处右击，在出现的快捷菜单中选择"结果"命令，看到的预测结果如图 9.25 所示，同样预测 Y 值（图中前一个 Y 列）和实际 Y 值（图中后一个 Y 列）之间存在一定的差异。

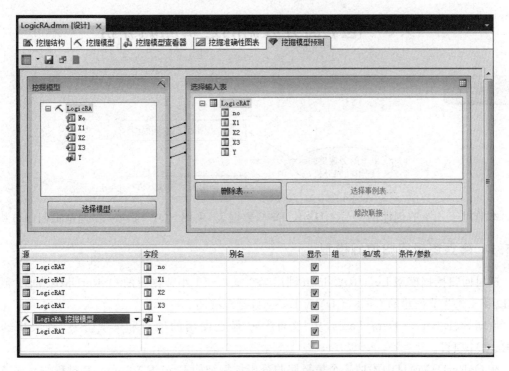

图 9.24 回归分析的预测结构

no	X1	X2	X3	Y	Y
1	20	1850	0	1	1
2	21	2000	1	0	1
3	26	2400	1	0	1
4	26	3000	0	1	1
5	27	2200	1	0	0
6	30	3500	1	0	0
7	30	3200	0	1	1
8	40	4000	0	1	0
9	40	4500	1	0	0
10	50	5100	0	0	0
11	50	5300	1	0	0
12	60	4500	0	0	1
13	65	3000	0	1	1
14	65	3100	1	0	1

已执行完查询: 提取了 14 行

图 9.25 回归分析的预测结果

9.5　电子商务数据的逻辑回归分析

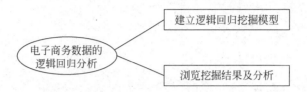

本节对于 6.4 节创建的 OnRetDMK.DST 数据表,采用 SQL Server 实现逻辑回归分析。

9.5.1　建立逻辑回归挖掘模型

逻辑回归挖掘模型 LogicRA.dmm 利用第 6 章 6.4.1 小节创建的 OnRetDMK.DST 数据表,以及 6.3.3 节创建的 On Ret DMK 1.dsv 数据源视图。

启动 SQL Server Data Tools,从"文件"→"最近使用的项目和解决方案"列表中选择OnRetDM 项目。

在 OnRetDM 项目中添加一个逻辑回归分析挖掘结构 LogicRA.dmm,其过程与 9.4 节创建逻辑回归挖掘模型的过程类似。只有以下几点有所不同:

(1) 在"选择数据源视图"对话框中指定 On Ret DMK 1.dsv 数据源视图。

(2) 在"指定定型数据"对话框中,指定挖掘模型结构如图 9.26 所示。

图 9.26　指定挖掘模型结构

　　说明：逻辑回归主要用于分析二分类的因变量和自变量之间的关系。DST 表中商品分类恰好只有"电脑办公"和"手机/数码"两个取值，为此，将"商品分类"作为类别属性，即因变量，将"年龄层次"和"学历层次"作为因变量。

　　(3) 在"完成向导"对话框中，指定挖掘结构和模型的名称为 LogicRA。

　　(4) 设置算法参数如图 9.27 所示。

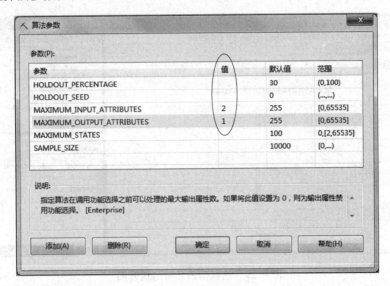

图 9.27　设置算法参数

9.5.2　浏览挖掘结果及分析

　　在项目重新部署后，单击"挖掘结构"下的 LogicRA.dmm，在出现的下拉菜单中选择"浏览"命令，或者单击"挖掘模型查看器"选项卡，系统生成的逻辑回归分析结果如图 9.28 所示，其中第一行表示学历层次"高"的顾客购买"电脑办公"商品的概率为 62.33%、购买"手机/数

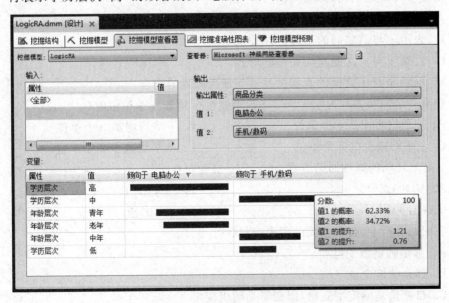

图 9.28　逻辑回归分析结果

码"商品的概率为 34.72%。

单击"挖掘准确性图标"选项卡中的"输入选择",再单击"指定其他数据集"后面的 ▭▭ 按钮,选择事例表为 On Ret DMK 1.dsv 数据源视图的 DST 表。返回后单击"提升图",产生的回归分析提升图如图 9.29 所示,从中看到 LogicRA 模型的总体正确率为 27.91%,表明逻辑回归分析的效果不很理想。

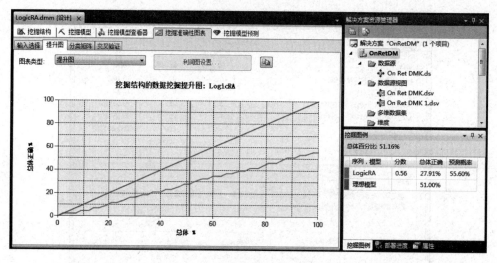

图 9.29 逻辑回归分析的提升图

练 习 题

1. 单项选择题

(1) 变量 y 与 x 之间的回归方程( )。

    A. 表示 y 与 x 之间的函数关系

    B. 表示 y 与 x 之间的不确定性关系

    C. 反映 y 与 x 之间真实关系的形式

    D. 反映 y 与 x 之间的真实关系达到最大限度的吻合

(2) 设有一个回归方程为 $y=2-2.5x$,则变量 x 增加一个单位时( )。

    A. y 平均增加 2.5 个单位   B. y 平均增加 2 个单位

    C. y 平均减少 2.5 个单位   D. y 平均减少 2 个单位

(3) y 与 x 之间的线性回归方程 $y=a+bx$ 必定过( )。

    A. $(0,0)$点   B. $(\bar{x},\bar{y})$点

    C. $(0,\bar{y})$点   D. $(\bar{x},0)$点

(4) 在回归分析中,要求相关的两个变量( )。

    A. 都是确定型变量

    B. 都是随机变量

    C. 自变量是确定型变量,因变量是随机变量

    D. 因变量是确定型变量,自变量是随机变量

（5）有关多元线性回归分析的叙述中正确的是（　　　）。

  A．因变量与多个自变量呈现线性关系

  B．自变量与多个因变量呈现线性关系

  C．因变量与多个自变量呈现多项式关系

  D．以上都不对

2．问答题

（1）简述回归分析的定义。

（2）简述回归分析的基本步骤。

（3）简述有哪些常见的回归分析类型。

（4）简述将双曲线型函数 $\dfrac{2}{y}=a+\dfrac{b}{y}$ 转换为线性回归关系的过程。

（5）简述线性回归和逻辑回归的差别。

上机实验题

  上机实现 9.5 节 OnRetDM 项目中的挖掘结构 LogicRA.dmm。另外新建一个逻辑回归分析挖掘结构 LogicRA1.dmm，采用 On Ret DMK 1.dsv 数据源视图，其挖掘模型结构如图 9.30 所示，分析顾客年龄层次、学历层次和销售数量与购买商品分类的关系。

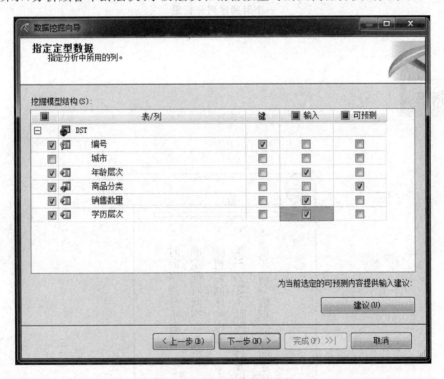

图 9.30　指定挖掘模型结构

第 10 章　时间序列分析

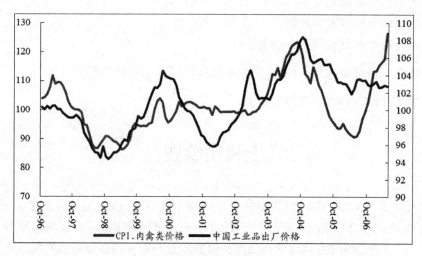

一个时间序列分析图

本章指南

- 时间序列分析概述
- 确定性时间序列分析
- 随机时间序列模型
- SQL Server 时间序列分析
- 电子商务数据的时间序列分析

10.1　时间序列分析概述

知识梳理

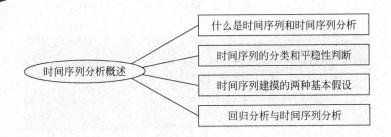

10.1.1　什么是时间序列和时间序列分析

1. 时间序列

时间序列(简称为时序)是指同一现象(经济变量)在不同时间上的相继观测值排列而成的数列,一个按时间顺序排列的数列,形式上由现象所属的时间和现象在不同时间上的观测值两部分组成,排列的时间可以是年份、季度、月份或其他任何时间形式。

例如,表 10.1 就是一个时间序列,按月份列出 2013 年全部月份的钻头实际用量(经济变量),每个记录称为一个事例。

表 10.1　钻头实际用量

时间 T	实际用量 SL	时间 T	实际用量 SL
2013 年 1 月	27	2013 年 7 月	48
2013 年 2 月	35	2013 年 8 月	41
2013 年 3 月	33	2013 年 9 月	43
2013 年 4 月	37	2013 年 10 月	49
2013 年 5 月	35	2013 年 11 月	37
2013 年 6 月	38	2013 年 12 月	40

2. 时间序列分析

时间序列分析是一种动态数据处理的统计方法。该方法基于随机过程理论和数理统计学方法,研究随机数据序列所遵从的统计变化规律,以用于解决实际问题。通常影响时间序列变化的 4 个要素如下。

(1) 长期趋势:是时间序列在长时期内呈现出来的持续向上或持续向下的变动,如图 10.1 所示是一个表示持续向上的示意图。

(2) 季节变动:是时间序列在一年内重复出现的周期性波动。如图 10.2 所示是一个表示季节变动的示意图。

(3) 循环波动:是时间序列呈现出的非固定长度的周期性变动。循环波动的周期可能会持续一段时间,但与趋势不同,它不是朝着单一方向的持续变动,而是涨落相同的交替波动。如图 10.3 所示是一个表示循环波动的示意图。

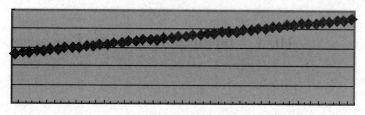

图 10.1　趋势示意图

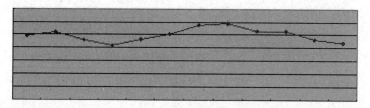

图 10.2　季节变动示意图

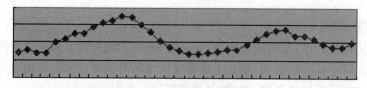

图 10.3　循环波动示意图

（4）不规则变化：是时间序列中除去长期趋势、季节变动和循环波动之后的随机波动。不规则波动通常总是夹杂在时间序列中，致使时间序列产生一种波浪形或震荡式的变动。

总之，时间序列分析的目的就是分析过去以描述动态变化，认识规律以揭示变化的统计特性，预测未来以寻找未来的数量趋势。

10.1.2　时间序列的分类和平稳性判断

1. 时间序列的分类

时间序列可以分为平稳序列和非平稳序列。

（1）平稳序列是指基本上不存在长期趋势的序列，各观测值基本上在某个固定的水平上波动，或虽有波动，但并不存在某种规律，而其波动可以看成是随机的。或者说只含有随机波动的序列称为平稳序列。如图 10.4 所示就是一个平稳序列的示意图。

（2）非平稳序列是指有长期趋势、季节性和循环波动的复合型序列，其趋势可以是线性的，也可以是非线性的。如图 10.5 所示就是一个非平稳序列的示意图。

实际中大部分时间序列都是非平稳的。通常一个时间序列既有随机性又有平稳性，而随机时间序列模型的建模理论和方法以平稳性为基础的，非平稳性时间序列可以通过统计学方法变成平稳性时间序列。

2. 时间序列平稳性判断

1）利用散点图进行平稳性判断

首先画出该时间序列的散点图，然后直观判断散点图是否为一条围绕其平均值上下波动的曲线。如果是的话，则该时间序列是一个平稳时间序列；如果不是的话，则该时间序列是一

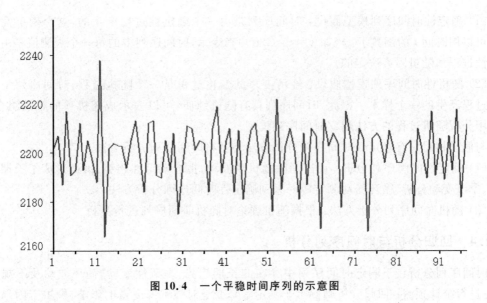

图 10.4　一个平稳时间序列的示意图

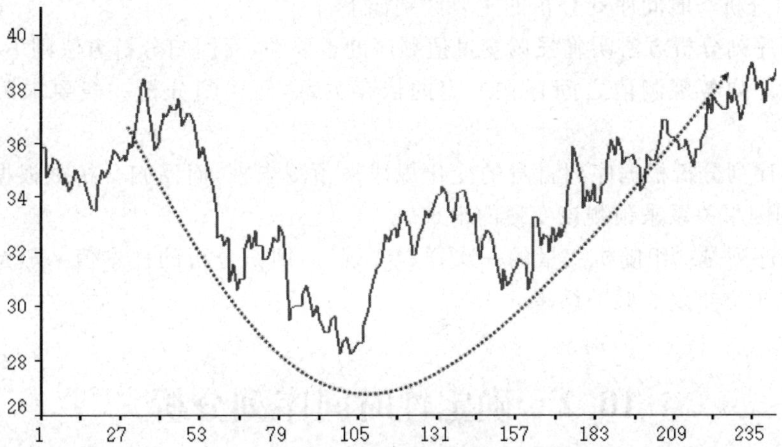

图 10.5　一个非平稳时间序列的示意图

个非平稳时间序列。从图 10.4 和图 10.5 所示的散点图就可以直观判断它们的平稳性。

2) 利用自相关函数进行平稳性判断

一个时间序列为 $(X_1, X_2, \cdots, X_n)$,则 $(X_t, X_{t-1}, \cdots, X_{t-k})$ 之间的简单相关关系称为自相关。自相关函数 r_k 表示时间序列中相隔 k 期的观测值之间的相关程度:

$$r_k = \frac{\sum_{t=1}^{n-k}(X_t - \overline{X})(X_{t+k} - \overline{X})}{\sum_{t=1}^{n}(X_t - \overline{X})^2}$$

其中,k 为滞后期,$\overline{X}$ 为样本均值。r_k 的取值范围为 $[-1, 1]$,$|r_k|$ 越接近 1,自相关程度越高。如果 r_k 迅速下降且趋向 0,则认为该时间序列是一个平稳时间序列,否则认为它是一个非平稳时间序列。

10.1.3　时间序列建模的两种基本假设

一般地,时间序列建模有如下两种基本假设。

（1）确定性时间序列模型假设：时间序列是由一个确定性过程产生的，这个确定性过程往往可以用时间 t 的函数 $f(t)$（如 $y=\cos(2\pi t)$）来表示，时间序列中的每一个观测值是由这个确定性过程和随机因素决定的。

（2）随机性时间序列模型假设：经济变量的变化过程是一个随机过程，时间序列是由该随机过程产生的一个样本。因此，时间序列具有随机性质，可以表示成随机项的线性组合，即可以用分析随机过程的方法建立时间序列模型。

与假设相对应有确定性时间序列分析方法和随机时间序列分析方法。

（1）确定性时间序列分析：设法消除随机型波动，拟合确定性趋势，因而形成了长期趋势分析、季节变动分析、循环变动测定等一系列确定性时间序列分析方法。

（2）随机时间序列分析方法：根据随机理论对随机时间序列进行分析。

10.1.4　回归分析与时间序列分析

时间序列分析在于测定时间序列中存在的长期趋势、季节性变动、循环波动及不规则变动，并进行统计预测；回归分析则侧重于测定解释变量对被解释变量的影响，侧重于因果关系的分析。回归分析与时间序列分析的主要区别如下：

（1）时间序列分析方法明确强调变量值顺序的重要性，而回归分析方法则不必如此。

（2）时间序列各观测值之间存在一定的依存关系，而回归分析一般要求每一变量各自独立。

（3）时间序列分析根据序列自身的变化规律来预测未来，而回归分析则根据某一变量与其他变量间的因果关系来预测该变量的未来。

（4）时间序列是一组随机变量的一次样本实现，而回归分析的样本值一般是对同一随机变量进行 n 次独立重复实验的结果。

10.2　确定性时间序列分析

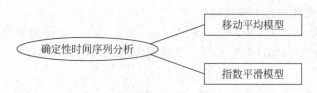

对于确定性时间序列，已经确定影响时间序列变化的要素，如季节等，针对确定要素做相应的处理的分析。可以通过移动平均和指数平滑等模型来体现出社会经济现象的长期趋势，以预测未来的发展趋势。

10.2.1　移动平均模型

移动平均法就是根据历史统计数据的变化规律，使用最近时期数据的平均数，利用上一个或几个时期的数据产生下一期的预测值。移动平均法是一种常用的确定性时间序列预测法。这里主要介绍一次移动平均预测法和加权一次移动平均预测法。

1. 一次移动平均预测法

已知序列 y_1、y_2、$\cdots$、y_n 是预测前的实际数据组成的时间序列。如果过早的数据已失去意义，不能反映当前数据的规律，那么可以用一次移动平均法来做预测。即保留最近一个时间区间内的数据，用其算术平均数作为预测值。

设时间序列为 $\{y_t\}$，取移动平均的项数为 n，则第 $t+1$ 期预测值的计算公式为：

$$\hat{y}_{t+1} = M_t^{(1)} = \frac{y_t + y_{t-1} + \cdots + y_{t-n+1}}{n} = \frac{1}{n}\sum_{j=1}^{n} y_{t-n+j}$$

其中，y_t 表示第 t 期实际值，$\hat{y}_{t+1}$ 表示第 $t+1$ 期预测值（$t \geqslant 0$）。预测标准误差为：

$$D = \sqrt{\frac{\sum (y_{t+1} - \hat{y}_{t+1})^2}{N - n}}$$

其中，N 为时间序列 $\{y_t\}$ 所含原始数据的个数。

当预测目标的基本趋势是在某一水平上上下波动时，可用一次移动平均法建立预测模型，即用最近 n 期序列值的平均值作为未来各期的预测结果。项数 n 的数值，要根据时间序列的特点而定，不宜过大或过小。n 过大会降低移动平均数的敏感性，影响预测的准确性；n 过小，移动平均数易受随机变动的影响，难以反映实际趋势。

【例 10.1】　如表 10.2 所示为某种商品 1 月到 12 月的实际销售量。假定未来的销售情况与近期销售情况有关，而与较远时间的销售情况联系不大。用一次移动平均法预测下一年 1 月份的销售量的过程如下。

用 3 个月移动平均预测下一年 1 月份的销售量为：

$$\hat{x}_{13} = \frac{x_{12} + x_{11} + x_{10}}{3} = \frac{1858 + 2000 + 1930}{3} \approx 1929$$

用 5 个月移动平均值预测下一年 1 月份的销售量为：

$$\hat{x}_{13} = \frac{x_{12} + x_{11} + x_{10} + x_9 + x_8}{5} = \frac{1858 + 2000 + 1930 + 1760 + 1810}{5} \approx 1872$$

由于 5 个月移动平均值对 12 月份的销售量拟合较好（参照表 10.2 最后一列），可以认为预测值 1872 比 1929 准确。

表 10.2　某种商品的实际销售量（单位：件）

月份	1	2	3	4	5	6	7	8	9	10	11	12
实际销售	1500	1725	1510	1720	1330	1535	1740	1810	1760	1930	2000	1858
3 个月平滑值				1578	1652	1520	1528	1535	1695	1770	1833	1897
5 个月平滑值						1557	1564	1567	1627	1635	1755	1848

2. 加权一次移动平均预测法

前面介绍的简单一次移动平均预测法，是把参与平均的数据在预测中所起的作用同等看待，但实际中参与平均的各期数据所起的作用往往是不同的。为此，需要采用加权移动平均法进行预测，加权一次移动平均预测法是其中比较简单的一种。其计算公式如下：

$$\hat{y}_{t+1} = \frac{W_1 y_t + W_2 y_{t-1} + \cdots + W_n y_{t-n+1}}{W_1 + W_2 + \cdots + W_n}$$

其中，y_t 表示第 t 期的实际值，$\hat{y}_{t+1}$ 表示第 $t+1$ 期预测值，W_i 表示权数，n 表示移动平均的项数。预测标准误差的计算公式与前面介绍的简单一次移动平均预测法的相同。

【例 10.2】 对于表 10.2,采用 3 个月移动平均预测法,权值为 $W_1=40$、$W_2=30$ 和 $W_3=20$,则下一年 1 月份的销售量为:

$$\hat{x}_{13} = \frac{40 \times x_{12} + 30 \times x_{11} + 20 \times x_{10}}{40 + 30 + 20} = \frac{40 \times 1858 + 30 \times 2000 + 20 \times 1930}{90} \approx 1921$$

移动平均法适合于短期预测。这种方法的优点就在于简单方便,但是对于波动较大的时间序列数据,预测的精度不高,误差很大。一般来说历史数据对未来值的影响是随着时间间隔的增长而递减的,或者数据的变化呈现某种周期性或季节性等特性,所以移动平均法权重的赋予方式就会使计算结果产生很大的误差,通常将较大的权值赋予中心元素以抵消平滑带来的影响。

10.2.2　指数平滑模型

与移动平均预测法不同,指数平滑法采用了更切合实际的方法,即对各期观测值依时间顺序进行加权平均作为预测值。它认为时间序列的态势具有稳定性或规则性,所以时间序列可被合理地顺势推延。最近的过去态势,在某种程度上会持续到未来,因此将较大的权数放在最近的事例上。这里主要介绍一次指数平滑法和二次指数平滑法。

1. 一次指数平滑法

该方法利用前一时期的数据进行预测的方法。它适用于变化比较平稳、增长或下降趋势不明显的时间序列数据的下一期的预测。其模型是:

$$\hat{y}_t = ky_{t-1} + (1-k)\hat{y}_{t-1}$$

其中,y_{t-1} 表示第 $t-1$ 期实际值,$\hat{y}_t$ 表示第 t 期预测值,$k(0 \leqslant k \leqslant 1)$ 称为平滑系数。该式说明只需前一时期的观测值及预测值即可预测本期值。每期预测值虽然只用了上期的观测值和预测值,但实际上包含了以前各个时刻数据的影响,从而指数平均法可看成是移动平均法的推广。

初始预测值的确定可以采用等于第一个观测值或者等于前 k 个值的算术平均的方法。

平滑系数 k 的取值对预测值的影响是很大的,但目前还没有一个很好的统一选值方法,一般是根据经验来确定的。当时间序列数据是水平型的发展趋势类型,k 可取较小的值,一般在 $0 \sim 0.3$ 之间。

【例 10.3】 某仓库 2013 年 1 月至 12 月钻头的实际使用量如表 10.1 所示,要求采用一次指数平滑法对 2014 年 1 月钻头需求量进行预测。

假设取上年度钻头使用的实际平均值 35 作为下一年 1 月份的初始预测值,即 $\hat{y}_t=35$,取平滑系数 $k=0.2$。求解过程如下:

$$\hat{y}_1 = \hat{y}_t = 35$$

$$\hat{y}_2 = 0.2 \times 27 + 0.8 \times 35 = 33.4$$

$$\hat{y}_3 = 0.2 \times 35 + 0.8 \times 33.4 = 33.72$$

$$\hat{y}_4 = 0.2 \times 33 + 0.8 \times 33.72 = 33.58$$

$$\hat{y}_5 = 0.2 \times 37 + 0.8 \times 33.58 = 34.26$$

$$\hat{y}_6 = 0.2 \times 35 + 0.8 \times 34.26 = 34.41$$

$$\hat{y}_7 = 0.2 \times 38 + 0.8 \times 34.41 = 35.13$$

$$\hat{y}_8 = 0.2 \times 24 + 0.8 \times 35.13 = 37.70$$

$$\hat{y}_9 = 0.2 \times 41 + 0.8 \times 37.70 = 38.36$$

$$\hat{y}_{10} = 0.2 \times 43 + 0.8 \times 38.36 = 39.29$$

$$\hat{y}_{11} = 0.2 \times 49 + 0.8 \times 39.29 = 41.23$$

$$\hat{y}_{12} = 0.2 \times 37 + 0.8 \times 41.23 = 40.38$$

$$\hat{y}_{13} = 0.2 \times 40 + 0.8 \times 40.38 = 40.30 \quad //2014\ 年\ 1\ 月钻头需求量预测值$$

取平滑系数 $k=0.5, k=0.8$，求解过程类似，每个月的预测数据如表 10.3 所示。也就是说，平滑系数分别取值为 $k=0.2$、$k=0.5$ 和 $k=0.8$ 时，预测 2014 年 1 月的钻头需求量分别为 40.3、40.67 和 39.83。

表 10.3 采用一次指数平滑法预测用量

时间	实际用量	预 测 值		
		$k=0.2$	$k=0.5$	$k=0.8$
2013 年 1 月	27	35	35	35
2013 年 2 月	35	33.4	31	28.6
2013 年 3 月	33	33.72	33	33.72
2013 年 4 月	37	33.58	33	33.14
2013 年 5 月	35	34.26	35	36.23
2013 年 6 月	38	34.41	35	35.25
2013 年 7 月	48	35.13	36.5	37.45
2013 年 8 月	41	37.7	42.25	45.89
2013 年 9 月	43	38.36	41.63	41.98
2013 年 10 月	49	39.29	42.32	42.80
2013 年 11 月	37	41.23	45.66	47.76
2013 年 12 月	40	40.38	41.33	39.15
2014 年 1 月		40.30	40.67	39.83

2. 二次指数平滑法

该方法是对一次指数平滑值再做一次指数平滑来进行预测的一种方法，但第 $t+1$ 期预测值并非第 t 期的二次指数平滑值，而是采用下列计算公式进行预测：

$$\begin{cases} S_t^{(1)} = ky_t + (1-k)S_{t-1}^{(1)} \\ S_t^{(2)} = kS_t^{(1)} + (1-k)S_{t-1}^{(2)} \\ \hat{y}_{t+T} = a_t + b_t T \end{cases}$$

其中，$S_t^{(1)}$ 表示第 t 期的第一次指数平滑值，$S_t^{(2)}$ 表示第 t 期的到二次指数平滑值，T 表示未来预测相差的期数，y_t 表示第 t 期实际值，$\hat{y}_{t+T}$ 表示第 $t+T$ 期预测值，k 表示平滑系数，模型参数 $a_t = 2S_t^{(1)} - S_t^{(2)}$，$b_t = \dfrac{k}{1-k}(S_t^{(1)} - S_t^{(2)})$。

初值 $S_0^{(1)}$、$S_0^{(2)}$ 的取值方法与 $\hat{y}_1$ 的取法相同。

【例 10.4】 某仓库 2013 年 1 月至 12 月钻头的实际使用量如表 10.1 所示，要求采用二次指数平滑法对 2014 年 1 月钻头需求量进行预测，假设 $k=0.2$。

假设初值 $S_0^{(1)}$、$S_0^{(2)}$ 均取值为 35，采用二次指数平滑法得到的结果如表 10.4 所示。

表 10.4　采用二次指数平滑法得到的结果

时间	实际用量	预测值（平滑系数 $k=0.2$）	
		第 1 次平滑结果	第 2 次平滑结果
2013 年 1 月	27	35	35
2013 年 2 月	35	33.4	35
2013 年 3 月	33	33.72	34.68
2013 年 4 月	37	33.58	34.49
2013 年 5 月	35	34.26	34.31
2013 年 6 月	38	34.41	34.30
2013 年 7 月	48	35.13	34.32
2013 年 8 月	41	37.7	34.48
2013 年 9 月	43	38.36	35.13
2013 年 10 月	49	39.29	35.77
2013 年 11 月	37	41.23	36.48
2013 年 12 月	40	40.38	37.43

采用 2013 年 12 月的值进行预测，有 $S_{12}^{(1)}=40.38$、$S_{12}^{(2)}=37.43$，则 $a_{12}=2S_{12}^{(1)}-S_{12}^{(2)}=2\times 40.38-37.43=43.33$，$b_{12}=\dfrac{k}{1-k}(40.48-37.43)=0.76$。预测 2014 年 1 月钻头需求量（将 2013 年 12 月看成第 12 期，2014 年 1 月看成第 13 期）：

$$\hat{y}_{13}=a_{12}+b_{12}T=43.33+0.76\times(13-12)=44.1$$

所以，采用二次指数平滑法预测 2014 年 1 月钻头需求量为 44.1。

也可以其他月份进行预测，如采用 2013 年 9 月，有 $S_9^{(1)}=38.36$、$S_9^{(2)}=35.13$，则 $a_9=2S_9^{(1)}-S_9^{(2)}=2\times 38.36-35.13=41.59$，$b_9=\dfrac{k}{1-k}(38.36-35.13)=0.81$。预测 2014 年 1 月钻头需求量：

$$\hat{y}_{13}=a_9+b_9T=41.59+0.81\times(13-9)=44.83$$

10.3　随机时间序列模型 *

知识梳理

10.3.1　随机时间序列模型概述

随机时间序列模型揭示时间序列不同时间点观测值之间的关系，将随机时间序列看成是依赖于时间 t 的一组随机变量，构成该序列的单个序列值虽然具有不确定性，但整个序列的变化却有一定的规律性，可以用相应的数学模型近似描述。通过对该数学模型的分析研究，能够更本质地认识时间序列的结构与特征，达到最小方差意义下的最优预测。

随机时间序列模型包括自回归模型 AR(p)、滑动（移动）平均模型 MA(q)、自回归滑动平均模型 ARMA(p,q)和差分整合移动平均自回归模型 ARIMA(p,d,q)等。这里简单介绍 AR(p)模型。

说明：对于数据挖掘应用者而言，可以不必掌握这些模型的复杂计算，数据挖掘工具如 SQL Server 都已经实现了这些求解过程。

10.3.2 自回归模型 AR(p)

若时间序列$\{y_t\}$中的 y_t 为它的前期值和随机项的线性函数，表示为：

$$y_t = \varphi_1 y_{t-1} + \varphi_2 y_{t-2} + \cdots + \varphi_p y_{t-p} + \mu_t$$

则称该时间序列$\{y_t\}$为自回归序列，该模型为 p 阶自回归模型（Auto-Regressive Model），记为 AR(p)。

其中：参数 φ_1、φ_2、$\cdots$、φ_p 为自回归参数，是模型的待估参数；μ_t 是一个白噪声，并假设 μ_t 与 y_{t-1}、y_{t-2}、$\cdots$、y_{t-p} 不相关。

所谓白噪声，是指描述简单随机干扰的平稳序列，是互相独立并且服从均值为 0、方差为 δ_μ^2 的正态分布的平稳序列。

为了表述上式方便引入滞后算子 B，其意义为 $By_t = y_{t-1}$，则上式模型可以表示为：

$$y_1 = \varphi_1 B y_1 + \varphi_2 B^2 y_1 + \cdots + \varphi_p B^p y_1 + \mu_1$$
$$y_2 = \varphi_1 B y_2 + \varphi_2 B^2 y_2 + \cdots + \varphi_p B^p y_2 + \mu_2$$
$$\cdots$$
$$y_t = \varphi_1 B y_t + \varphi_2 B^2 y_t + \cdots + \varphi_p B^p y_t + \mu_t$$

其中，$By_t = y_{t-1}$，$B^2 y_t = y_{t-2}$，$\cdots$，$B^p y_t = y_{t-p}$。

进一步有：

$$(1 - \varphi_1 B - \varphi_2 B^2 - \cdots - \varphi_p B^p) y_t = \mu_t$$

令

$$\varphi(B) = 1 - \varphi_1 B - \varphi_2 B^2 - \cdots - \varphi_p B^p$$

则可写为：

$$\varphi(B) y_t = \mu_t$$

对自回归序列考虑其平稳性条件，可以从最简单的一阶自回归序列进行分析。假设一阶自回归序列的模型为 $y_t = \varphi y_{t-1} + \mu_t$，同样 $y_{t-1} = \varphi y_{t-2} + \mu_{t-1}$，迭代下去有：

$$y_t = \mu_t + \varphi \mu_{t-1} + \varphi^2 \mu_{t-2} + \varphi^3 \mu_{t-3} \cdots$$

对于一阶自回归序列来讲，若系数 φ 的绝对值$|\varphi| < 1$，则称这个序列是渐进平稳的。对于 p 阶自回归序列来讲，如果是平稳时间序列，它要求滞后算子多项式 $\varphi(B)$ 的以下特征方程的所有根的绝对值皆大于 1：

$$1 - \varphi_1 z - \varphi_2 z^2 - \cdots - \varphi_p z^p = 0$$

即 p 阶自回归序列的渐平稳条件为$|z| > 1$。

自回归模型 AR(p)的参数估计过程是：假设其参数估计值 $\hat{\varphi}_1$、$\hat{\varphi}_2$、$\cdots$、$\hat{\varphi}_p$ 已经得到，有：

$$y_t = \hat{\varphi}_1 y_{t-1} + \hat{\varphi}_2 y_{t-2} - \cdots + \hat{\varphi}_p y_{t-p} + \hat{\mu}_t$$

误差的平方和 D 为：

$$D(\hat{\varphi}) = \sum_{t=p+1}^{n} \hat{\mu}_t^2 = \sum_{t=p+1}^{n} (y_t - \hat{\varphi}_1 y_{t-1} - \hat{\varphi}_2 y_{t-2} - \cdots - \hat{\varphi}_p y_{t-p})^2$$

根据最小二乘法原理，所要求的参数估计值 $\hat{\varphi}_1$、$\hat{\varphi}_2$、$\cdots$、$\hat{\varphi}_p$ 应该使得上式达到最小。所以它们应该是下列方程组的解：

$$\frac{\partial D}{\partial \varphi_j} = 0, \quad j = 12, \cdots, p$$

即：

$$\sum_{t=p+1}^{n} (y_t - \hat{\varphi}_1 y_{t-1} - \hat{\varphi}_2 y_{t-2} - \cdots - \hat{\varphi}_p y_{t-p}) y_{t-j} = 0$$

解该方程组，就可得到待估参数的估计值 $\hat{\varphi}_1$、$\hat{\varphi}_2$、$\cdots$、$\hat{\varphi}_p$，从而得到相应的自回归模型 $y_t = \hat{\varphi}_1 y_{t-1} + \hat{\varphi}_2 y_{t-2} + \cdots + \hat{\varphi}_p y_{t-p} + \mu_t$。

例如，有 AR(1) 模型 $y_t = 0.6 y_{t-1} + \mu_t$。

则：

$$(1 - 0.6B) y_t = \mu_t$$

$$y_t = \frac{1}{1 - 0.6B} \mu_t = (1 + 0.6B + 0.36B^2 + 0.216B^3 + \cdots) \mu_t$$

$$= \mu_t + 0.6\mu_{t-1} + 0.36\mu_{t-2} + 0.216\mu_{t-3} + \cdots$$

从而变换为一个无限阶的移动平均过程。

10.4　SQL Server 时间序列分析

知识梳理

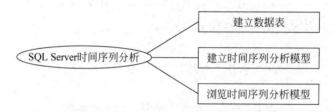

本节介绍采用 SQL Server 对表 10.1 所示的数据进行时间序列分析的过程。

10.4.1　建立数据表

在 SQL Server 管理器的 DMK 数据库中建立表 TS，其结构如图 10.6 所示，其中 T 列为 date 数据类型。输入表 10.1 中的数据，如图 10.7 所示，每个月份数据的日期都假设为该月份的 1 号。

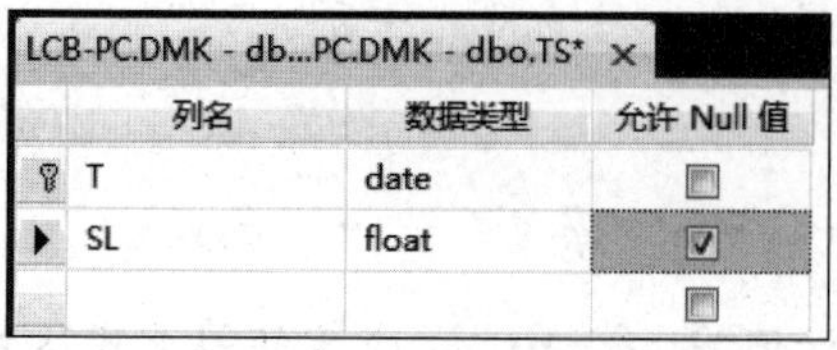

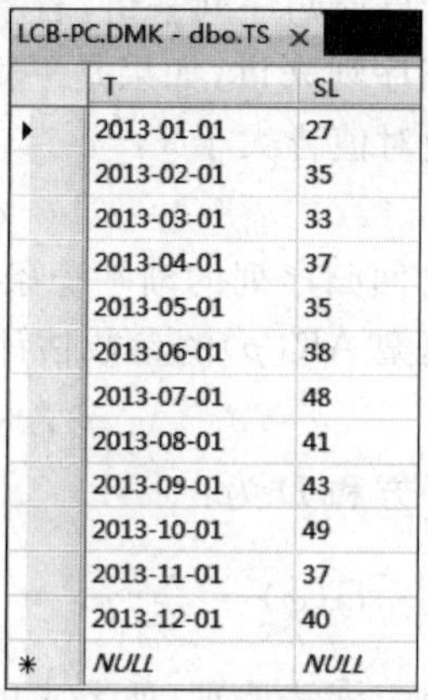

LCB-PC.DMK - dbo.TS ×	
T	SL
2013-01-01	27
2013-02-01	35
2013-03-01	33
2013-04-01	37
2013-05-01	35
2013-06-01	38
2013-07-01	48
2013-08-01	41
2013-09-01	43
2013-10-01	49
2013-11-01	37
2013-12-01	40
NULL	NULL

LCB-PC.DMK - db...PC.DMK - dbo.TS* ×		
列名	数据类型	允许 Null 值
T	date	☐
SL	float	☑
		☐

图 10.6　TS 表结构

图 10.7　TS 表数据

10.4.2　建立时间序列分析模型

1. 建立数据源视图

启动 SQL Server Data Tools，从"文件"→"最近使用的项目和解决方案"列表中选择 DM 项目。

新建 DMK4.dsv 数据源视图的过程如下：

（1）在"解决方案资源管理器"中右击"数据源视图"，在出现的快捷菜单中选择"新建数据源视图"命令，启动新建数据源视图向导，单击"下一步"按钮。

（2）保持关系数据源 DMK 不变，单击"下一步"按钮。

（3）在"名称匹配"对话框中保持默认的"与主键同名"选项，单击"下一步"按钮。

（4）在"选择表和视图"对话框中选择 TS 表，如图 10.8 所示。单击"下一步"按钮。

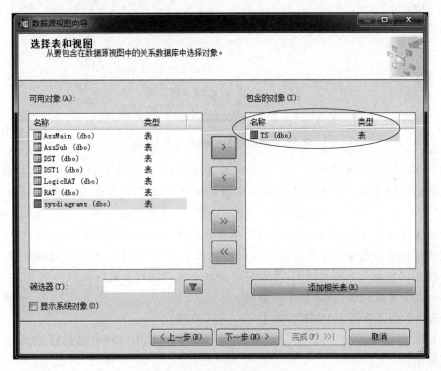

图 10.8　"选择表和视图"对话框

（5）在出现的对话框中修改数据源视图名称为 DMK4，单击"完成"按钮。这样就创建了数据源视图 DMK4.dsv，它包含 DMK 数据库的 DST 表。

2. 建立挖掘结构 TS.dmm

其步骤如下。

（1）在解决方案资源管理器中，右击"挖掘结构"，选择"新建挖掘结构"命令启动数据挖掘向导。在"欢迎使用数据挖掘向导"对话框中单击"下一步"按钮。在"选择定义方法"对话框中，确保已选中"从现有关系数据库或数据仓库"，再单击"下一步"按钮。

（2）出现"创建数据挖掘结构"对话框，从"您要使用何种数据挖掘技术？"下拉列表中选择"Microsoft 时序"，如图 10.9 所示，单击"下一步"按钮。

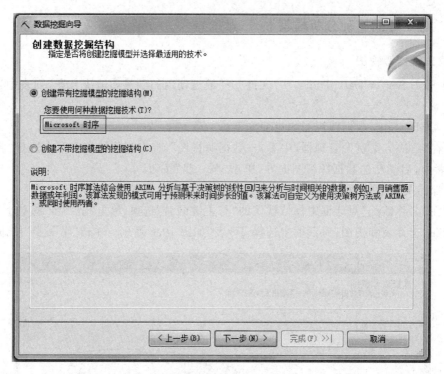

图 10.9　指定"Microsoft 时序"算法

说明：Microsoft 时序算法提供了一些针对连续值（例如一段时间内的产品销售额）预测进行了优化的回归算法。该算法使用两个单独的模型，ARTXP 算法针对短期预测进行了优化，因此可预测序列中下一个可能的值；ARIMA 算法针对长期预测进行了优化。也可以使用这两种算法的混合方式，以在时间序列中采用短期预测或长期预测进行混合优化。每个时间序列预测模型必须包含一个用作事例序列的数值或日期列，该列定义了该模型将使用的时间段。必须至少包含一个可预测列，算法将根据这个可预测列生成时间序列模型，可预测列的数据类型必须具有连续值，使用的是离散值。

（3）选择数据源视图为 DMK4，单击"下一步"按钮。

（4）出现"指定表类型"对话框，在 DST 表的对应行中选中"事例"复选框（默认值）。单击"下一步"按钮。

（5）出现"指定定型数据"对话框，设置数据挖掘结构如图 10.10 所示。单击"下一步"按钮。

（6）出现"指定列的内容和数据类型"对话框，保持默认值（其中 T 为 date 数据类型），表示不修改列的数据类型，单击"下一步"按钮。

（7）出现"完成向导"对话框，在"挖掘结构名称"和"挖掘模型名称"中输入 TS。然后单击"完成"按钮。

（8）单击"挖掘模型"选项卡，右击挖掘模型结构名称 TS，在出现的快速菜单中选择"设置算法参数"命令，在"算法参数"对话框中设置参数如图 10.11 所示，单击"确定"按钮。

设置各个参数的说明如下。

① AUTO_DETECT_PERIODICITY：指定一个介于 0～1 的数值，用于检测周期。默认值为 0.6。

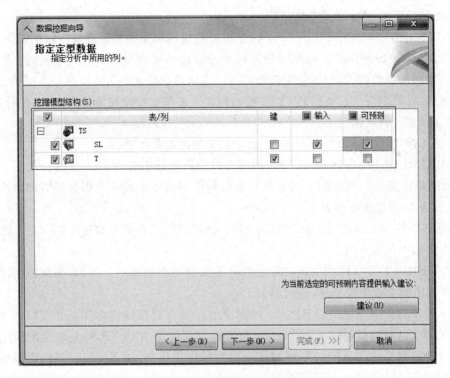

图 10.10　"指定定型数据"对话框

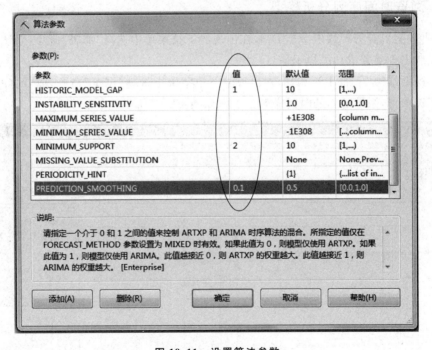

图 10.11　设置算法参数

② COMPLEXITY_PENALTY：控制决策树的增长。默认值为 0.1。减少该值将增大拆分的几率。增大该值将减小拆分的几率。

③ FORECAST_METHOD：指定要用于分析和预测的算法。可能值为 ARTXP、

ARIMA 或 MIXED。默认值为 MIXED。

④ HISTORIC_MODEL_COUNT：指定将要生成的历史模型的数量。默认值为 1。

⑤ ISTORICAL_MODEL_GAP：指定两个连续的历史模型之间的时间间隔。默认值为 10，该值表示时间单位数，其中单位由模型定义。这里更改为 1。

⑥ INSTABILITY_SENSITIVITY：控制预测方差超过特定阈值的点，在该点后 ARTXP 算法将禁止预测。默认值为 1。

⑦ MAXIMUM_SERIES_VALUE：指定用于预测的最大值。

⑧ MINIMUM_SERIES_VALUE：指定可以预测的最小值。

⑨ MINIMUM_SUPPORT：指定在每个时间序列树中生成一个拆分所需的最小时间段数。默认值为 10。这里更改为 2。

⑩ MISSING_VALUE_SUBSTITUTION：指定如何填补历史数据中的空白。默认情况下，不允许数据中存在空白。

⑪ PERIODICITY_HINT：提供算法的有关数据周期的提示。例如，如果销售额按年度变化，且序列中的度量单位是月，则周期为 12。

⑫ PREDICTION_SMOOTHING：指定应如何混合模型以优化预测。可以输入 0 和 1 之间的任何值，也可以使用以下值之一：0 指定预测仅使用 ARTXP，针对较少的预测来优化预测；1 指定预测仅使用 ARIMA，针对多个预测来优化预测。0.5（默认值）指定预测时两个算法都应使用并混合结果。这里更改为 0.1，因为是短期预测，更偏向使用 ARTXP 算法。

10.4.3　浏览时间序列分析模型

在解决方案资源管理器中单击 DM，在出现的下拉菜单中选择"部署"命令，系统开始执行部署，完成后出现部署成功的提示信息。

单击"挖掘结构"下的 TS.dmm，在出现的下拉菜单中选择"浏览"命令，或者打开"挖掘模型查看器"选项卡，系统显示的时间序列分析图如图 10.12 所示。

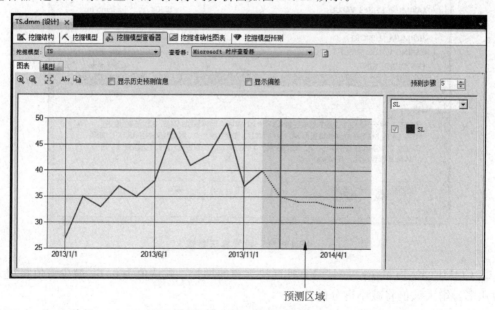

预测区域

图 10.12　时间序列分析图

图 10.12 中的虚线表示预测值,单击虚线处时,在"挖掘图例"窗口中显示预测值,如图 10.13 所示显示 2014 年 1 月的预测值为 35。

单击"模型"选项卡,出现如图 10.14 所示的显示结果,它将建立的时间序列模型以树结构呈现出来。

右击树中第 3 层次第 1 个结点,在出现的下拉菜单中选择"显示图例"命令,出现如图 10.15 所示的"挖掘图例"对话框,其中显示了所求的系数和使用的 ARIMA 公式。

图 10.13　显示预测值

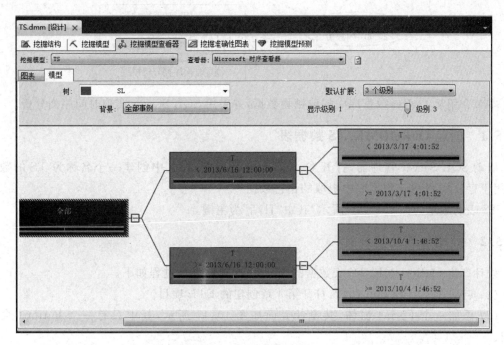

图 10.14　"模型"选项卡

图 10.15　"挖掘图例"窗口

10.5　电子商务数据的时间序列分析

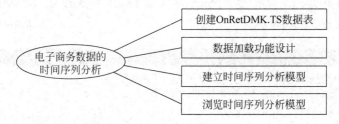

本节介绍从 OnRet 数据库中提取销售数据,并采用 SQL Server 实现时间序列分析。

10.5.1　创建 OnRetDMK. TS 数据表

启动 SQL Server 管理器,打开 OnRetDMK 数据库,在其中创建一个名称为 TS 的数据表,用于存放从 OnRet 数据库中提取的销售数据。

TS 表的表结构如图 10.16 所示,其中"日期"为主键。

10.5.2　数据加载功能设计

设计产生 OnRetDMK. TS 表数据的 Windows 窗体设计过程如下。

(1) 启动 Visual Studio 2012,打开第 4 章创建的 ETL 项目。

(2) 添加一个 Form4 窗体,其设计界面如图 10.17 所示,其中只有一个 button1 命令按钮。

图 10.16　TS 表结构　　　　　　　　　图 10.17　Form4 窗体的设计界面

(3) 在窗体上设计如下事件处理方法:

```
private void button1_Click(object sender, EventArgs e)
{   string mystr, mysql;
    SqlConnection myconn = new SqlConnection();
    mystr = "Data Source = LCB - PC;Initial Catalog = OnRet;Integrated Security = True";
    myconn.ConnectionString = mystr;
    myconn.Open();
    mysql = "SELECT 日期,SUM(金额) AS 金额 "
        + "FROM Sales GROUP BY 日期 ORDER BY 日期";
```

```
SqlDataAdapter myda = new SqlDataAdapter(mysql, myconn);
myconn.Close();
DataSet mydataset = new DataSet();            //获取 OnRet 数据库中的数据
myda.Fill(mydataset, "mydata");
mystr = "Data Source = LCB - PC;Initial Catalog = OnRetDMK;Integrated Security = True";
myconn.ConnectionString = mystr;
myconn.Open();
SqlCommand mycmd;
string rq, jr;
for (int i = 0; i < mydataset.Tables["mydata"].Rows.Count; i++)
{   rq = mydataset.Tables["mydata"].Rows[i][0].ToString().Trim();    //当前记录的日期
    jr = mydataset.Tables["mydata"].Rows[i][1].ToString().Trim();    //当前记录的金额
    mysql = "INSERT INTO TS(日期,销售金额) "
        + "VALUES('" + rq + "'," + jr + ")";
    mycmd = new SqlCommand(mysql, myconn);
    mycmd.ExecuteNonQuery();
}
myconn.Close();
MessageBox.Show("从 OnRet 载入数据到 OnRetDMK 执行完毕!", "操作提示");
}
```

上述事件处理方法的过程是：采用如下 SQL 语句将 OnRet 数据库中 Sales 表数据提取到 DataSet 对象 mydataset 的 mydata 表中：

```
SELECT 日期,SUM(金额) AS 金额
FROM Sales
GROUP BY 日期
ORDER BY 日期
```

然后,扫描 mydata 表的所有行,将其插入到 TS 表中。

(4) 启动 Form4 窗体,单击"产生 TS 表数据"命令按钮。TS 表中产生的数据如表 10.5 所示。

表 10.5　TS 表中数据

日期	销售金额	日期	销售金额
2014-01-01	149 155	2015-01-25	140 547
2014-01-04	44 481	2015-04-10	24 719
2014-02-01	48 989	2015-06-23	21 095
2014-04-10	62 996	2015-06-24	90 976
2014-08-15	73 213	2015-06-25	46 088
2014-11-11	125 566	2015-07-22	5689
2014-12-20	39 936	2015-08-01	12 659

10.5.3　建立时间序列分析模型

启动 SQL Server Data Tools,从"文件"→"最近使用的项目和解决方案"列表中选择 OnRetDM 项目。

在该项目中添加数据源视图 On Ret DMK 2.dsv 和挖掘结构 TS.dmm,其过程与 10.4 节创建时间序列分析挖掘模型的过程类似。

在创建数据源视图 On Ret DMK 2.dsv 时,在"数据表和视图"对话框中从"可用对象"列表中选择 TS 表,如图 10.18 所示。

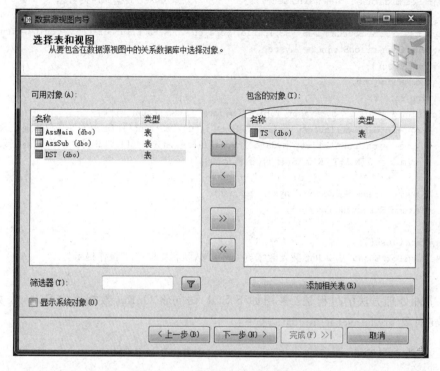

图 10.18　"选择表和视图"对话框

在创建时间序列挖掘结构 TS.dmm 时,设置挖掘模型的定型数据如图 10.19 所示,设置算法参数如图 10.20 所示。其他设置与 10.4 节建立的挖掘模型相同。这里数据源视图和挖掘结构名称均采用默认值。

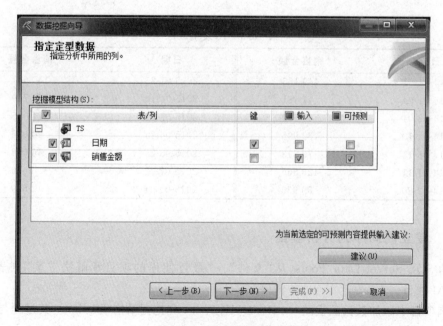

图 10.19　指定定型数据

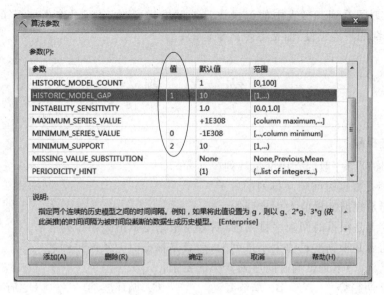

图 10.20 设置算法参数

10.5.4 浏览时间序列分析模型

在解决方案资源管理器中单击 DM,在出现的下拉菜单中选择"部署"命令,系统开始执行部署,完成后出现部署成功的提示信息。

单击"挖掘结构"下的 TS.dmm,在出现的下拉菜单中选择"浏览"命令,或者单击"挖掘模型查看器"选项卡,并将"预测步骤"增大为 10,系统显示该模型的时间序列图如图 10.21 所示,2015 年 8 月 2 日的预测销售金额为 28 925,2015 年 8 月 3 日的预测销售金额为 84 365,2015 年 8 月 8 日的预测销售金额为 119 500 等。

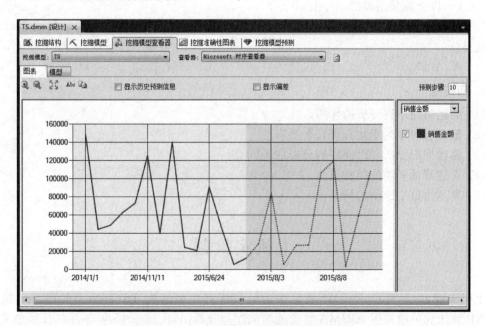

图 10.21 时间序列挖掘结构的时间序列图

从时间序列图看到,TS表中的记录按日期顺序排列,每个记录作为一个事例,事例之间并没有考虑日期的不连续性,而是等距离看待的。

练 习 题

1. 单项选择题

(1) 时间序列与一般的有序变量数列(　　)。

　　A. 都是根据时间顺序排列的

　　B. 都是根据变量值大小排列的

　　C. 前者是根据时间顺序排列的,后者是根据变量值大小排列的

　　D. 前者是根据变量值大小排列的,后者是根据时间顺序排列的

(2) 以下(　　)不是影响时间序列变化的要素。

　　A. 长期趋势　　　　　B. 季节变动　　　　C. 循环波动　　　　D. 有规则变化

(3) 时间序列的类型分为(　　)。

　　A. 平稳序列和非平稳序列　　　　　　　　B. 大序列和小序列

　　C. 有趋势序列和无趋势序列　　　　　　　D. 随机序列和非随机序列

(4) 以下有关回归分析与时间序列分析的叙述中正确的是(　　)。

　　A. 时间序列分析方法明确强调变量值顺序的重要性,而回归分析方法不是

　　B. 时间序列各观测值之间存在一定的依存关系,而回归分析一般要求每一变量各自独立

　　C. 时间序列是一组随机变量的一次样本实现,而回归分析的样本值一般是对同一随机变量进行多次独立重复实验的结果

　　D. 以上都是正确的

(5) 已知某企业第 20 期的模型参数 $a=918.5$、$b=105$,用二次指数平滑法预测第 25 期的销售量是(　　)。

　　A. 1023.5　　　　　B. 1443.5　　　　　C. 4697.5　　　　　D. 5117.5

2. 问答题

(1) 简述时间序列分析的作用。

(2) 影响时间序列变化有哪几个要素?

(3) 简述回归分析与时间序列分析的不同点。

(4) 简述移动平均法的特点。

(5) 简述指数平滑法的特点。

上机实验题

上机实现 10.5 节 OnRetDM 项目中的时间序列挖掘结构 TS. dmm。并给出单独采用 ARTXP 算法和单独采用 ARIMA 算法的时间序列分析图,比较 2015 年 8 月 8 日单独采用这两种算法的预测结果。

第 11 章 聚 类 算 法

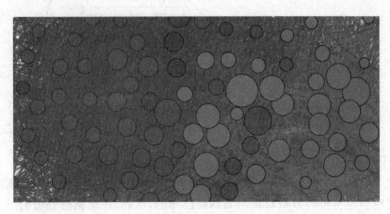

一个区域聚类图

本章指南

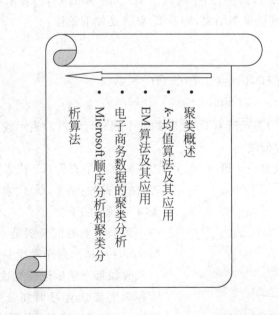

- 聚类概述
- k-均值算法及其应用
- EM算法及其应用
- 电子商务数据的聚类分析
- Microsoft顺序分析和聚类分析算法

11.1 聚 类 概 述

知识梳理

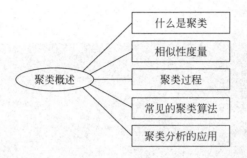

11.1.1 什么是聚类

分类和聚类(Clustering)是两个容易混淆的概念,事实上它们具有显著区别。在分类中,为了建立分类模型而分析的数据对象的类别是已知的,然而,在聚类时处理的所有数据对象的类别都是未知的。因此,分类是有指导的,是通过例子(训练样本集)学习的过程,而聚类是无指导的,是通过观察学习的过程。本章介绍聚类的概念和各种常用的聚类算法。

聚类分析(又称群分析)是将数据对象的集合分成相似的对象类的过程。使得同一个簇(或类)中的对象之间具有较高的相似性,而不同簇中的对象具有较高的相异性。

簇是数据对象(如数据点)的集合,这些对象与同一簇中的对象彼此相似,而与其他簇的对象相异。

聚类可形式地描述为:$D=\{o_1,o_2,\cdots,o_n\}$ 表示 n 个对象的集合,o_i 表示第 $i(i=1,2,\cdots,n)$ 个对象,C_x 表示第 $x(x=1,2,\cdots,k)$ 个簇,$C_x\subseteq D$。用 $\mathrm{Sim}(o_i,o_j)$ 表示对象 o_i 与对象 o_j 之间的相似度。若各簇 C_x 是刚性聚类结果,则各 C_x 需满足如下条件:

(1) $\bigcup\limits_{x=1}^{k}C_x=D$

(2) 对于 $\forall C_x,C_y\subseteq D,C_x\neq C_y$,有 $C_x\bigcap C_y=\Phi$

(3) $\mathrm{Min}_{\forall o_{x_u},o_{x_v}\in C_x,\forall C_x\subseteq D}(\mathrm{Sim}(o_{x_u},o_{x_v}))>\mathrm{Max}_{\forall o_{x_s}\in C_x,\forall o_{y_t}\in C_y,\forall C_x,C_y\subseteq D\&C_x\neq C_y}(\mathrm{Sim}(o_{x_s},o_{y_t}))$

其中,条件(1)和(2)表示所有 C_x 是 D 的一个划分,条件(3)表示簇内任何对象的相似度均大于簇间任何对象的相似度。

如图 11.1 所示,假设一个班有 35 个学生,来自 4 个省份,C_1 代表"湖南省"的学生,C_2 代表"江苏省"的学生,C_3 代表"四川省"的学生,C_4 代表"广东省"的学生。

每个学生的记录就是一个对象 o_i,$n=35$,$D=\{o_1,o_2,\cdots,o_{35}\}$,每个学生只属于一个省份。

假如每个学生记录有饮食习惯的描述属性,将所有学生按饮食习惯划分省份的过程称为聚类。例如,湖南学生嗜辣、喜苦味,江苏学生口味较淡、

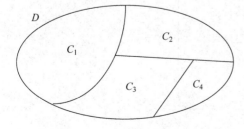

图 11.1 将 D 划分为 4 个簇

喜"糖",四川学生爱麻辣、喜火锅,广东学生口味较淡、喜味鲜。

若划分结果为 $C_1 = \{o_1, o_2, \cdots, o_{10}\}$, $C_2 = \{o_{11}, o_{12}, \cdots, o_{20}\}$, $C_3 = \{o_{21}, o_{22}, \cdots, o_{30}\}$, $C_4 = \{o_{31}, o_{32}, \cdots, o_{35}\}$,显然有:

$$\bigcup_{x=1}^{4} C_x = D, \text{对于} \forall C_x, C_y \subseteq D, C_x \neq C_y, \text{有} C_x \bigcap C_y = \Phi.$$

11.1.2　相似性度量

对象之间的相似性是聚类分析的核心。对于不同的聚类应用,其相似度的定义方式是不同的。常用的相似性度量有距离、密度、连通性和概念等。这里仅仅介绍距离相似性度量。

通常,对象之间的距离越近表示它们越相似。若每个对象用 m 个属性来描述(称为描述属性),即对象 o_i 表示为 $o_i = (o_{i1}, o_{i2}, \cdots, o_{im})$,则常用的距离度量如下。

1. 曼哈坦距离

$$\text{dist}(o_i, o_j) = \sum_{k=1}^{m} |o_{ik} - o_{jk}|$$

2. 欧几里得距离

$$\text{dist}(o_i, o_j) = \|o_i - o_j\| = \sqrt{\sum_{k=1}^{m} (o_{ik} - o_{jk})^2}$$

3. 闵可夫斯基距离

$$\text{dist}(o_i, o_j) = \sqrt[q]{\sum_{k=1}^{m} |o_{ik} - o_{jk}|^q}$$

其中,q 是一个正整数。显然,$q=1$ 时,即为曼哈坦距离;当 $q=2$ 时,即为欧几里得距离。此外,还有加权的闵可夫斯基距离 $\left(\sum_{k=1}^{m} w_k = 1\right)$:

$$\text{dist}(o_i, o_j) = \sqrt[q]{\sum_{k=1}^{m} w_k |o_{ik} - o_{jk}|^q}$$

以上距离函数 $\text{dist}(o_i, o_j)$ 通常满足以下性质:

(1) 非负性,$\text{dist}(o_i, o_j)$ 必须是一个非负数。

(2) $\text{dist}(o_i, o_i) = 0$,某个对象到自己的距离为 0。

(3) 对称性,$\text{dist}(o_i, o_j) = \text{dist}(o_j, o_i)$。

(4) $\text{dist}(o_i, o_j) \leqslant \text{dist}(o_i, o_k) + \text{dist}(o_k, o_j)$,即距离函数满足三角不等式。

通常相似度函数 $\text{Sim}(o_i, o_j)$ 与距离成反比,在确定好距离函数后,可设计相似度函数如下:

$$\text{Sim}(o_i, o_j) = \frac{1}{1 + \text{dist}(o_i, o_j)}$$

11.1.3　聚类过程

典型的聚类过程如图 11.2 所示,其中各部分的说明如下。

(1) 数据准备:为聚类分析准备数据,包括数据的预处理。

(2) 属性选择:从最初的属性中选择最有效的属性用于聚类分析。

(3) 属性提取:通过对所选属性进行转换形成更有代表性的属性。

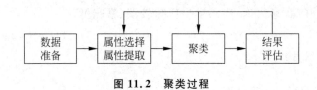

图 11.2　聚类过程

（4）聚类：采用某种聚类算法对数据进行聚类或分组。

（5）结果评估：对聚类生成的结果进行评价。

11.1.4　常见的聚类算法

聚类分析算法很多，大体上可以分为如下 5 类。

1. 基于划分的算法

基于划分的算法就是根据用户输入值 k 把给定对象分成 k 组，每组都是一个聚类，然后利用循环再定位技术变换聚类里面的对象，直到满足指定的条件为止。典型的基于划分的算法有 k-均值（k-means）和 k-中心点算法。

2. 基于层次的算法

基于层次的算法是对给定的对象集合进行层次分解，可分为两种类型：凝聚的和分裂的。凝聚的方法也叫自底向上的方法，即一开始将每个对象作为一个单独的簇，然后根据一定标准进行合并，直到所有对象合并为一个簇或达到终止条件为止。分裂的方法也叫自顶向下的方法，即一开始将所有对象放到一个簇中，然后进行分裂，直到所有对象都成为单独的一个簇或达到终止条件为止。典型基于层次的算法有 BIRCH 和 CURE。

3. 基于密度的算法

基于密度的算法主要是依据合适的密度函数来进行聚类，即不断增长所获得的聚类直到邻近（对象）密度超过一定的阈值为止。典型基于密度的算法有 DBSCAN 和 OPTICS。

4. 基于网格的算法

基于网格的算法即将对象空间划分为有限数目的单元以形成网格结构。所有聚类操作都在这一网格结构上进行。典型基于网格的算法有 STING。

5. 基于模型的算法

基于模型的算法为每个聚类假设一个模型，然后按照模型去发现符合的对象。这样的方法经常基于这样的假设：数据是根据潜在的概率分布生成的。主要有两类：统计学方法和神经网络方法。典型基于模型的算法有 EM、COBWEB 和 SOMS。

本章主要介绍 SQL Server 中实现了的 k-均值、EM 以及 Microsoft 顺序分析和聚类分析三种算法。

11.1.5　聚类分析的应用

聚类分析在数据挖掘中的应用主要有以下几个方面。

（1）聚类分析可以用于数据预处理。利用聚类分析进行数据划分，可以获得数据的基本概况，在此基础上进行特征抽取或分类就可以提高精确度和挖掘效率。

（2）可以作为一个独立的工具来获得数据的分布情况。聚类分析是获得数据分布情况的有效方法。通过观察聚类得到的每个簇的特点,可以集中对特定的某些簇做进一步分析。这在诸如市场细分、目标顾客定位、业绩估评、生物种群划分等方面具有广阔的应用前景。

(3) 聚类分析可以完成孤立点挖掘。许多数据挖掘算法试图使孤立点影响最小化,或者排除它们,然而孤立点本身可能是非常有用的,如在欺诈探测中,孤立点可能预示着欺诈行为的存在。在聚类分析后,可以将对象数很少的簇当作孤立点。

11.2　*k*-均值算法及其应用

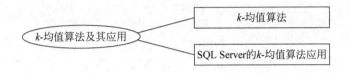

11.2.1　*k*-均值算法

1. *k*-均值算法的执行过程

k-均值(*k*-means)算法是一种基于距离的聚类算法,采用欧几里得距离作为相似性的评价指标,即认为两个对象的距离越近,其相似度就越大。该算法认为簇是由距离靠近的对象组成的,因此把得到紧凑且独立的簇作为最终目标。

k-均值(*k*-means)算法的基本过程如下。

(1) 首先输入 k 的值,即希望将数据集 $D=\{o_1,o_2,\cdots,o_n\}$ 经过聚类得到 k 个分类或分组。

(2) 从数据集 D 中随机选择 k 个数据点作为簇质心,每个簇质心代表一个簇。这样得到的簇质心集合为 $\text{Centroid}=\{Cp_1,Cp_2,\cdots,Cp_k\}$。

(3) 对 D 中每一个数据点 o_i,计算 o_i 与 $Cp_j(j=1,2,\cdots,k)$ 的距离,得到一组距离值,从中找出最小距离值对应的簇质心 Cp_s,则将数据点 o_i 划分到以 Cp_s 为质心的簇(C_s 簇)中,如图 11.3 所示。

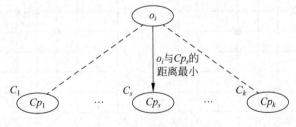

图 11.3　将 o_i 划分到 C_s 簇中

(4) 根据每个簇所包含的对象集合,重新计算得到一个新的簇质心。若 $|C_x|$ 是第 x 个簇 C_x 中的对象个数,m_x 是这些对象的质心,即:

$$m_x = \frac{1}{|C_x|}\sum_{o \in C_x} o$$

这里的簇质心 m_x 是簇 C_x 的均值,这就是 *k*-均值算法名称的由来。

（5）如果这样划分后满足目标函数的要求，可以认为聚类已经达到期望的结果，算法终止，否则需要迭代步骤（3）～（5）。通常目标函数设定为所有簇中各个对象与均值间的误差平方和（Sum of the Squared Error，SSE）小于某个阈值 ε，即：

$$SSE = \sum_{x=1}^{k} \sum_{o \in C_x} \mid o - m_x \mid^2 \leqslant \varepsilon$$

上述算法一定可以最小化 SSE，其证明如下。

因为有：

$$SSE = \sum_{x=1}^{k} \sum_{o \in C_x} \mid o - m_x \mid^2$$

为了使其最小化，可以对第 x 个簇 C_x 的质心 m_x 求导并令导数为 0：

$$\frac{\partial SSE}{\partial m_x} = \frac{\sum_{i=1}^{k} \sum_{o \in C_i} (o - m_i)^2}{\partial m_x} = \sum_{i=1}^{k} \sum_{o \in C_i} \frac{\partial (o - m_i)^2}{\partial m_x} = \sum_{o \in C_i} 2(o - m_k) = 0$$

则：

$$\sum_{o \in C_i} (o - m_k) = 0, \quad m_k \sum_{o \in C_i} 1 = \sum_{o \in C_i} o$$

$m_x \mid C_x \mid = \sum_{o \in C_x} o$，推出

$$m_x = \frac{1}{\mid C_x \mid} \sum_{o \in C_x} o$$

也就是说，以一个簇的均值为质心，可以使 SSE 最小化。

【例 11.1】 如图 11.4 所示是二维空间中的 10 个数据点（数据对象集），采用欧几里得距离，进行 2-均值聚类，其过程如下。

（1）$k = 2$，随机选择两个点作为质心，假设选取的质心在图中用实心圆点表示。

（2）第一次迭代，将所有点按到质心的距离进行划分，其结果如图 11.5 所示。

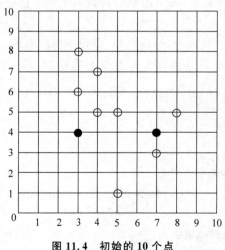
图 11.4　初始的 10 个点

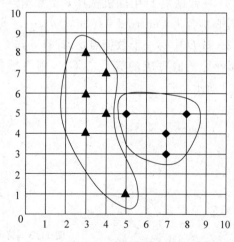
图 11.5　第一次迭代

（3）假设这样划分后不满足目标函数的要求，重新计算质心，如图 11.6 所示，得到两个新的质心。

（4）第 2 次迭代，其结果如图 11.7 所示。

（5）假设这样划分后满足目标函数的要求，则算法结束，第 2 次划分的结果即为所求；否

则还需要继续迭代。

2. 完整的 k-均值算法

完整的 k-均值算法如下。

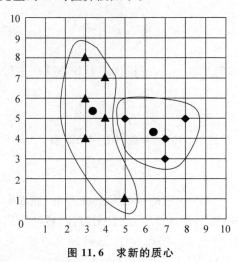

图 11.6 求新的质心

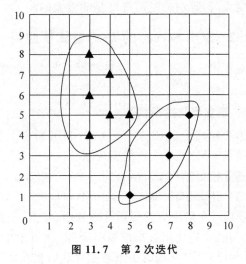

图 11.7 第 2 次迭代

输入：数据对象集合 D，簇数目 k，阈值 ε。

输出：k 个簇的集合。

方法：其过程描述如下。

从 D 中随机选取 k 个不同的数据对象作为 k 个簇 C_1、C_2、$\cdots$、C_k 的中心 m_1、m_2、$\cdots$、m_k；
while (true)
{　for (D 中每个数据对象 o)
　{　求 i，使得 $i = \arg \underset{j}{\text{MIN}}\{dis \tan ce(o - o_j)\}$；
　　　将 o 分配到簇 C_i 中；
　}
　for (每个簇 C_i)

　　　计算 $m_i = \dfrac{\sum\limits_{o \in C_i} o}{|C_i|}$；　　　　// 计算新的质心，$|C_i|$ 为簇 C_i 中的对象数目

　　　计算误差平方和 $\text{SSE} = \sum\limits_{x=1}^{k} \sum\limits_{o \in C_x} |o - m_x|^2$；

　　　if(SSE $\leqslant \varepsilon$) break;　　　　//满足条件,退出循环
}

3. k-均值算法的特点

k-均值算法的优点如下。

(1) 算法框架清晰，简单，容易理解。

(2) 算法确定的 k 个划分会使误差平方和 SSE 最小。当聚类是密集的，且类与类之间区别明显时，效果较好。

(3) 对于处理大数据集，这个算法是相对可伸缩和高效的。

k-均值算法的缺点如下。

(1) 算法中 k 要事先给定，这个 k 值的选定是非常难以估计的。

(2) 算法对异常数据如噪声和离群点很敏感。在计算质心的过程中，如果某个数据很异常，在计算均值的时候，会对结果影响非常大。

（3）算法首先需要确定一个初始划分，然后对初始划分进行优化。这个初始聚类中心的选择对聚类结果有较大的影响。

（4）算法需要不断地进行样本分类调整，不断地计算调整后的新的聚类中心，因此当数据量非常大时，算法的时间开销是非常大的。

11.2.2　SQL Server 的 k-均值算法应用

对于第 6 章表 6.4 所示的训练数据集，介绍采用 SQL Server 提供的 k-均值算法进行聚类分析。

1. 建立聚类挖掘模型

聚类挖掘模型 Cluster1.dmm 利用 6.3.1 节创建的 DMK 数据库的 DST 表，以及 6.3.2 节创建的 DMK1.dsv 数据源视图。

建立挖掘结构 Cluster1.dmm 的步骤如下。

（1）启动 SQL Server Data Tools，从"文件"→"最近使用的项目和解决方案"列表中选择 DM 项目。在解决方案资源管理器中，右击"挖掘结构"，再选择"新建挖掘结构"启动数据挖掘向导。在"欢迎使用数据挖掘向导"对话框中单击"下一步"按钮。在"选择定义方法"对话框中，确保已选中"从现有关系数据库或数据仓库"，再单击"下一步"按钮。

（2）出现"创建数据挖掘结构"对话框，在"您要使用何种数据挖掘技术？"下拉列表中选择"Microsoft 聚类分析"，如图 11.8 所示，单击"下一步"按钮。

图 11.8　指定聚类分析算法

说明：Microsoft 聚类分析算法提供两种创建分类，并为分类分配数据点的方法。第一种方法是 k-means 算法，这是一种硬聚类分析方法。这意味着一个数据点只能属于一个分类，并会为该分类中的每个数据点的成员身份计算一个概率。第二种方法是"期望值最大化"（EM）方法，这是软聚类分析方法。这意味着一个数据点总是属于多个分类，并会为每个数据点和分类的组合计算一个概率。一个聚类分析模型必须包含一个键列和若干输入列。还可以将输入列定义为可预测列。输入列和可预测列均可以是连续或离散数据。

（3）在出现的"选择数据源视图"中选择 DMK1 数据源视图，单击"下一步"按钮。

（4）出现"指定表类型"对话框，在 DST 表的对应行中选中"事例"复选框，保持默认设置。单击"下一步"按钮。

（5）出现"指定定型数据"对话框，设置定型数据如图 11.9 所示。单击"下一步"按钮。

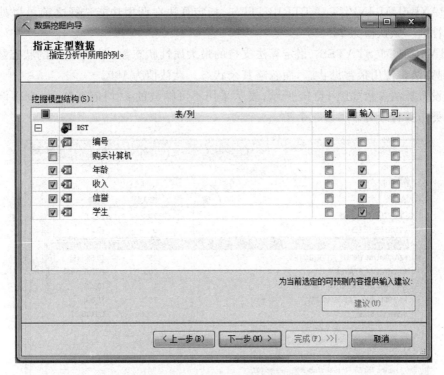

图 11.9 "指定定型数据"对话框

（6）出现"指定列的内容和数据类型"对话框，保持默认值，单击"下一步"按钮。出现"创建测试集"对话框，将"测试数据百分比"选项的默认值 30% 更改为 0。单击"下一步"按钮。

（7）出现"完成向导"对话框，将"挖掘结构名称"和"挖掘模型名称"改为 Cluster1。然后单击"完成"按钮。

（8）在"挖掘模型"选项卡中右击 Cluster1，选择"设置算法参数"命令，出现聚类挖掘模型的"算法参数"对话框，其中各个参数说明如下。

① CLUSTERING_METHOD：指定算法要使用的聚类分析方法。1 表示可缩放 EM，2 表示不可缩放 EM，3 表示可缩放 k-means，4 表示不可缩放 k-means。默认值为 1。

② CLUSTER_COUNT：指定将由算法生成的大致分类个数。如果将该参数设置为 0，则算法将使用试探性方法准确地确定要生成的分类数。默认值为 10。

③ CLUSTER_SEED：指定在为建模初始阶段随机生成分类时所要使用的种子数字。默认值为 0。

④ MINIMUM_SUPPORT：指定生成某个分类至少需要的事例数。如果分类中的事例数小于此数目，则此分类将被视为空，并将被丢弃。如果将这个数目设置得过高，则可能遗漏有效分类。默认值为 1。

⑤ MODELLING_CARDINALITY：指定在聚类分析过程中构建的示例模型数。默认值为 10。

⑥ STOPPING_TOLERANCE：指定一个值,它可确定何时达到收敛而且算法完成建模。当分类概率中的整体变化小于该参数与模型大小之比时,即达到收敛。默认值为 10。

⑦ SAMPLE_SIZE：如果 CLUSTERING_METHOD 参数设置为一个可缩放聚类分析方法,需要指定算法在每个传递中使用的事例数。默认值为 50 000。

⑧ MAXIMUM_INPUT_ATTRIBUTES：指定算法在调用功能选择之前可以处理的最大输入属性数。默认值为 255。

⑨ MAXIMUM_STATES：指定算法支持的最大属性状态数。如果属性的状态数超过此最大值,则算法将使用最常见状态,而忽略其余状态。默认值为 100。

这里设置算法参数如图 11.10 所示,表示采用不可缩放的 k-均值算法(每个事例只能属于一个分类),并且最终聚类为三个类。

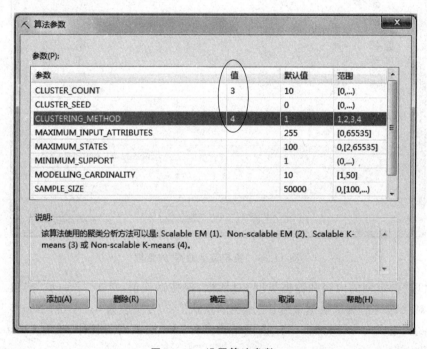

图 11.10　设置算法参数

说明：可缩放性也称为可伸缩性。一个聚类算法具有可缩放性是指该算法对于大型数据集和小数据集都有良好的时空性能。

2. 浏览聚类模型和预测

1) 部署聚类模型并浏览结果

在解决方案资源管理器中单击 DM,在出现的下拉菜单中选择"部署"命令,系统开始执行部署,完成后出现部署成功的提示信息。

单击"挖掘结构"下的 Cluster1.dmm,在出现的下拉菜单中选择"浏览"命令,或者单击"挖掘模型查看器"选项卡,聚类结果如图 11.11 所示,表示产生三个簇。

图中各类之间的连线反映类之间的关联强度,这里说明分类 1 和分类 2 的关联度较高,而分类 3 相对独立。

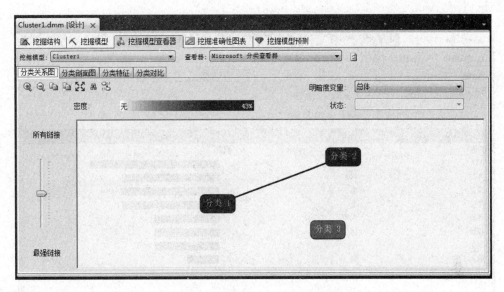

图 11.11 *k*-均值算法的分类关系图

单击"分类剖面图",产生的分类剖面图结果如图 11.12 所示,显示每个描述属性的取值及其聚类到各个类中的情况。从中看出年龄为"31~40"的样本划分到分类 3 的几率很大。

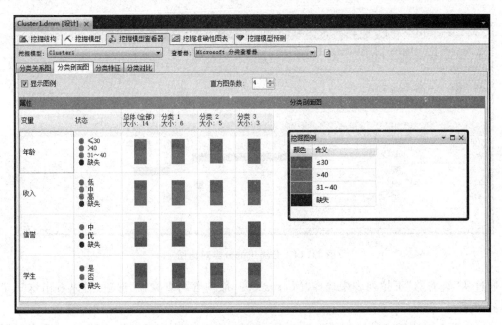

图 11.12 *k*-均值算法的分类剖面图

单击"分类特征",在"分类"下拉列表中选择"分类 1",产生分类 1 的特征图如图 11.13 所示,显示了该分类中的各描述属性取值出现的概率,例如,在分类 1 中,收入取值"中"的概率为 80%,收入取值"高"的概率为 20%,没有出现收入取值"低"的样本。

单击"分类对比",在"分类"下拉列表中选择"分类 1",产生分类 1 的分类对比图如图 11.14 所示,用于进一步查看分类 1 的属性特征。分类对比图可以轻松地将一个分类与另一个分类进行比较,或者将一个分类与其余所有事例进行比较。

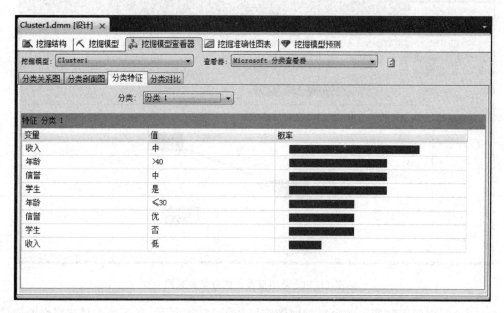

图 11.13 分类 1 的特征图

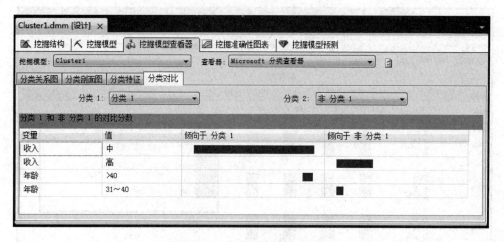

图 11.14 分类 1 的分类对比图

通过从"查看器"下拉列表中选择"Microsoft 一般内容树查看器"选项,可以看出这三个类的划分如下。

(1) 分类 1 对应结点的详细信息如表 11.1 所示(表中缺失表示有多少个事例没有该属性的数据),共含 6 个对象,其 NODE_DESCRIPTION(结点描述)包含逗号分隔的属性列表,给出将该分类与其他分类区分开来的主要属性。分类 1 的结点描述是:收入=中,年龄≥40,学生=是,信誉=优。

(2) 分类 2 含 5 个对象,其结点描述是:信誉=中,收入=高,收入=低,年龄=31~40,学生=否,年龄≤30。

(3) 分类 3 含 3 个对象,其结点描述是:信誉=优,年龄=31~40,收入=高,收入=低,学生=否,年龄≤30。

表 11.1　分类 1 结点的详细信息

属性名	属性值	支持事例数	概率	方差	值类型
年龄	缺失	0	0	0	1（缺失）
年龄	＞40	3.81818181818182	0.6	0	4（离散）
年龄	≤30	2.54545454545455	0.4	0	4（离散）
年龄	31～40	0	0	0	4（离散）
收入	缺失	0	0	0	1（缺失）
收入	低	1.27272727272727	0.2	0	4（离散）
收入	高	0	0	0	4（离散）
收入	中	5.09090909090909	0.8	0	4（离散）
信誉	缺失	0	0	0	1（缺失）
信誉	优	2.54545454545455	0.4	0	4（离散）
信誉	中	3.81818181818182	0.6	0	4（离散）
学生	缺失	0	0	0	1（缺失）
学生	否	2.54545454545455	0.4	0	4（离散）
学生	是	3.81818181818182	0.6	0	4（离散）

2）使用挖掘模型进行预测

打开"挖掘模型预测"选项卡，再单击"选择输入表"对话框中的"选择事例表"命令，这里指定 DMK1 数据源视图中的 DST 表。

保持默认的字段连接关系，将 DST 表中的编号、年龄、收入、信誉和学生列拖放到下方的列表中，在该列表的最下行（空白）的"源"中选择"预测函数"，在"字段"中选择 Cluster，表示该列是该对象的聚类，最后一行中显示 DST 表的"购买计算机"列，如图 11.15 所示。

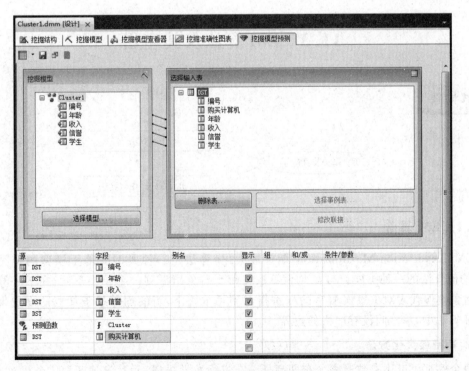

图 11.15　创建聚类挖掘预测结构

在任一空白处右击并在出现的菜单中选择"结果"命令,其聚类结果如图 11.16 所示,从中看出,聚类结果与购买计算机列没有必然的联系。

编号	年龄	收入	信誉	学生	$CLUSTER	购买计算机
1	≤30	高	中	否	分类 2	否
2	≤30	高	优	否	分类 3	否
3	31～40	高	中	否	分类 2	是
4	>40	中	中	否	分类 1	是
5	>40	低	中	是	分类 2	是
6	>40	低	优	是	分类 1	否
7	31～40	低	优	是	分类 3	是
8	≤30	中	中	否	分类 1	否
9	≤30	低	中	是	分类 1	是
10	>40	中	中	是	分类 1	是
11	≤30	中	优	是	分类 1	是
12	31～40	中	优	否	分类 3	是
13	31～40	高	中	是	分类 2	是
14	>40	中	优	否	分类 1	否

已执行完查询:提取了 14 行

图 11.16　k-均值算法的预测结果

说明:在这里上述过程是用于显示 DST 表中的聚类结果,如果选择其他数据集,便可以利用前面建立的各个聚类特征对新数据集进行聚类预测。

11.3　EM 算法及其应用

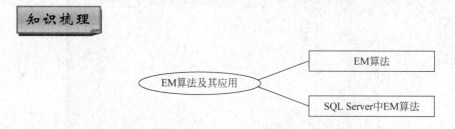

知识梳理

EM算法及其应用
　　EM算法
　　SQL Server中EM算法

11.3.1　EM 算法

EM(Expectation-Maximization,期望最大化)算法是一种典型的基于模型的聚类算法。是 k-均值算法的一种扩展。与 k-均值算法将每个对象指派到一个簇中不同,在 EM 算法中,每个对象按照代表对象隶属概率的权重指派到每个簇中,新的均值基于加权的度量来计算。在 EM 算法中,簇之间没有严格的边界。

1. 期望最大化方法

每个簇都可以用参数概率分布即高斯分布进行数学描述,元素 x 属于第 i 个簇 C_i 的概率表示为:

$$p(x) = \frac{1}{\sqrt{2\pi}\sigma_i} e^{-\frac{(x-\mu_i)^2}{2\sigma_i^2}}, \text{记为 } N(\mu_i, \sigma_i^2)$$

其中，μ_k、σ_k 分别为均值和协方差。$\mu_i = \frac{1}{N_i} \sum_{x_j \in C_i} x_j$，$\sigma_i^2 = \frac{1}{N_i} \sum_{x_j \in C_i} (x_j - \mu_i)(x_j - \mu_i)^{\mathrm{T}}$，$N_i$ 为簇 C_i 的元素个数，T 表示向量转置。

如果已知一个数据集 D 分为 k 个簇，每个簇的分布是已知的，问题就得到了解决，可以将 D 中每个元素根据概率最大化分配到相应簇中。

如果知道 k（簇的个数），同时还知道观察到的元素 x 属于 k 个分布中的哪一个分布，则求各个参数并不是件难事。现在的问题是不知道元素 x 属于 k 个分布中哪一个分布。

下面使用 k 个概率分布的有限混合密度模型，即混合高斯分布函数来表示元素的概率。所谓混合高斯分布。

可以通过一个简单的示例来说明，例如，假设有两个簇 C_1、C_2，它们的分布分别为 $N(10,4)$ 和 $N(30,7)$，如图 11.17 所示，这两个分布涵盖了大部分点（实心圆点），但有一些点（空心圆点）没有被涵盖，但可以使用 $0.2N(10,4)+0.8N(30,7)$ 来涵盖所有的点，这就是一个混合高斯分布。

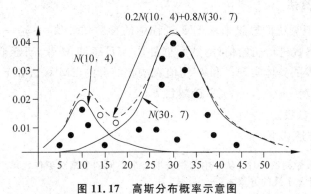

图 11.17　高斯分布概率示意图

一般地，k 个概率分布的混合高斯分布函数如下：

$$p(x) = \sum_{i=1}^{k} \pi_i N(x \mid \mu_i, \sigma_i^2)$$

其中，$\pi_i \geqslant 0$，$\sum_{i=1}^{k} \pi_i = 1$。

期望最大化方法的思路是，将所有的元素 x 划分到概率最大的那个分布对应的簇中，并且使 $\prod_{i=1}^{k} \pi_i N(x \mid \mu_i, \sigma_i^2)$ 最大化。

采用期望最大化的 EM 过程如下。

（1）用随机函数初始化 k 个高斯分布的参数，同时保证 $\sum_{i=1}^{k} \pi_i = 1$。

（2）E 步：依次取观察数据 x，比较 x 在 k 个高斯函数中概率的大小，把 x 归类到这 k 个高斯中概率最大的一个即第 i 个类 C_i 中，如图 11.18 所示。

（3）M 步：用最大似然估计，使观察数据是 x 的概率最大，因为已经在第（2）步中分好类了，所以，只需重新执行以下各式：

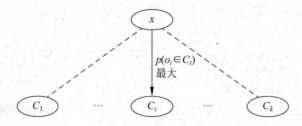

图 11.18　将 x 划分到 C_i 簇中

$$\mu_i = \frac{1}{N_i}\sum_{x_j \in C_i} x_j, \quad \sigma_i^2 = \frac{1}{N_i}\sum_{x_j \in C_i} (x_j - \mu_i)(x_j - \mu_i)^T, \quad \pi_i = \frac{N_i}{N}$$

其中，N 表示总元素个数，N_i 表示第 i 个类的元素个数。

（4）返回第（2）步用第（3）步新得到的参数来对观察数据 x 重新分类。直到采用的最大似然函数 $\prod_{i=1}^{k} \pi_i N(x \mid \mu_i, \sigma_i^2)$ 概率达到最大。

上述 E 步称为期望步，M 步称为最大化步，EM 算法就是使期望最大化的算法。

2. 完整的 EM 算法

可以利用 k-均值算法的思想来求 EM 过程中的参数估计值，它是一个迭代求精的过程，首先对混合模型的参数进行初始估计，然后重复执行 E 步和 M 步，直至收敛。它可以看成是前面介绍的 EM 过程的具体实现。和 k-均值算法相结合的 EM 算法如下。

输入：数据集 $D = \{o_1, o_2, \cdots, o_n\}$，簇数目 k。

输出：k 个簇的参数。

方法：其过程描述如下。

对混合模型的参数做初始估计：从 D 中随机选取 k 个不同的数据对象作为 k 个簇 $C_1, C_2, \cdots, C_k$ 的中心 $\mu_1, \mu_2, \cdots, \mu_k$，估计 k 个簇的方差 $\sigma_1, \sigma_2, \cdots, \sigma_k$；
do
{ 　E 步：计算 $p(o_i \in C_j)$，根据 $j = \arg\max_j\{p(o_i \in C_j)\}$ 将对象 o_i 指派到簇 C_j。其中：

$$p(o_i \in C_j) = p(C_j \mid o_i) = \frac{p(C_j)p(o_i \mid C_j)}{p(o_i)} = \frac{p(C_j)p(o_i \mid C_j)}{\sum_{l=1}^{k} p(C_l)p(o_i \mid C_l)}, p(o_i \mid C_j) = \frac{1}{\sqrt{2\pi}\sigma_j}e^{-\frac{(o_i - \mu_j)^2}{2\sigma_j^2}}$$

$p(C_j)$ 为先验概率。在无先验知识时，通常取所有 $p(C_j)$ 相同，在这种情况下，只需求 $j = \arg\max_j\{p(o_i \mid C_j)\}$。

　M 步：利用 E 步计算的概率重新估计 μ_j 和 σ_j，其中 $\mu_j = \frac{1}{N_j}\sum_{x_i \in C_j} x_i$，$\sigma_j^2 = \frac{1}{N_j}\sum_{o_i \in C_j}(o_i - \mu_j)(o_i - \mu_j)^T$；

} until（参数如 μ 或 σ 不再发生变化或变化小于指定的阈值）；

【例 11.2】　随机产生 20 个 1~100 的整数（数据对象），采用上述 EM 算法将其分为三个簇。

假设随机生成的 20 个整数为 $\{62,98,91,6,30,72,22,4,22,80,99,9,87,44,4,76,38,58,21,95\}$，编号分别为 0~19。设定迭代结束的条件是两次迭代之间的均值小于等于 0.1。

（1）先取前三个整数放入三个簇 C_0、C_1 和 C_2 中。求出所有簇的均值和方差如下：

C_0 的均值 $=62$，方差 $=2.0$（此时每个簇中只有一个对象，方差应为 0，为了便于下一次迭代，将所有簇的方差随机地取为 2）；C_1 的均值 $=98$，方差 $=2.0$；C_2 的均值 $=91$，方差 $=2.0$。

(2) 第 1 次迭代,其过程如表 11.2 所示,迭代完毕的分配结果如下。

C_0(对象个数=15):62,62,6,30,72,22,4,22,9,44,4,76,38,58,21;

C_1(对象个数=4):98,98,99,95;

C_2(对象个数=4):91,91,80,87。

重新计算均值和方差如下:

C_0 的均值=35.3,方差=24.662;

C_1 的均值=97.5,方差=1.500;

C_2 的均值=87.3,方差=4.493。

表 11.2 第 1 次迭代过程

当前处理的对象	计算分到各簇的概率	操 作
对象 0(62)	$p_0=0.1995,p_1=0.0000,p_2=0.0000$	将对象 0 分配到 C_0 中
对象 1(98)	$p_0=0.0000,p_1=0.1995,p_2=0.0004$	将对象 1 分配到 C_1 中
对象 2(91)	$p_0=0.0000,p_1=0.0004,p_2=0.1995$	将对象 2 分配到 C_2 中
对象 3(6)	$p_0=0.0000,p_1=0.0000,p_2=0.0000$	将对象 3 分配到 C_0 中
对象 4(30)	$p_0=0.0000,p_1=0.0000,p_2=0.0000$	将对象 4 分配到 C_0 中
对象 5(72)	$p_0=0.0000,p_1=0.0000,p_2=0.0000$	将对象 5 分配到 C_0 中
对象 6(22)	$p_0=0.0000,p_1=0.0000,p_2=0.0000$	将对象 6 分配到 C_0 中
对象 7(4)	$p_0=0.0000,p_1=0.0000,p_2=0.0000$	将对象 7 分配到 C_0 中
对象 8(22)	$p_0=0.0000,p_1=0.0000,p_2=0.0000$	将对象 8 分配到 C_0 中
对象 9(80)	$p_0=0.0000,p_1=0.0000,p_2=0.0001$	将对象 9 分配到 C_2 中
对象 10(99)	$p_0=0.0000,p_1=0.1760,p_2=0.0001$	将对象 10 分配到 C_1 中
对象 11(9)	$p_0=0.0000,p_1=0.0000,p_2=0.0000$	将对象 11 分配到 C_0 中
对象 12(87)	$p_0=0.0000,p_1=0.0000,p_2=0.0270$	将对象 12 分配到 C_2 中
对象 13(44)	$p_0=0.0000,p_1=0.0000,p_2=0.0000$	将对象 13 分配到 C_0 中
对象 14(4)	$p_0=0.0000,p_1=0.0000,p_2=0.0000$	将对象 14 分配到 C_0 中
对象 15(76)	$p_1=0.0000,p_1=0.0000,p_2=0.0000$	将对象 15 分配到 C_0 中
对象 16(38)	$p_0=0.0000,p_1=0.0000,p_2=0.0000$	将对象 16 分配到 C_0 中
对象 17(58)	$p_0=0.0270,p_1=0.0000,p_2=0.0000$	将对象 17 分配到 C_0 中
对象 18(21)	$p_0=0.0000,p_1=0.0000,p_2=0.0000$	将对象 18 分配到 C_0 中
对象 19(95)	$p_0=0.0000,p_1=0.0648,p_2=0.0270$	将对象 19 分配到 C_1 中

(3) 迭代结束条件不满足,继续第 2 次迭代,其过程与第 1 次迭代相似,迭代完毕的分配结果如下。

C_0(对象个数=14):62,6,30,72,22,4,22,9,44,4,76,38,58,21;

C_1(对象个数=3):98,99,95;

C_2(对象个数=3):91,80,87。

重新计算均值和方差如下:

C_0 的均值=33.4,方差=24.439;

C_1 的均值=97.3,方差=1.700;

C_2 的均值=86.0,方差=4.546。

(4) 迭代结束条件不满足,继续第 3 次迭代,其过程与第 1 次迭代相似,迭代完毕的分配结果如下。

C_0(对象个数=13)：62,6,30,72,22,4,22,9,44,4,38,58,21；

C_1(对象个数=3)：98,99,95；

C_2(对象个数=4)：91,80,87,76。

重新计算均值和方差如下：

C_0 的均值=30.2,方差=22.205；

C_1 的均值=97.3,方差=1.700；

C_2 的均值=83.5,方差=5.852。

(5) 迭代结束条件不满足,继续第 4 次迭代,其过程与第 1 次迭代相似,迭代完毕的分配结果如下。

C_0(对象个数=12)：62,6,30,22,4,22,9,44,4,38,58,21；

C_1(对象个数=3)：98,99,95；

C_2(对象个数=5)：91,72,80,87,76。

重新计算均值和方差如下：

C_0 的均值=26.7,方差=19.392；

C_1 的均值=97.3,方差=1.700；

C_2 的均值=81.2,方差=6.969。

(6) 迭代结束条件不满足,继续第 5 次迭代,其过程与第 1 次迭代相似,迭代完毕的分配结果如下。

C_0(对象个数=12)：62,6,30,22,4,22,9,44,4,38,58,21；

C_1(对象个数=3)：98,99,95；

C_2(对象个数=5)：91,72,80,87,76。

重新计算均值和方差如下：

C_0 的均值=26.7,方差=19.392；

C_1 的均值=97.3,方差=1.700；

C_2 的均值=81.2,方差=6.969。

此时迭代条件满足,算法结束,共进行 5 次迭代。显然聚类结果是合理的。

11.3.2　SQL Server 中 EM 算法

对于第 6 章表 6.4 所示的训练数据集,介绍采用 SQL Server 提供的 EM 算法进行聚类分析。

1. 建立聚类挖掘模型

采用与 11.2.2 节创建 Cluster1.dmm 完全相同的操作步骤来创建一个新聚类挖掘模型 Cluster2.dmm。

在"挖掘模型"选项卡中右击 Cluster2,选择"设置算法参数"命令,设置该挖掘模型的参数如图 11.19 所示,表示选择不可缩放 EM 算法。

2. 浏览聚类模型和预测

1) 部署聚类模型并浏览结果

在解决方案资源管理器中单击 DM,在出现的下拉菜单中选择"部署"命令,系统开始执行部署,完成后出现部署成功的提示信息。

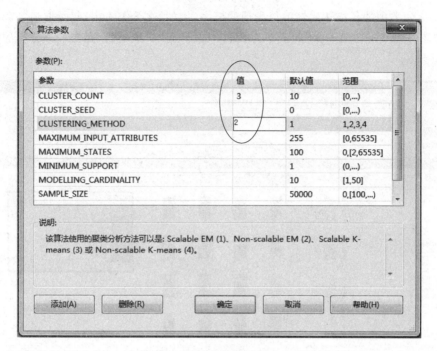

图 11.19 设置算法参数

单击"挖掘结构"下的 Cluster2.dmm,在出现的下拉菜单中选择"浏览"命令,或者单击"挖掘模型查看器"选项卡,聚类结果如图 11.20 所示,表示产生三个簇。

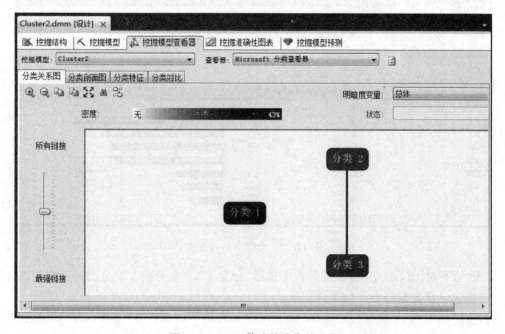

图 11.20 EM 算法的分类关系图

单击"分类剖面图",产生的分类剖面图结果如图 11.21 所示,显示每个描述属性的取值及其聚类到各个类中的情况。从中看出"年龄≤30"的样本划分到分类 1 的几率很大。

单击"分类特征",在"分类"下拉列表中选择"分类 1",产生分类 1 的特征图如图 11.22 所示,显示了该分类中的各描述属性取值出现的概率,例如,在分类1中,年龄取值"≤30"的概率为71.176%,年龄取值"31~40"的概率为26.031%。而"学生=否"是影响该分类的最重要的因素。

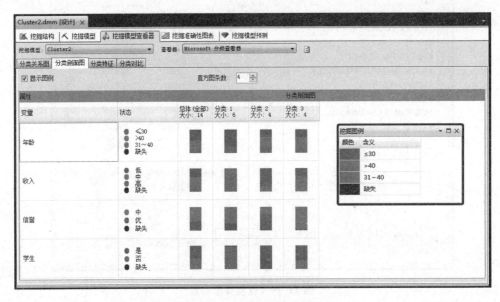

图 11.21　EM算法的分类剖面图

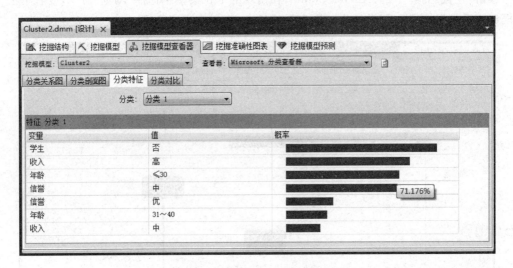

图 11.22　分类1的特征图

单击"分类对比",在"分类"下拉列表中选择"分类1",产生分类1的分类对比图如图11.23所示,可以进一步查看分类1的属性特征。

通过从"查看器"下拉列表中选择"Microsoft一般内容树查看器"选项,可以看出这三个类的划分如下。

(1) 分类1:含6个对象,其结点描述是:收入=高,学生=否,年龄≤30,年龄=31~40,信誉=中。

(2) 分类2:含4个对象,其结点描述是:收入=低,学生=是,信誉=优,年龄=31~40,年龄≥40。

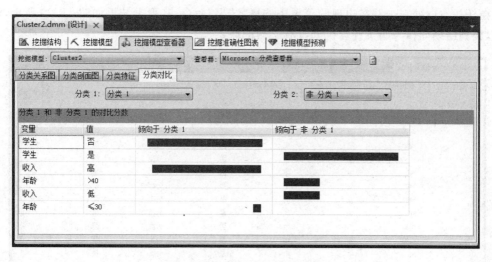

图 11.23 分类 1 的分类对比图

（3）分类 3：含 4 个对象，其结点描述是：收入＝中，年龄＝＞40，信誉＝中，学生＝是。

2）使用挖掘模型进行预测

单击"挖掘模型预测"选项卡，再单击"选择输入表"对话框中的"选择事例表"命令，这里指定 DMK1 数据源视图中的 DST 表。

保持默认的字段连接关系，将 DST 表中的编号、年龄、收入、信誉和学生列拖放到下方的列表中，在该列表的最下行（空白）的"源"中选择"预测函数"，在"字段"中选择 Cluster，表示该列是该对象的聚类，最后一行中显示 DST 表的"购买计算机"列，如图 11.24 所示。

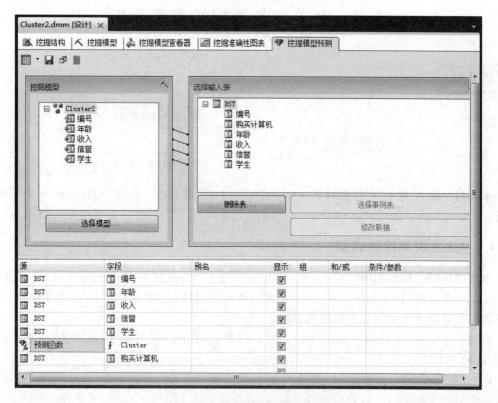

图 11.24 创建聚类挖掘预测结构

在任一空白处右击并在出现的菜单中选择"结果"命令,其聚类结果如图 11.25 所示,从中看出,聚类结果同样与购买计算机列没有必然的联系。

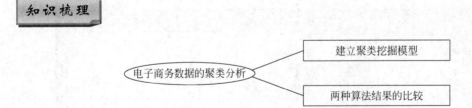

编号	年龄	收入	信誉	学生	$CLUSTER	购买计算机
1	≤30	高	中	否	分类 1	否
2	≤30	高	优	否	分类 1	否
3	31~40	高	中	否	分类 1	是
4	>40	中	中	否	分类 3	是
5	>40	低	中	是	分类 3	是
6	>40	低	优	是	分类 2	否
7	31~40	低	优	是	分类 2	是
8	≤30	中	中	否	分类 1	否
9	≤30	低	中	是	分类 3	是
10	>40	中	中	是	分类 3	是
11	≤30	中	优	是	分类 2	是
12	31~40	中	优	否	分类 1	是
13	31~40	高	中	是	分类 1	是
14	>40	中	优	否	分类 3	否

已执行完查询:提取了 14 行

图 11.25　EM 算法的预测结果

11.4　电子商务数据的聚类分析

知识梳理

电子商务数据的聚类分析 —— 建立聚类挖掘模型

　　　　　　　　　　　　—— 两种算法结果的比较

本节对于第 6 章 6.4 节创建的 OnRetDMK.DST 数据表,采用 SQL Server 实现聚类分析。

11.4.1　建立聚类挖掘模型

本节的聚类分析挖掘模型 Cluster.dmm 利用 6.4.1 节创建的 OnRetDMK.DST 数据表,以及 6.3.3 节创建的 On Ret DMK 1.dsv 数据源视图,目的是通过年龄层次、学历层次、销售数量和商品分类数据对顾客进行聚类分析。

启动 SQL Server Data Tools,从"文件"→"最近使用的项目和解决方案"列表中选择 OnRetDM 项目。

在 OnRetDM 项目中添加一个聚类分析挖掘结构 Cluster,其过程与 11.2 节创建聚类分析挖掘模型的过程类似。只有以下几点有所不同:

（1）在"选择数据源视图"对话框中指定 On Ret DMK 1. dsv 数据源视图。

（2）在"指定定型数据"对话框中,指定挖掘模型结构如图 11.26 所示。

图 11.26　指定挖掘模型结构

（3）在"完成向导"对话框中,指定挖掘结构和模型的名称如图 11.27 所示。

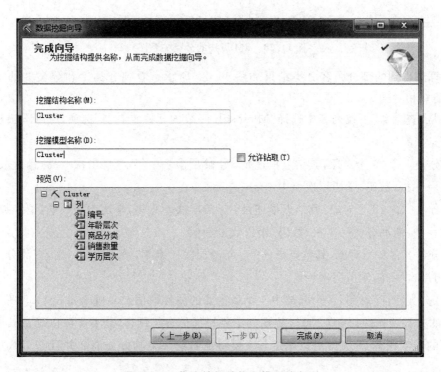

图 11.27　指定挖掘结构和模型的名称

（4）在"算法参数"对话框中将 CLUSTERING_METHOD 设置为 2，表示采用不可缩放 EM 算法，将 CLUSTER_COUNT 设置为 3，表示产生三个分类。其他使用默认值。

11.4.2　两种算法结果的比较

在项目重新部署后，单击"挖掘模型查看器"选项卡，现在采用 EM 算法得到的分类关系图如图 11.28 所示。

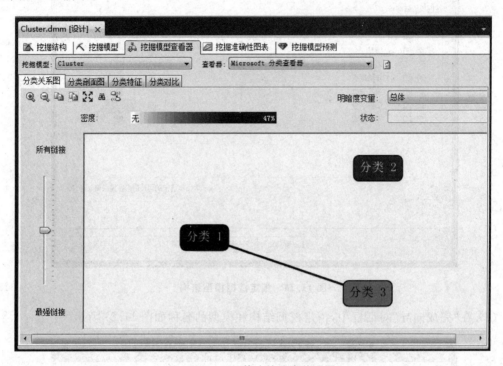

图 11.28　EM 算法的分类关系图

EM 算法得到的部分顾客分类结果如图 11.29 所示。看到分类 1 和分类 3 的关联度较高，而分类 2 相对独立。

通过从"查看器"下拉列表中选择"Microsoft 一般内容树查看器"选项，可以看出这三个类划分如下。

（1）分类 1 含 20 个对象，其结点描述是：年龄层次＝中年，学历层次＝高，销售数量＝中，商品分类＝手机/数码，学历层次＝中。

（2）分类 2 含 15 个对象，其结点描述是：年龄层次＝青年，学历层次＝低，销售数量＝中，学历层次＝中，商品分类＝手机/数码，销售数量＝低。

（3）分类 3 含 8 个对象，其结点描述是：年龄层次＝老年，销售数量＝高，商品分类＝电脑办公，学历层次＝高，学历层次＝低。

通过"分类特征"看到，各个分类中 4 个最重要的属性取值及其概率如表 11.3 所示。结合 EM 算法的分类关系图，分类 2 可以确定其主要特征是青年顾客，分类 1 可以确定其主要特征是高学历的中年顾客，分类 3 可以确定其主要特征是购买电脑办公商品并且购买数量较高的顾客。

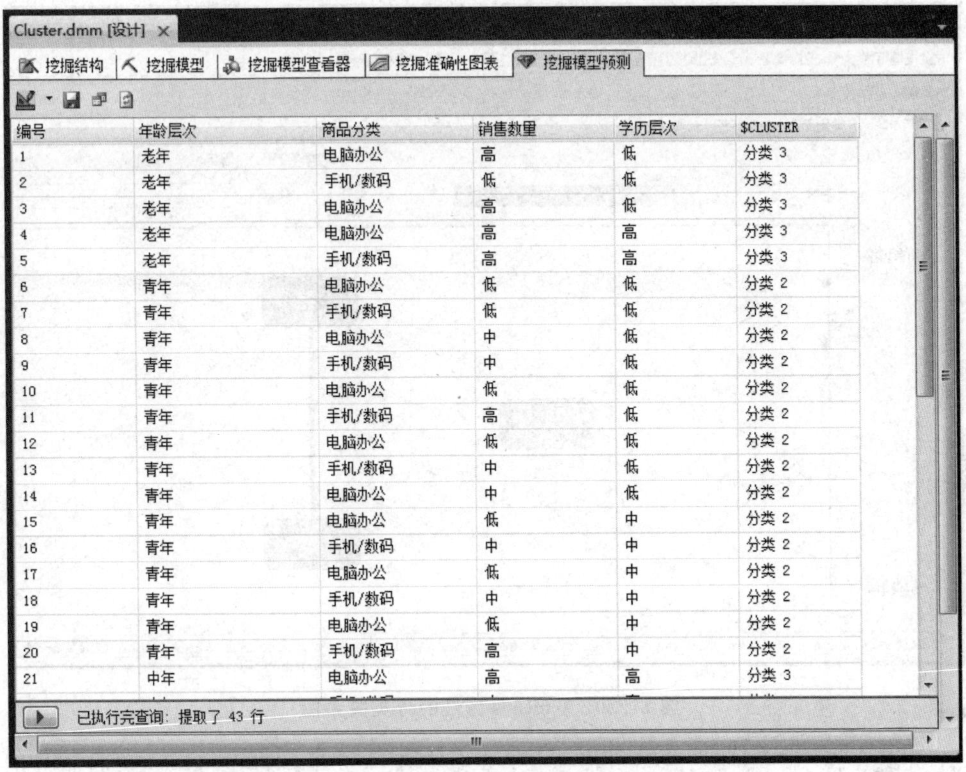

编号	年龄层次	商品分类	销售数量	学历层次	$CLUSTER
1	老年	电脑办公	高	低	分类 3
2	老年	手机/数码	低	低	分类 3
3	老年	电脑办公	高	低	分类 3
4	老年	电脑办公	高	高	分类 3
5	老年	手机/数码	高	高	分类 3
6	青年	电脑办公	低	低	分类 2
7	青年	手机/数码	低	低	分类 2
8	青年	电脑办公	中	低	分类 2
9	青年	手机/数码	中	低	分类 2
10	青年	电脑办公	低	低	分类 2
11	青年	手机/数码	高	低	分类 2
12	青年	电脑办公	低	低	分类 2
13	青年	手机/数码	中	低	分类 2
14	青年	电脑办公	中	低	分类 2
15	青年	电脑办公	低	中	分类 2
16	青年	手机/数码	中	中	分类 2
17	青年	电脑办公	低	中	分类 2
18	青年	手机/数码	中	中	分类 2
19	青年	电脑办公	低	中	分类 2
20	青年	手机/数码	高	中	分类 2
21	中年	电脑办公	高	高	分类 3

图 11.29 EM 算法得到的部分顾客分类结果

表 11.3 EM 算法中 4 个最重要的属性取值及其概率

分 类 1		分 类 2		分 类 3	
属性取值	**概率**	**属性取值**	**概率**	**属性取值**	**概率**
年龄层次＝中年	97.82%	年龄层次＝青年	94.126%	商品分类＝电脑办公	72.257%
学历层次＝高	65.082%	学历层次＝低	63.038%	销售数量＝高	58.44%
商品分类＝手机/数码	51.419%	商品分类＝手机/数码	50.923%	学历层次＝高	53.724%
商品分类＝电脑办公	45.581%	商品分类＝电脑办公	49.077%	年龄层次＝中年	42.422%

再单击“挖掘模型”选项卡，右击 Cluster，选择“设置算法参数”命令，在“算法参数”对话框中将 CLUSTERING_METHOD 改为 4，表示采用不可缩放 k-means 算法。

重新部署本项目，单击“挖掘模型查看器”选项卡，现在采用 k-means 算法得到的分类关系图如图 11.30 所示。同样看到分类 1 和分类 3 的关联度较高，而分类 2 相对独立。

通过从“查看器”下拉列表中选择“Microsoft 一般内容树查看器”选项，可以看出这三个类划分如下。

(1) 分类 1 含 16 个对象，其结点描述是：学历层次＝低，销售数量＝低，年龄层次＝青年，商品分类＝电脑办公。

(2) 分类 2 含 17 个对象，其结点描述是：学历层次＝中，销售数量＝中，年龄层次＝中年，商品分类＝手机/数码。

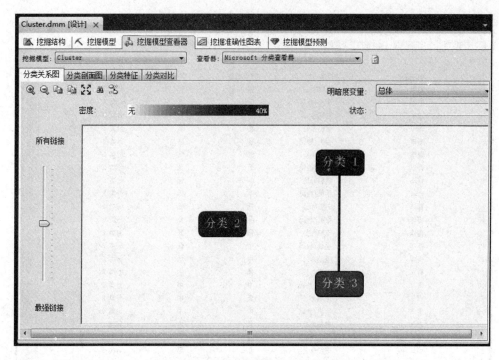

图 11.30　k-means 算法的分类关系图

（3）分类 3 含 10 个对象，其结点描述是：年龄层次＝老年，销售数量＝高，商品分类＝电脑办公，学历层次＝高。

通过"分类特征"看到，各个分类中 4 个最重要的属性取值及其概率如表 11.4 所示。结合 k-means 算法的分类关系图，分类 2 可以确定其主要特征是购买手机/数码的中年顾客，分类 1 可以确定其主要特征是购买数量低的低学历顾客，分类 3 可以确定其主要特征是购买电脑办公商品并且购买数量较高的顾客。

表 11.4　k-means 算法中 4 个最重要的属性取值及其概率

分　类　1		分　类　2		分　类　3	
属 性 取 值	概率	属 性 取 值	概率	属 性 取 值	概率
销售数量＝低	68.75%	年龄层次＝中	78.571%	商品分类＝电脑办公	90%
学历层次＝低	62.5%	商品分类＝手机/数码	71.429%	销售数量＝高	70%
年龄层次＝青年	56.25%	销售数量＝中	64.286%	学历层次＝高	50%
商品分类＝电脑办公	56.25%	学历层次＝中	64.286%	年龄层次＝老年	40%

k-means 算法得到的部分顾客分类结果如图 11.31 所示。

从以上两种算法的结果看到，对同样的数据，产生的结果不完全相同，这是由算法的特性决定的。k-means 算法可以看成用 EM 算法求解高斯混合分布的特例，当数据集较大时 EM 算法的聚类结果更加准确、详细。在实际中，可以通过反复调试算法参数得到满意的结果。

图 11.31 *k*-means 算法得到的部分顾客分类结果

11.5 Microsoft 顺序分析和聚类分析算法*

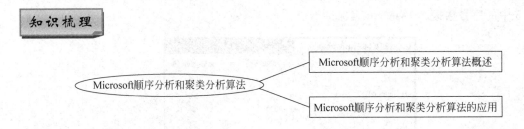

11.5.1 Microsoft 顺序分析和聚类分析算法概述

在 SQL Server 中,微软实现了一种称为 Microsoft 顺序分析和聚类分析的算法,它是基于聚类分析算法之上对其分类内的事例顺序进行挖掘的算法,其分析的重点在于事例间的顺序规则。在第 5 章介绍的关联分析算法重点在于挖掘事例间的关联关系,而对产生关联关系的顺序则不关心。简单点讲,关联分析算法研究的是"鸡与蛋的关系",而 Microsoft 顺序分析和聚类分析算法则研究的就是"先有鸡还是先有蛋的问题"。

例如,在关联分析中,若挖掘出{面包,尿布,牛奶}是一个频繁项集,表示这几个商品间关联关系很强的,也就是说顾客购买其中的一些商品,就很可能购买其他相关的商品,但是购买这几种商品的顺序没有关系。而 Microsoft 顺序分析和聚类分析算法就是挖掘购买这几种商品的顺序关系。

可以应用 Microsoft 顺序分析和聚类分析算法解决如下问题：

(1) 网站中的浏览网站所产生的 Web 点击流，进而进行用户行为预测。

(2) 发生事故(例如服务器宕机、数据库死锁等)之前的事件日志，进而预测下一次事故发生的点。

(3) 根据用户发生购买、添加购物车的顺序记录，根据产品优先级进行最佳产品推荐。

11.5.2 Microsoft 顺序分析和聚类分析算法的应用

对于第 5 章表 5.1 的事务数据库，假设购买商品的列表是按顺序列出的，并用序号表示，这样得到表 11.5。下面介绍使用该数据集进行顾客购买行为分析的过程。

表 11.5　一个购物事务数据库 D

TID	序号	购买的商品	TID	序号	购买的商品
t_1	1	面包	t_4	1	面包
	2	牛奶		2	牛奶
t_2	1	面包		3	尿布
	2	尿布		4	啤酒
	3	啤酒	t_5	1	面包
	4	鸡蛋		2	牛奶
t_3	1	牛奶		3	尿布
	2	尿布		3	可乐
	3	啤酒			
	4	可乐			

1. 更新数据表

在 SQL Server 管理器中打开 DMK 数据库，更新 AssSub 表结构如图 11.32 所示，并输入表 11.5 中的序号数据。AssMain 表保持不变。

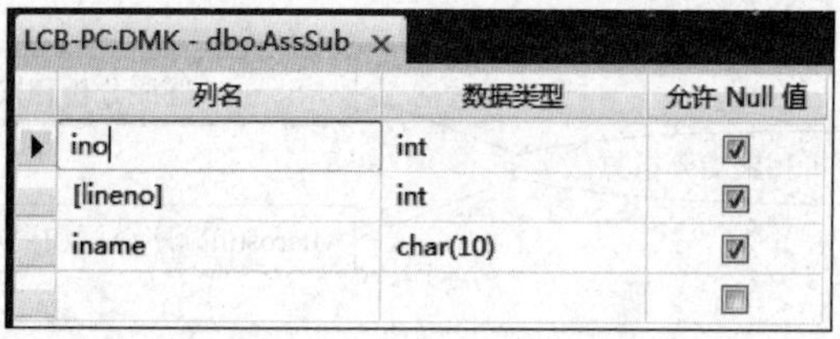

图 11.32　更新后的 AssSub 表结构

2. 建立 Microsoft 顺序分析和聚类分析挖掘模型 Cluster.dmm

这里的 Cluster.dmm 挖掘模型利用 5.3.2 节创建的数据源 DMK.ds 和数据源视图 DMK.dsv(包含 DMK 数据库的 AssMain 和更新后的 AssSub 表)。

建立挖掘结构 Cluster.dmm 的步骤如下：

(1) 启动 SQL Server Data Tools，从"文件"→"最近使用的项目和解决方案"列表中选择 DM 项目。在解决方案资源管理器中，右击"挖掘结构"，再选择"新建挖掘结构"启动数据挖掘向导。在"欢迎使用数据挖掘向导"对话框中单击"下一步"按钮。在"选择定义方法"页面上，确保已选中"从现有关系数据库或数据仓库",再单击"下一步"按钮。

（2）出现"创建数据挖掘结构"对话框,在"您要使用何种数据挖掘技术?"下拉列表中选择"Microsoft 顺序分析和聚类分析",如图 11.33 所示,单击"下一步"按钮。

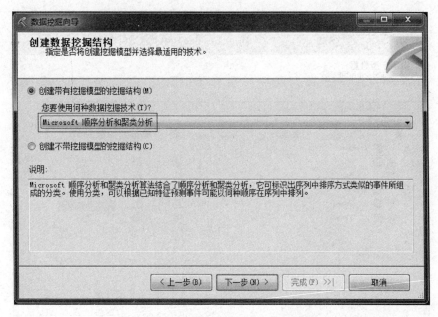

图 11.33　指定"Microsoft 顺序分析和聚类分析"

（3）在出现的"选择数据源视图"对话框中,指定数据源视图为 DMK。单击"下一步"按钮。

（4）出现"指定表类型"对话框,在 AssMian 表的对应行中选中"事例"复选框,在 AssSub 表的对应行中选中"嵌套"复选框,如图 11.34 所示。单击"下一步"按钮。

图 11.34　"指定表类型"对话框

（5）出现"指定定型数据"对话框,勾选 AssMain 表 ino 字段所在行的"键"复选框,为事务主表 AssMain 设置键。在 AssSub 表的 lineno 字段列勾选"键"和"输入"复选框,在 iname 字段列勾选"输入"和"可预测"复选框,如图 11.35 所示,这样就设置了挖掘模型。单击"下一步"按钮。

图 11.35　"指定定型数据"对话框

（6）出现"指定列的内容和数据类型"对话框,保持所有默认值,单击"下一步"按钮。

（7）出现"创建测试集"对话框,其中"测试数据的百分比"选项的默认值为 30%,将该选项更改为 0。单击"下一步"按钮。

（8）出现"完成向导"对话框,将"挖掘结构名称"和"挖掘模型名称"改为 Cluster。然后单击"完成"按钮。

（9）打开数据挖掘设计器的"挖掘模型"选项卡,右击 Cluster,在出现的下拉菜单中选择"设置算法参数"命令,出现"算法参数"对话框,其中主要参数说明如下。

① CLUSTER_COUNT：指定将由算法生成的大致分类数。如果无法基于相应的数据生成该大致数目的分类,则算法将生成尽可能多的分类。默认值为 10。

② MINIMUM_SUPPORT：指定支持属性创建分类所需的最小事例数。默认值为 10。

③ MAXIMUM_SEQUENCE_STATES：指定一个顺序可以拥有的最大状态数。默认值为 64。

④ MAXIMUM_STATES：指定算法支持的非序列属性的最大状态数。默认值为 100。

设置算法参数如图 11.36 所示,主要就创建好了 Microsoft 顺序分析和聚类分析挖掘结构 Cluster.dmm。

3. 部署关联挖掘项目并浏览结果

在解决方案资源管理器中右击 DM,在出现的下拉菜单中选择"部署"命令,系统开始执行部署,完成后出现部署成功的提示信息。

单击"挖掘模型查看器"选项卡,系统显示的分类关系图如图 11.37 所示。

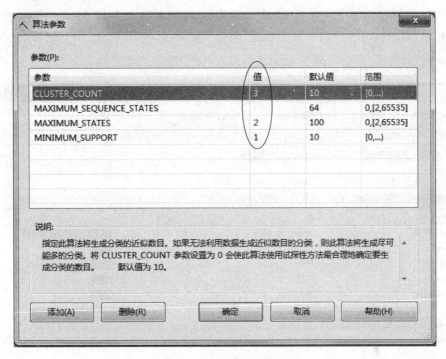

图 11.36　"算法参数"对话框

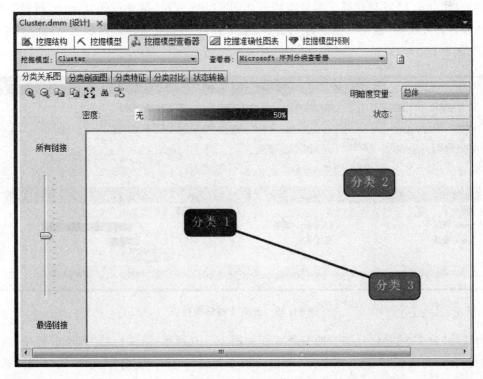

图 11.37　Microsoft 顺序分析和聚类分析算法的分类关系图

说明：如果数据集中的数据仍然是第 5 章的数据，单击工具栏中的 按钮进行数据刷新。

单击"分类特征"，选择"分类 1"看到分类 1 的分类特征如图 11.38 所示，第 1 行的"Iname.转换"表示该分类的顾客首先购买"面包"（概率为 100%），第 5 行的"Iname.转换"表示购买"面包"后购买"牛奶"（概率为 25%），接着购买"尿布"（概率为 25%）。

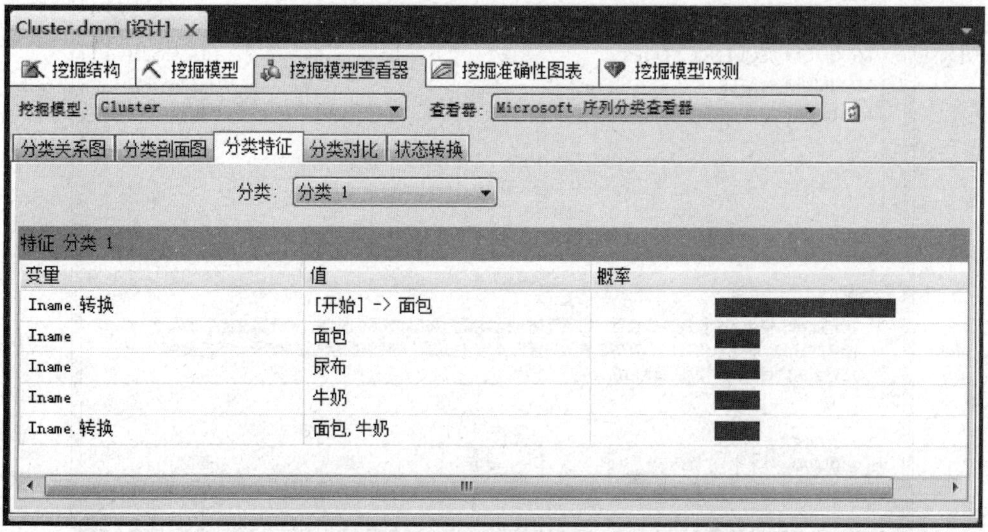

图 11.38　分类 1 的分类特征

再选择"分类 2"看到分类 2 的分类特征如图 11.39 所示，第 1 行的"Iname.转换"表示该分类的顾客首先购买"面包"（概率为 100%），第 2 行的"Iname.转换"表示购买"面包"后购买"尿布"（概率为 25%）。

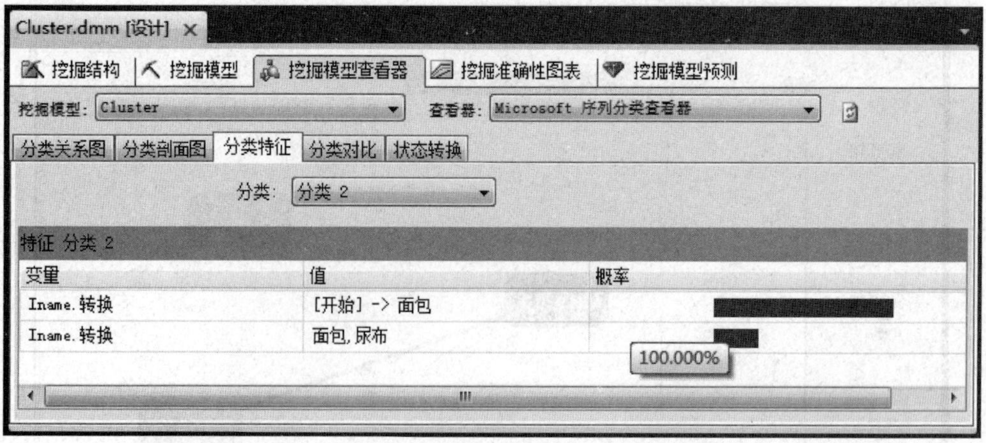

图 11.39　分类 2 的分类特征

再选择"分类 3"看到分类 3 的分类特征如图 11.40 所示，第 1 行的"Iname.转换"表示该分类的顾客首先购买"牛奶"（概率为 100%），第 2 行的"Iname.转换"表示购买"牛奶"后购买"尿布"（概率为 25%）。

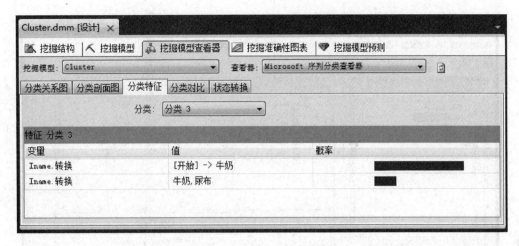

图 11.40 分类 3 的分类特征

单击"挖掘模型预测"选项卡,再单击"选择输入表"对话框中的"选择事例表"按钮,首先选择 DMK 数据源视图中的 AssMain 表,再次"选择事例表"按钮,并选择 DMK 数据源视图中的 AssSub 表,如图 11.41 所示。

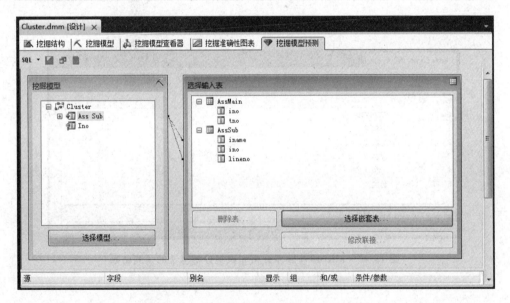

图 11.41 选择输入表为 AsMain 和 AssSub

保持默认的字段连接关系,将 AssMain 表中的 tno(事务包含)列拖放到下方的列表中,在该列表的最下行(空白)的"源"中选择"预测函数",在"字段"中选择 Cluster,表示该列是该对象的聚类,如图 11.42 所示。

在任一空白处右击并在出现的菜单中选择"结果"命令,其聚类结果如图 11.43 所示。也就是说,根据顾客的购物行为将事务进行了聚类。这种聚类是根据概率计算的,也许认为将 tno 为 1 的事务划分到分类 1 更合适。

在实际应用中,同样需要通过设置不同的算法参数值,反复调试找出满意的聚类。

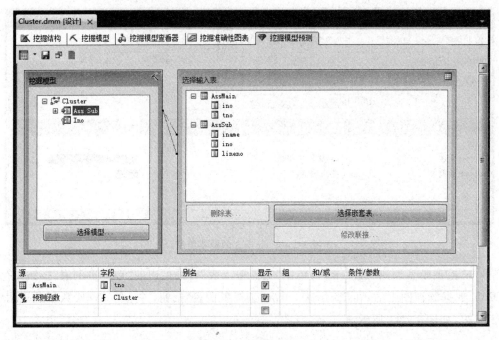

图 11.42　设置预测结构

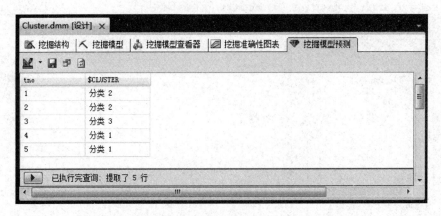

图 11.43　Microsoft 顺序分析和聚类分析算法的预测结果

练　习　题

1. 单项选择题

(1) 以下叙述中(　　)是正确的。

　　A. 分类和聚类都是有指导的学习

　　B. 分类和聚类都是无指导的学习

　　C. 分类是有指导的学习,聚类是无指导的学习

　　D. 分类是无指导的学习,聚类是有指导的学习

(2) 聚类可形式地描述为：$D=\{o_1,o_2,\cdots,o_n\}$ 表示 n 个对象的集合，o_i 表示第 $i(i=1,$

$2,\cdots,n)$ 个对象，C_x 表示第 $x(x=1,2,\cdots,k)$ 个簇，$C_x \subseteq D$。用 $\mathrm{Sim}(o_i,o_j)$ 表示对象 o_i 与对象 o_j 之间的相似度。若各簇 C_x 是刚性聚类结果，则各 C_x 需满足的条件是（　　　）。

  A. $\bigcup\limits_{x=1}^{k} C_x = D$

  B. 对于 $\forall C_x,C_y \subseteq D,C_x \neq C_y$，有 $C_x \bigcap C_y = \Phi$

  C. $\mathrm{Min}_{\forall o_{x_u},o_{x_v} \in C_x,\forall C_x \subseteq D}(\mathrm{Sim}(o_{x_u},o_{x_v})) > \mathrm{Max}_{\forall o_{x_s} \in C_x,\forall o_{y_t} \in C_y,\forall C_x,C_y \subseteq D \& C_x \neq C_y}(\mathrm{Sim}(o_{x_s},o_{y_t}))$

  D. 以上条件都要满足

（3）k-均值算法是一种（　　　）算法。

  A. 关联规则发现　　　　　　　　　　B. 聚类

  C. 分类　　　　　　　　　　　　　　D. 自然语言处理

（4）k-均值算法中，SSE 表示误差平方和，有某个阈值 ε，通常算法终止的条件是（　　　）。

  A. SSE$>\varepsilon$　　　　　　　　　　　　B. SSE$=\varepsilon$

  C. SSE$\leqslant\varepsilon$　　　　　　　　　　　　D. 以上都不对

（5）在 SQL Server 提供的 EM 聚类算法中，叙述正确的是（　　　）。

  A. 必须要设置聚类的分类数

  B. 不必指定聚类的分类数

  C. 可以不指定聚类的分类数，此时采用默认值

  D. 以上都不对

（6）对相同的数据集，k-均值算法和 EM 算法的聚类结果（　　　）。

  A. 可能相同，也可能不相同　　　　　B. 一定相同

  C. 一定不相同　　　　　　　　　　　D. 以上都不对

（7）以下叙述中（　　　）是正确的。

  A. 在聚类中，簇内的相似性越大，簇间的差别越大，聚类的效果就越差

  B. 聚类通常是无指导的

  C. k-均值是一种基于密度的聚类算法，簇的个数由算法自动地确定

  D. 给定由两次运行 k-均值产生的两个不同的簇集，误差的平方和最大的那个应该被
　　　　视为较优

（8）以下（　　　）不是影响聚类算法结果的主要因素。

  A. 已知类别的样本的质量　　　　　　B. 聚类结束条件

  C. 描述属性的选取　　　　　　　　　D. 对象的相似性度量

2. 问答题

（1）简述分类和聚类的区别。

（2）什么是聚类？聚类算法有哪些主要类型？

（3）聚类被广泛地认为是一种重要的数据挖掘方法，有着广泛的应用。对如下的每种情况给出一个应用例子：

① 采用聚类作为主要的数据挖掘方法的应用；

② 采用聚类作为预处理工具，为其他数据挖掘任务做数据准备的应用。

（4）简述 k-均值聚类算法的步骤。

（5）简述 EM 聚类算法的步骤。

上机实验题

上机实现 11.4 节 OnRetDM 项目中的聚类挖掘结构 Cluster.dmm。并新建一个聚类挖掘结构 Cluster1.dmm,使用年龄层次、学历层次和商品分类对顾客进行聚类,给出两种算法下划分为三类的分类剖面图。

附录 A 部分练习题参考答案

第 1 章

1. 单项选择题

(1) D   (2) A   (3) A   (4) B   (5) A   (6) D   (7) B   (8) B
(9) C   (10) B   (11) B   (12) D

2. 问答题

(1) 答：数据仓库具有面向主题的、集成的、稳定的和随时间变化的 4 个主要特征。

(4) 答：数据仓库和数据集市两者的主要差别是：数据仓库是基于整个企业的数据模型建立的,它面向企业范围内的主题。而数据集市是按照某一特定部门的数据模型建立的,要针对某个应用或者具体部门级的应用。

(7) 答：原始业务数据来自多个数据库或数据仓库,它们的结构和规则可能是不同的,这将导致原始数据非常杂乱、不可用,即使在同一个数据库中,也可能存在重复的和不完整的数据信息,为了使这些数据能够符合数据挖掘的要求,提高效率和得到清晰的结果,必须进行数据的预处理。为数据挖掘算法提供完整、干净、准确、有针对性的数据,减少算法的计算量,提高挖掘效率和准确程度。

(10) 答：SQL Server 提供的数据挖掘算法有关联分析算法、决策树算法、朴素贝叶斯算法、神经网络算法、回归分析算法、时序算法、聚类分析算法以及顺序和聚类分析算法等。

第 2 章

1. 单项选择题

(1) D   (2) C   (3) A   (4) D   (5) D   (6) C   (7) A   (8) B
(9) C   (10) B   (11) C   (12) D

2. 问答题

(1) 答：OLAP 是一种软件技术,它使分析人员能够迅速、一致、交互地从各个方面观察信息,以达到深入理解数据的目的。这些信息是从原始数据转换过来的,按照用户的理解,它反映了企业真实的方方面面。

OLAP 的主要特性是快速性、可分析性、多维性和信息性。

(2) 答：聚集方体是一些汇总的数据,OLAP 中包含大量的聚集方体会提高分析的效率,因为可以利用相关的现存的方体加快 OLAP 查询。

(3) 答：维是用户决策分析角度或决策分析出发点；多维数据集可以用一个多维数组来表示；维成员是指维的一个取值；多维数据集的度量值也是核心值基于多维数据集中事实表的一列或多列。

多维的切片是指对多维数据集的某一维选定一维成员。

多维的切块是指在多维数据集上对两个或两个以上的维选定维成员的操作。

（4）答：数据粒度是指多维数据集中数据的详细程度和级别。数据越详细，粒度越小级别就越低；数据综合度越高，粒度越大级别就越高。例如，地址数据中"北京市"比"北京市海淀区"的粒度小。

（7）答：University 数据仓库的星形模型如图 A.1 所示。

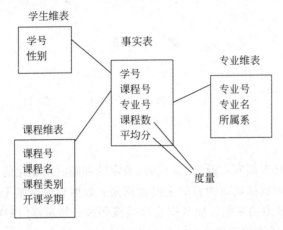

图 A.1　University 数据仓库模式

（8）答：该数据仓库的多维数据模型如图 A.2 所示，属于雪花模式。

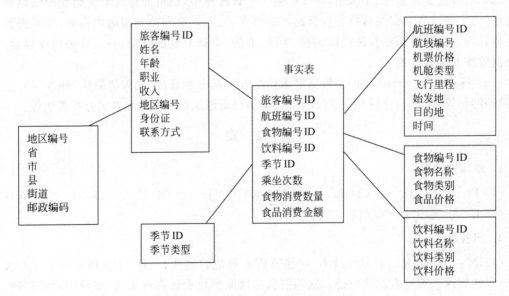

图 A.2　航空公司数据仓库模型

事实表如下：

消费事实表(旅客编号 ID,航班编号 ID,食物编号 ID,饮料编号 ID,季节 ID,乘坐次数,
　　食物消费数量,食品消费金额)

维表如下：

旅客基本情况表(旅客编号 ID,姓名,年龄,职业,收入,地区编号,身份证,联系方式)

地区表(地区编号,省,市,县,街道,邮政编号)

季节表(季节 ID,季节类型)

航班情况表(航班编号 ID,航线编号,机票价格,机舱类型,飞行里程,始发站,目的地,时间)

食品表(食品编号 ID,食品名称,食品类别,食品价格)

饮料消表(饮料编号 ID,饮料名称,饮料类别,饮料价格)

第 3 章

1. 单项选择题

(1) B　　　(2) C　　　(3) C　　　(4) B　　　(5) C　　　(6) D

2. 问答题

(1) 答：数据仓库设计的步骤为数据仓库规划与需求分析、数据仓库建模、数据仓库物理模型设计、数据仓库部署与维护。

(2) 答：维表中维的类型有结构维、信息维、分区维、分类维、退化维、一致维和父子维。

(3) 答：事实表类型有原子事实表、聚集事实表和合并事实表。

第 4 章

1. 单项选择题

(1) C　　　(2) A　　　(3) B　　　(4) C　　　(5) D

2. 问答题

(2) 答：可以。因为该查询与 OnRetDW 主题是一致的。

(3) 答：不可以。因为该查询与 OnRetDW 主题不一致。

(4) 答：MDX 与 SQL 的相同点是,都包含"选择对象"(SELECT 子句)、"数据源"(FROM 子句)以及"指定条件"(WHERE 子句)。不同点是,MDX 结合了多维数据集,指定"维度"(On 子句)和"创建表达式计算的新成员"(MEMBER 子句)。

第 5 章

1. 单项选择题

(1) C　　　(2) A　　　(3) B　　　(4) A　　　(5) A　　　(6) D　　　(7) D　　　(8) C

(9) C　　　(10) B

2. 问答题

(1) 答：找到事务数据库 D 中支持度和置信度分别满足用户指定的最小支持度阈值 min_sup 和最小置信度置阈值 min_conf 的关联规则。

(2) 答：频繁项集的所有非空子集也都必须是频繁的。这是频繁项集的先验知识,可以减少候选频繁项集的数量。

(3) 答：①找出事务数据库 D 中所有的频繁项集。②从频繁项集中产生强关联规则。

(4) 答：错误。项集有支持度的概念,而没有置信度的概念,只有规则才有置信度的概念。

(5) 答：填空结果如表 A.1 所示。

表 A.1　一个事务集合 D

事务 ID	项集	L_2	支持度%	规则	置信度%
t_1	a,d	a,b	33.3	$a \to b$	50
t_2	d,e	a,c	33.3	$c \to a$	60
t_3	a,c,e	a,d	44.4	$a \to d$	66.7
t_4	a,b,d,e	b,d	33.3	$b \to d$	75
t_5	a,b,c	c,d	33.3	$c \to d$	60
t_6	a,b,d	d,e	33.3	$d \to e$	43
t_7	a,c,d				
t_8	c,d,e				
t_9	b,c,d				

(6) 答：所有的频繁项集为 $\{a\}$，$\{b\}$，$\{a,b\}$。

(9) 答：①由事务数据库得到的 C_1 如表 A.2 所示。通过支持度计算得到 L_1 如表 A.3 所示。

表 A.2　C_1 集合

项　　集	支　持　度
{面包}	4/5
{花生酱}	3/5
{牛奶}	2/5
{啤酒}	2/5
{果冻}	1/5

表 A.3　L_1 集合

项　　集	支　持　度
{面包}	4/5
{花生酱}	3/5
{牛奶}	2/5
{啤酒}	2/5

② 由 L_1 自连接得到 C_2 并计数如表 A.4 所示。通过支持度计算得到 L_2 如表 A.5 所示。

表 A.4　C_2 集合

项　　集	支　持　度
{面包,花生酱}	3/5
{面包,牛奶}	1/5
{面包,啤酒}	1/5
{花生酱,牛奶}	1/5
{花生酱,啤酒}	0/5
{牛奶,啤酒}	1/5

表 A.5　L_2 集合

项　　集	支　持　度
{面包,花生酱}	3/5

③ C_3 为空，L_3 也为空，查找频繁项集算法结束。

④ 求强关联规则的过程如下：

因为只有一个频繁 2-项集{面包,花生酱}，通过它求强关联规则。

{面包,花生酱}的非空子集有{面包}，{花生酱}。

考虑{面包}子集，{面包}→{花生酱}的置信度 $=3/4>$ min_conf。

考虑{面包}子集，{花生酱}→{面包}的置信度 $=3/4>$ min_conf。

所以，关联规则{面包}→{花生酱}和{生酱}→{面包}均是强关联规则。

(10) 答：$20\%/25\%=80\%$。

(11) 答：已知最小支持度为 60%，对应的最小支持度计数为 3，最小置信度为 80%。求解过程如下。

① 对事务数据库进行一次扫描,计算出 D 中所包含的每个项出现的次数,生成 C_1。删除次数少于 3 的 1-项集,得到 L_1,如图 A.3 所示。

② 由 L_1 自连接产生 C_2,然后扫描事务数据库对 C_2 中的项集进行计数。删除计数少于 3 的 2-项集,得到 L_2,如图 A.4 所示。

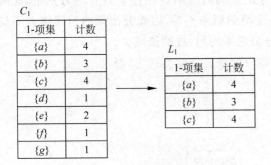

图 A.3　产生 L_1 的过程　　　　图 A.4　产生 L_2 的过程

③ 由 L_2 自连接产生 C_3,生成的 $C_3=\{\{a,b,c\}\}$,且项集 $\{a,b,c\}$ 计数为 3,即 $L_3=C_3=\{\{a,b,c\}\}$。

④ 对于唯一的频繁 3-项集 $\{a,b,c\}$,其非空真子集有 $\{a\}$、$\{b\}$、$\{c\}$、$\{a,b\}$、$\{a,c\}$、$\{b,c\}$,则:

$a\rightarrow b$ and c,置信度 $=3/4=75\%$

$b\rightarrow a$ and c,置信度 $=3/3=100\%$

$c\rightarrow a$ and b,置信度 $=3/4=75\%$

a and $b\rightarrow c$,置信度 $=3/3=100\%$

a and $c\rightarrow b$,置信度 $=3/4=75\%$

b and $c\rightarrow a$,置信度 $=3/3=100\%$

因为最小置信度为 90%,所有三个项的强关联规则为 $b\rightarrow a$ and c、a and $b\rightarrow c$、b and $c\rightarrow a$。

第 6 章

1. 单项选择题

(1) A　　(2) C　　(3) B　　(4) A　　(5) C

2. 问答题

(1) 答:决策树是用样本的属性作为结点,用属性的取值作为分支的树结构。它是利用信息论原理对大量样本的属性进行分析和归纳而产生的。决策树的根结点是所有样本中信息量最大的属性。树的中间结点是以该结点为根的子树所包含的样本子集中信息量最大的属性。决策树的叶结点是样本的类别值。

决策树用于对新样本的分类,即通过决策树对新样本属性值的测试,从树的根结点开始,按照样本属性的取值,逐渐沿着决策树向下,直到树的叶结点,该叶结点表示的类别就是新样本的类别。决策树方法是数据挖掘中非常有效的分类方法。

(2) 答:决策树分类方法所需时间相对较少;决策树的分类模型是树型结构,简单直观,比较符合人类的理解方式;决策树中从根结点到达每个叶结点的路径转换为 IF-THEN 形式的分类规则,这种形式更有利于理解。

(3) 答:通常满足以下一个即停止生长:结点达到完全纯性,树的深度达到用户指定的深度,结点中样本的个数少于用户指定的个数。

(4) 答:根据定义可知,熵值越大,类分布越均匀;熵值越小,类分布越不平衡。假设原有的结点属于各个类的概率都相等,熵值为 1,则分出来的后续结点在各个类上均匀分布,此时熵值为 1,即熵值不变。假设原有的结点属于各个类的概率不等,因而分出来的后续结点不均匀地分布在各个类上,则此时的分类比原有的分类更不均匀,故熵值减少。

(5) 答:构造的决策树如图 A.5 所示。X 客户的拖欠贷款类别为"否"。

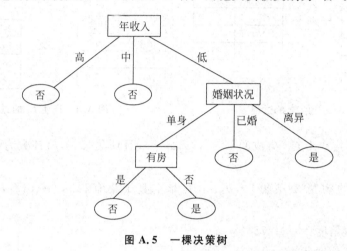

图 A.5　一棵决策树

第　7　章

1. 单项选择题

(1) C　　　(2) B　　　(3) C　　　(4) D　　　(5) D　　　(6) C

2. 问答题

(1) 答:朴素贝叶斯之所以称为朴素是因为它假设条件属性之间是相互独立的。

朴素贝叶斯分类的主要思想为:利用贝叶斯定理,计算未知样本属于某个类标号值的概率,根据概率值的大小来决定未知样本的分类结果。

(2) 答:$P(A=0|+)=2/5$,$P(A=1|+)=3/5$,$P(B=1|+)=1/5$,$P(B=0|-)=3/5$,$P(C=1|+)=4/5$,$P(C=1|-)=1$。

(3) 答:依题意,有:

$P(C_1) = P(拖欠贷款 = '是') = 3/10 = 0.3$
$P(C_2) = P(拖欠贷款 = '否') = 7/10 = 0.7$
$P(有房 = '否'|拖欠贷款 = '是') = 3/3 = 1$
$P(有房 = '否'|拖欠贷款 = '否') = 4/7 = 0.57$
$P(婚姻状况 = '已婚'|拖欠贷款 = '是') = 0/3 = 0$
$P(婚姻状况 = '已婚'|拖欠贷款 = '否') = 4/7 = 0.57$
$P(年收入 = '中'|拖欠贷款 = '是') = 0/3 = 0$
$P(年收入 = '中'|拖欠贷款 = '否') = 3/7 = 0.43$

考虑拖欠贷款＝'是'的类：

$P(X|$拖欠贷款 ＝ '是'$) \times P($拖欠贷款 ＝ '是'$) = P($有房 ＝ '否'$|$拖欠贷款 ＝ '是'$) \times P($婚姻状况 ＝ '已婚'$|$ 拖欠贷款 ＝ '是'$) \times P($年收入 ＝ '中'$|$拖欠贷款 ＝ '是'$) \times P($拖欠贷款 ＝ '是'$) = 0.$

考虑拖欠贷款＝'否'的类：

$P(X|$拖欠贷款 ＝ '否'$) \times P($拖欠贷款 ＝ '否'$) = P($有房 ＝ '否'$|$拖欠贷款 ＝ '否'$) \times P($婚姻状况 ＝ '已婚'$|$ 拖欠贷款 ＝ '否'$) \times P($年收入 ＝ '中'$|$拖欠贷款 ＝ '否'$) \times P($拖欠贷款 ＝ '否'$) = 0.57 \times 0.57 \times 0.43 \times 0.7 = 0.1.$

所以该客户的拖欠贷款类别为"否"。

第 8 章

1. 单项选择题

（1）C　　　　（2）B　　　　（3）A　　　　（4）C　　　　（5）A

2. 问答题

（2）答：用神经网络算法来解决此问题是通过学习找到一条直线,将这两个点分为上下两部分,这两个点分别落在直线的上部和下部。

（3）答：设定一个阈值 ω,当 Δw_{ij} 都小于等于该阈值时,迭代结束。

（4）答：对于三层前馈神经网络,BP 算法的学习过程如下。

① 选择一组训练样本集,每个样本由输入信息和期望的输出结果两部分组成。

② 从训练样本集中取一个样本,把输入信息输入到神经网络中。

③ 分别计算经神经元处理后的各层结点的输出。

④ 计算网络的实际输出和期望输出的误差。

⑤ 从输出层反向计算到隐藏层,并按照某种能使误差向减小方向发展的原则,调整网络中各神经元的连接权值。

⑥ 对训练样本集中的每一个样本重复③～⑤的步骤,直到对整个训练样本集的误差达到要求时为止。

（5）答：当 $x_1\, x_2\, x_3\, x_4 = 0\,0\,0\,0$ 时,$s = w_0 \times x_0 + w_1 \times x_1 + w_2 \times x_2 + w_3 \times x_3 + w_4 \times x_4 = -1 \times 1 + 0.5 \times 0 = -1, s < 0,$则 $y = -1$。

当 $x_1\, x_2\, x_3\, x_4 = 0\,0\,0\,1$ 时,$s = -1 \times 1 + 0.5 \times 1 = -0.5, s < 0,$则 $y = -1$。

当 $x_1\, x_2\, x_3\, x_4 = 0\,0\,1\,0$ 时,$s = -1 \times 1 + 0.5 \times 1 = -0.5, s < 0,$则 $y = -1$。

当 $x_1\, x_2\, x_3\, x_4 = 0\,0\,1\,1$ 时,$s = -1 \times 1 + 0.5 \times (1+1) = 0, s \geqslant 0,$则 $y = 1$。

当 $x_1\, x_2\, x_3\, x_4 = 0\,1\,0\,0$ 时,$s = -1 \times 1 + 0.5 \times 1 = -0.5, s < 0,$则 $y = -1$。

当 $x_1\, x_2\, x_3\, x_4 = 0\,1\,0\,1$ 时,$s = -1 \times 1 + 0.5 \times (1+1) = 0, s \geqslant 0,$则 $y = 1$。

当 $x_1\, x_2\, x_3\, x_4 = 0\,1\,1\,0$ 时,$s = -1 \times 1 + 0.5 \times (1+1) = 0, s \geqslant 0,$则 $y = 1$。

当 $x_1\, x_2\, x_3\, x_4 = 0\,1\,1\,1$ 时,$s = -1 \times 1 + 0.5 \times (1+1+1) = 0.5, s \geqslant 0,$则 $y = 1$。

当 $x_1\, x_2\, x_3\, x_4 = 1\,0\,0\,0$ 时,$s = -1 \times 1 + 0.5 \times 1 = -0.5, s < 0,$则 $y = -1$。

当 $x_1\, x_2\, x_3\, x_4 = 1\,0\,0\,1$ 时,$s = -1 \times 1 + 0.5 \times (1+1) = 0, s \geqslant 0,$则 $y = 1$。

结论：如果将 $x_1\, x_2\, x_3\, x_4$ 看作是一个十进制整数 x 的二进制表示,该神经网络将 $x = 2^i$ （如 0、1、2、4、8、…）的整数划分为一类,其他整数划分为另一类。

第 9 章

1. 单项选择题

(1) D　　(2) C　　(3) B　　(4) C　　(5) A

2. 问答题

(1) 答：回归分析(Regression Analysis)是利用数据统计原理，对大量统计数据进行数学处理，并确定因变量与某些自变量的相关关系，建立一个相关性较好的回归方程，并加以外推，用于预测今后的因变量的变化的分析方法。

(3) 答：常见的回归分析类型有线性回归、非线性回归和逻辑回归等。

(4) 答：令 $y_1 = \dfrac{2}{y}$，$x_1 = \dfrac{1}{x}$，得到 $y_1 = a + bx_1$，从而将其转换为线性回归关系。

(5) 答：线性回归的输出可以是很大范围的数，例如从负无穷到正无穷。逻辑回归的输出结果在 0～1 之间。

第 10 章

1. 单项选择题

(1) C　　(2) D　　(3) A　　(4) D　　(5) B

2. 问答题

(2) 答：影响时间序列变化的有长期趋势、季节变动、循环波动和不规则变化 4 个要素。

(3) 答：回归分析与时间序列分析的不同点如下。

① 时间序列分析方法明确强调变量值顺序的重要性，而回归分析方法则不必如此。

② 时间序列各观测值之间存在一定的依存关系，而回归分析一般要求每一变量各自独立。

③ 时间序列分析根据序列自身的变化规律来预测未来，而回归分析则根据某一变量与其他变量间的因果关系来预测该变量的未来。

④ 时间序列是一组随机变量的一次样本实现，而回归分析的样本值一般是对同一随机变量进行 n 次独立重复实验的结果。

(4) 答：移动平均法就是根据历史统计数据的变化规律，使用最近时期数据的平均数，利用上一个或几个时期的数据产生下一期的预测值。

(5) 答：指数平滑法对各期观测值依时间顺序进行加权平均作为预测值。它认为时间序列的态势具有稳定性或规则性，所以时间序列可被合理地顺势推延，最近的过去态势，在某种程度上会持续到未来，因此将较大的权数放在最近的事例上。

第 11 章

1. 单项选择题

(1) C　　(2) D　　(3) B　　(4) C　　(5) C　　(6) A　　(7) B　　(8) A

2. 问答题

(2) 答：聚类是将数据对象划分为相似对象组的过程，使得同一组中对象相似度最大而不同组中对象相似度最小。

主要的聚类算法类型有基于划分的算法、基于层次的算法、基于密度的算法、基于网格的算法和基于模型的算法。

(3) 答：①如电子商务网站中的客户群划分。根据客户的个人信息、消费习惯、浏览行为等信息，计算客户之间的相似度，然后采用合适的聚类算法对所有客户进行类划分；基于得到的客户群信息，企业可以制定相应的营销策略，如交叉销售，根据某个客户群中的其中一个客户的购买商品推荐给另外一个未曾购买此商品的客户。

② 如电子商务网站中的推荐系统。电子商务网站可以根据得到的客户群，采用关联规则对每个客户群生成消费习惯规则，检测客户的消费模式，这些规则或模式可以用于商品推荐。其中客户群可以通过聚类算法来预先处理获取得到。

附录 B　上机实验题参考答案

第 4 章

✍上机实验题设计

（1）对应的 MDX 查询如下：

```
SELECT  NON EMPTY { [Age].[年龄层次].[年龄层次]} On COLUMNS,
   {[Locates].[省份].members } On ROWS
FROM SDW
```

（2）对应的操作如图 B.1 所示。

（3）对应的 MDX 查询如下：

```
SELECT  NON EMPTY { [Age].[年龄层次].[年龄层次]} On COLUMNS,
   NON EMPTY{ [Locates].[层次结构].[地区].members } On ROWS
FROM SDW
WHERE ([Products].[分类].&[电脑办公],[Measures].[金额])
```

（4）对应的操作如图 B.2 所示。

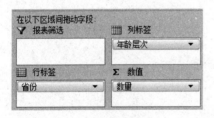　　　　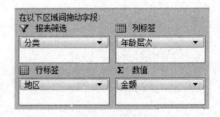

　　　图 B.1　Excel 操作　　　　　　　　　　图 B.2　Excel 操作

第 5 章

✍上机实验题设计

操作步骤如下：

（1）启动 SQL Server Data Tools，打开 OnRetDM 项目，重新设置挖掘结构 Ass Main. dmm 的参数如图 B.3 所示。

（2）重新部署 OnRetDM 项目，单击"挖掘模型查看器"下的"项集"，显示满足条件的所有频繁项集，如图 B.4 所示。

（3）单击"挖掘模型查看器"下的"规则"，显示满足条件的所有强关联规则，如图 B.5 所示。

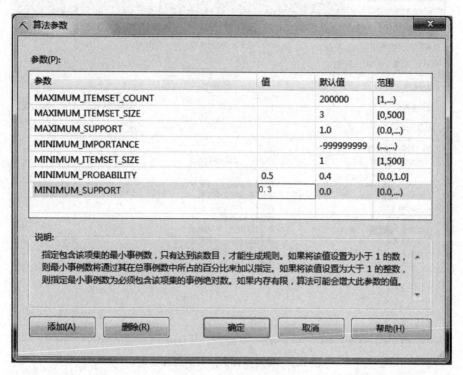

图 B.3 设置算法参数

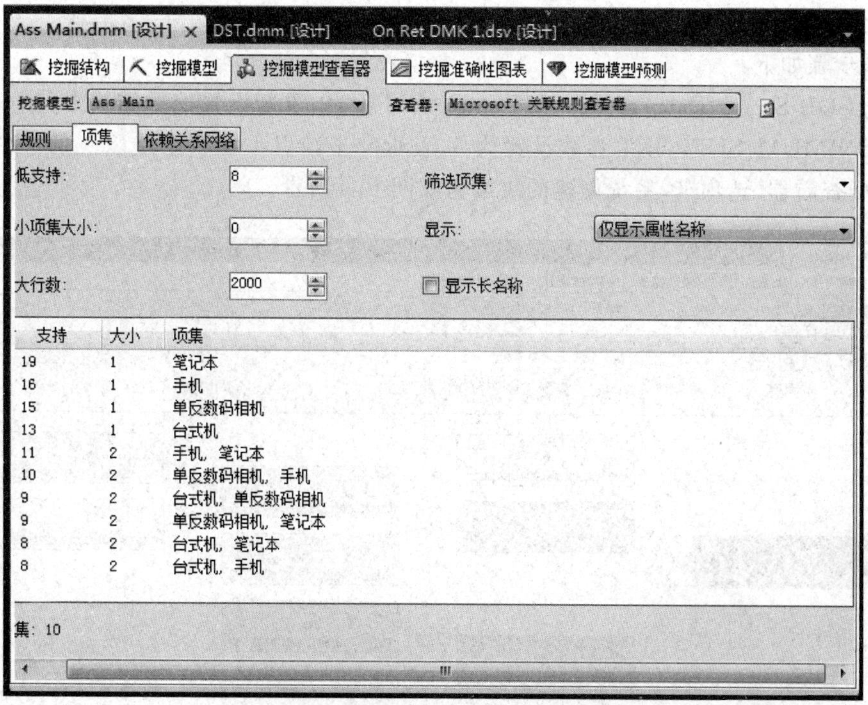

图 B.4 满足条件的所有频繁项集

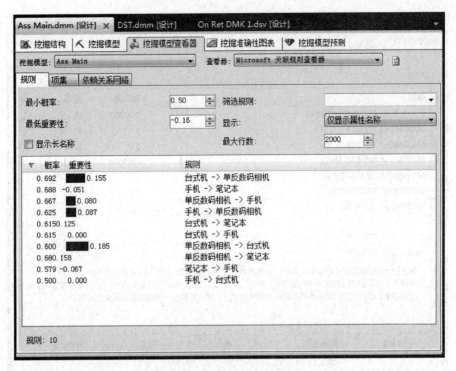

图 B.5　满足条件的所有强关联规则

第 6 章

✍ **上机实验题设计**

操作步骤如下：

启动 SQL Server Data Tools，打开 OnRetDM 项目，重新设置挖掘结构 DST.dmm 的参数（将 MINIMUM_SUPPORT 参数设置为 5，表示叶子结点中含 5 个或以上的事件）。单击"挖掘模型查看器"选项卡，系统创建的决策树如图 B.6 所示。

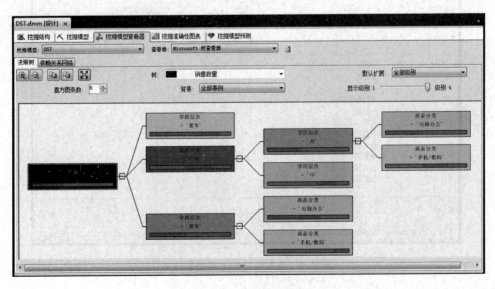

图 B.6　创建的决策树

所有的决策规则如下：

IF 年龄层次 = '老年' THEN 销售数量 = '高'

IF 年龄层次 = '青年' and 商品分类 = '电脑办公' THEN 销售数量 = '低'

IF 年龄层次 = '青年' and 商品分类 = '手机/数码' THEN 销售数量 = '中'

IF 年龄层次 = '中年' and 学历层次 = '高' and 商品分类 = '电脑办公' THEN 销售数量 = '低'

IF 年龄层次 = '中年' and 学历层次 = '高' and 商品分类 = '手机/数码' THEN 销售数量 = '中'

IF 年龄层次 = '中年' and 学历层次 = '中' THEN 销售数量 = '中'

第　7　章

✍ 上机实验题设计

操作步骤如下：

启动 SQL Server Data Tools，打开 OnRetDM 项目，像创建 Bayes. dmm 的过程一样，新建一个贝叶斯挖掘结构 Bayes1. dmm。在该挖掘结构的"算法参数"对话框中将 MINIMUM_DEPENDENCY_PROBABLITY 设定为 0.01。

单击"挖掘模型查看器"选项卡，系统创建的依赖关系网络如图 B.7 所示，发现仅仅年龄层次与购买的商品分类相关，而学历与之无关。

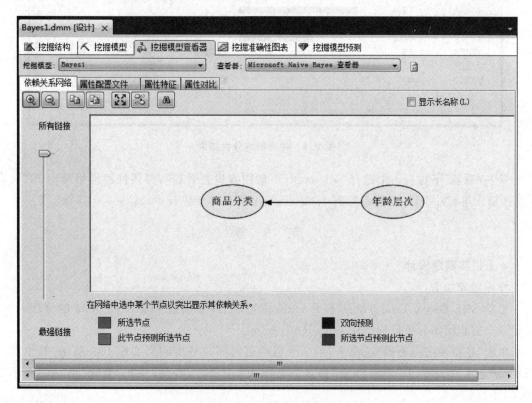

图 B.7　依赖关系网络

第　8　章

✍ 上机实验题设计

操作步骤如下：

启动 SQL Server Data Tools，打开 OnRetDM 项目，像创建 BP.dmm 的过程一样，新建一个神经网络挖掘结构 BP1.dmm。

单击"挖掘模型查看器"选项卡，出现的神经网络挖掘结果如图 B.8 所示。看到"老年"层次的顾客倾向于购买"电脑办公"类商品。

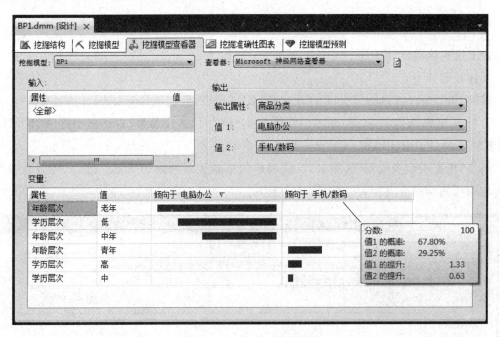

图 B.8　神经网络分类结果

从"查看器"下拉列表中选择"Microsoft 一般内容树查看器"，得到神经网络模型 BP 共有 3 层。输入层有 6 个结点，隐藏层有 13 结点，输出层有 2 个结点。

第　9　章

✍ 上机实验题设计

操作步骤如下：

启动 SQL Server Data Tools，打开 OnRetDM 项目，像创建 LogicRA.dmm 的过程一样，新建一个逻辑回归分析挖掘结构 LogicRA1.dmm。

单击"挖掘模型查看器"选项卡，系统生成的逻辑回归分析结果如图 B.9 所示，其中第一行表示"老年"顾客购买"电脑办公"商品的概率为 76.22%，购买"手机/数码"商品的概率为 20.84%。

单击"挖掘准确性图标"选项卡中的"输入选择"，再单击"指定其他数据集"后面的 ▭▭▭ 按钮，选择事例表为 On Ret DMK 1.dsv 数据源视图的 DST 表。返回后单击"提升图"，产生的回归分析提升图如图 B.10 所示，从中看到 LogicRA 模型的总体正确率为 32.56%。

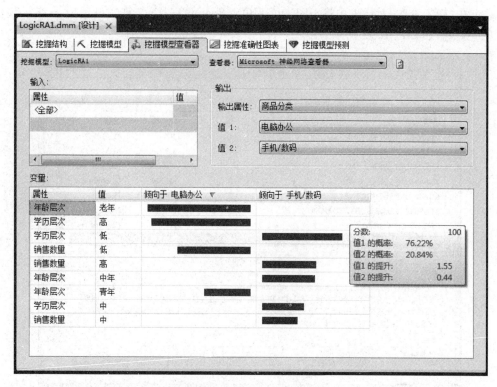

图 B.9　逻辑回归分析结果

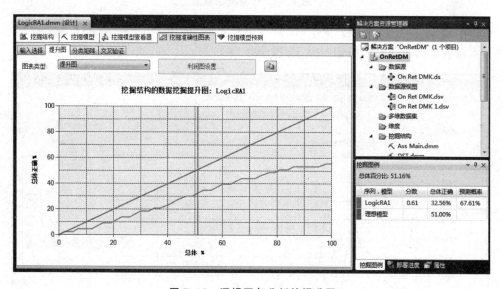

图 B.10　逻辑回归分析的提升图

第 10 章

✍ 上机实验题设计

操作步骤如下：

（1）启动 SQL Server Data Tools，打开 OnRetDM 项目，按照 10.5 节的步骤创建时间序列挖掘结构 TS.dmm。

（2）在"算法参数"对话框中将 PREDICTION_SMOOTHING 算法设置为 0，表示仅仅使用 ARTXP 算法，如图 B.11 所示。

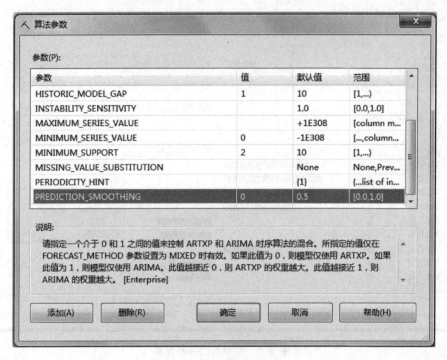

图 B.11　设置算法参数

重新部署 OnRetDM 项目。单击"挖掘模型查看器"选项卡，并将"预测步骤"增大为 10，系统显示该模型的时间序列图如图 B.12 所示。

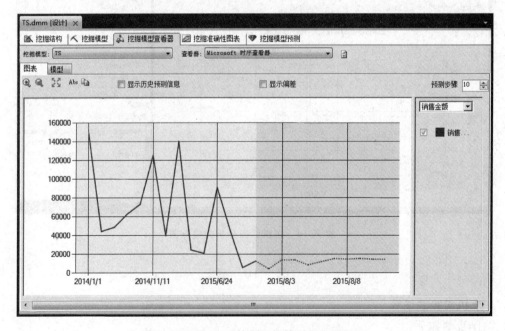

图 B.12　TS.dmm 挖掘结构的时间序列图一

单独采用 ARTXP 算法时,2015 年 8 月 8 日的预测结果为 14 879。

（3）再次打开"算法参数"对话框,将 PREDICTION_SMOOTHING 算法设置为 1,表示仅仅使用 ARIMA 算法。

重新部署 OnRetDM 项目。单击"挖掘模型查看器"选项卡,并将"预测步骤"增大为 10,系统显示该模型的时间序列图如图 B.13 所示。

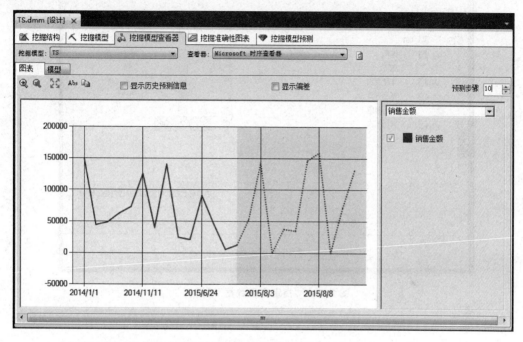

图 B.13　TS.dmm 挖掘结构的时间序列图二

单独采用 ARIMA 算法时,2015 年 8 月 8 日的预测结果为 159 065。从中看到,ARIMA 算法注重长期趋势,而 ARTXP 算法注重短期趋势。

第 11 章

✍上机实验题设计

操作步骤如下:

（1）启动 SQL Server Data Tools,打开 OnRetDM 项目,按照 11.4 节的步骤创建聚类挖掘结构 Cluster1.dmm。其定型数据设置如图 B.14 所示,指定"挖掘结构名称"和"挖掘模型名称"为 Cluster1。

（2）在"算法参数"对话框设置参数如图 B.15 所示,使用 EM 算法。

（3）重新部署 OnRetDM 项目。单击"挖掘模型查看器"选项卡中的"分类剖面图",其显示结果如图 B.16 所示。

（4）再次打开"算法参数"对话框,将 CLUSTERING_METHOD 参数改为 4,使用 k-means 算法。

（5）重新部署 OnRetDM 项目。单击"挖掘模型查看器"选项卡中的"分类剖面图",其显示结果如图 B.17 所示。

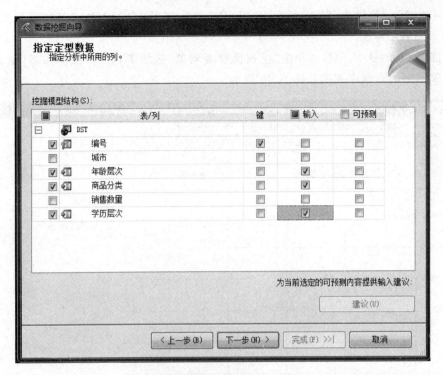

图 B.14　"指定定型数据"对话框

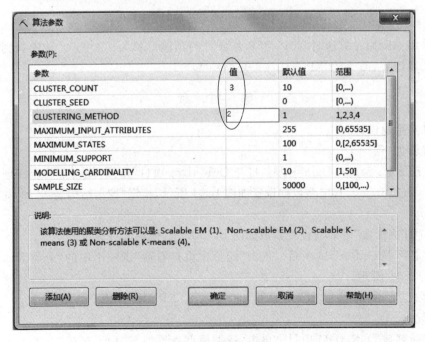

图 B.15　设置算法参数

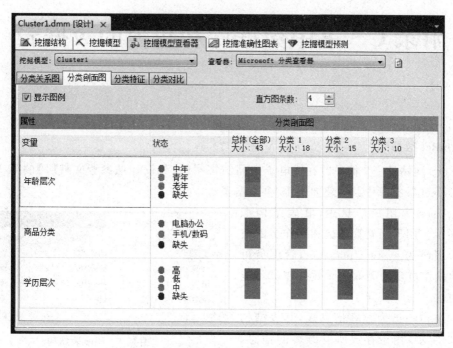

图 B.16 EM 算法得到的"分类剖面图"

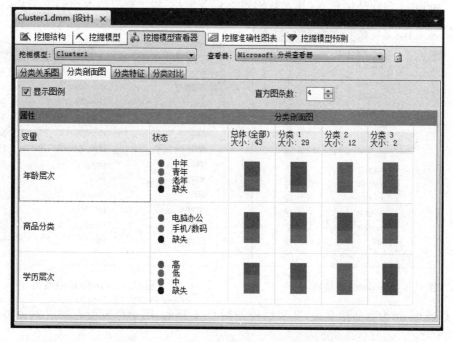

图 B.17 *k*-means 算法得到的"分类剖面图"

附录C 书中数据库和包含的数据表

1. OnRet 数据库

OnRetS 网站是一个简单的在线电子产品销售网站(其设计见参考文献【1】的第 15 章)。对应的 OnRet 数据库中共创建如下 10 个数据表。

(1) User 为用户信息表,其表结构如图 C.1 所示。用于存放管理员和操作员的信息。根管理员为 system/manager,管理员可以让其他操作员变为无效。无效操作员不能登录本网站。

图 C.1 User 表结构

(2) Customer 为顾客信息表,其表结构如图 C.2 所示,用于存放所有顾客的信息。管理员可以让每个顾客变为无效,无效顾客不能登录本网站。

(3) Products 为商品信息表,其表结构如图 C.3 所示,用于存放所有商品的信息。

图 C.2 Customer 表结构

图 C.3 Products 表结构

(4) Comment 为商品信息表,其表结构如图 C.4 所示,用于存放所有顾客对商品的评价信息。

(5) Area 为地区层次结构表,其表结构如图 C.5 所示,用于商品销售分析以及顾客地区结构分析。其中"编号"列是一个标识规范列,其值是自动增长的。

(6) Education 为顾客学历表,其表结构如图 C.6 所示,用于顾客学历结构分析。其中"编号"列也是标识规范列,其值是自动增长的。

LCB-PC.OnRet - dbo.Comment ×		
列名	数据类型	允许 Null 值
商品编号	char(20)	☑
用户名	char(20)	☑
评语	char(200)	☑
分数	int	☑
		☐

图 C.4　Comment 表结构

LCB-PC.OnRet - dbo.Area ×		
列名	数据类型	允许 Null 值
编号	int	☐
地区	char(10)	☑
省份	char(10)	☑
市	char(10)	☑
县	char(10)	☑
		☐

图 C.5　Area 表结构

（7）ProdType 为商品分类表，其表结构如图 C.7 所示，用于商品分类结构分析。其中"编号"列也是标识规范列，其值是自动增长的。

LCB-PC.OnRet - dbo.Education ×		
列名	数据类型	允许 Null 值
编号	int	☐
学历	char(10)	☑
		☐

图 C.6　Education 表结构

LCB-PC.OnRet - dbo.ProdType ×		
列名	数据类型	允许 Null 值
编号	int	☐
分类	char(20)	☑
子类	char(20)	☑
品牌	char(20)	☑
		☐

图 C.7　ProdType 表结构

（8）ShoppingCart 为商品购物车表，其表结构如图 C.8 所示，用于存放顾客放入购物车的商品信息。

（9）OrderForm 为商品订单表，其表结构如图 C.9 所示，用于存放所有顾客的订单信息。

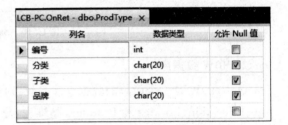

LCB-PC.OnRet - dbo.ShoppingCart ×		
列名	数据类型	允许 Null 值
用户名	char(20)	☑
商品编号	char(20)	☑
分类	char(20)	☑
子类	char(20)	☑
品牌	char(20)	☑
型号	char(20)	☑
图片	char(50)	☑
单价	float	☑
数量	int	☑
金额	float	☑
		☐

图 C.8　ShoppingCart 表结构

LCB-PC.OnRet - dbo.OrderForm ×		
列名	数据类型	允许 Null 值
订单号	int	☑
日期	date	☑
用户名	char(20)	☑
姓名	char(20)	☑
地区	char(10)	☑
省份	char(10)	☑
市	char(10)	☑
县	char(10)	☑
住址	char(40)	☑
邮箱	char(40)	☑
电话	char(20)	☑
总数量	int	☑
总金额	float	☑
处理否	bit	☑
结算否	bit	☑
		☐

图 C.9　OrderForm 表结构

（10）Sales 为商品销售表，其表结构如图 C.10 所示，用于存放所有商品销售信息。

图 C.10　Sales 表结构

2. SDW 数据库

OnRetDW 是一个简单的数据仓库系统，对应的 SDW 数据库中包含 5 个表，其中 Dates、Age、Education、Locates 和 Products 是维表，分别表示日期维、年龄维、学历维、地区维和商品类型维，它们的表结构分别如图 C.11～C.15 所示。

图 C.11　Dates 维表结构

图 C.12　Age 维表结构

图 C.13　Education 维表结构

图 C.14　Locates 维表结构

SDW 数据库中的 Sales 表是数据仓库的事实表，其表结构如图 C.16 所示。

说明：SDW 数据库文件位于"D：\数据仓库和数据挖掘\数据仓库\Data"文件夹中。OnRetDW 数据仓库系统位于"D：\数据仓库和数据挖掘\数据仓库\OnRetDW"文件夹中。数据加载 ETL 项目位于"D：\数据仓库和数据挖掘\数据仓库\ETL"文件夹中。

图 C. 15　Products 维表结构

图 C. 16　Sales 事实表结构

3. OnRetDMK 数据库

电子商务数据挖掘项目 OnRetDM 对应的数据库是 OnRetDMK，包含的 AssMain 和 AssSub 表用于关联分析，它们的表结构分别如图 C. 17 和图 C. 18 所示。

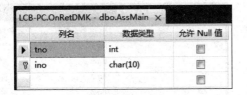

图 C. 17　AssMain 表结构

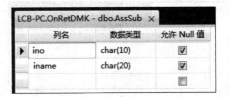

图 C. 18　AssSub 表结构

说明：OnRetDMK 数据库文件位于"D:\数据仓库和数据挖掘\数据挖掘\DB"文件夹中。OnRetDM 项目文件位于"D:\数据仓库和数据挖掘\数据挖掘\OnRetDM"文件夹中。

OnRetDMK 数据库中的 DST 表存放从 OnRetDW 数据仓库系统的 SDW 数据库中提取的训练样本数据，用于创建决策树分类、贝叶斯分类、神经网络、逻辑回归和聚类分析挖掘模型。其表结构如图 C. 19 所示。

OnRetDMK 数据库中的 TS 表存放从 OnRetDW 数据仓库系统的 SDW 数据库中提取训练样本数据，用于创建时间序列分析挖掘模型。其表结构如图 C. 20 所示。

图 C. 19　DST 表结构

图 C. 20　TS 表结构

4. DMK 数据库

示例数据挖掘项目 DM 对应的数据库是 DMK，包含的 AssMain 和 AssSub 表用于关联分析，它们的表结构分别如图 C. 21 和 C. 22 所示。

LCB-PC.DMK - dbo.AssMain ×		
列名	数据类型	允许 Null 值
▶ tno	int	☐
⌙ ino	int	☐
		☐

图 C.21 AssMain 表结构

LCB-PC.DMK - dbo.AssSub ×		
列名	数据类型	允许 Null 值
▶ ino	int	☑
[lineno]	int	☑
iname	char(10)	☑
		☐

图 C.22 AssSub 表结构

说明：DMK 数据库文件位于"D:\数据仓库和数据挖掘\数据挖掘\DB"文件夹中。DM 项目文件位于"D:\数据仓库和数据挖掘\数据挖掘\DM"文件夹中。

DMK 数据库中的 DST 表存放第 6 章表 6.4 的训练数据集，用于创建决策树分类算法、贝叶斯分类、神经网络和聚类分析挖掘模型。其表结构如图 C.23 所示。

DMK 数据库中的 RAT 存放到第 9 章表 9.2 中的数据记录，用于创建线性回归挖掘模型。其表结构如图 C.24 所示。

LCB-PC.DMK - dbo.DST ×		
列名	数据类型	允许 Null 值
▶⌙ 编号	int	☐
年龄	char(10)	☑
收入	char(10)	☑
学生	char(10)	☑
信誉	char(10)	☑
购买计算机	char(10)	☑
		☐

图 C.23 DST 表结构

LCB-PC.DMK - dbo.RAT ×		
列名	数据类型	允许 Null 值
▶⌙ no	int	☐
X1	float	☑
X2	float	☑
X3	float	☑
X4	float	☑
Y	float	☑
		☐

图 C.24 RAT 表结构

DMK 数据库中的 LogicRAT 存放到第 9 章表 9.5 中的数据记录，用于创建逻辑回归挖掘模型。其表结构如图 C.25 所示。

DMK 数据库中的 TS 表存放第 10 章表 10.1 的数据，用于创建时间序列分析挖掘模型。其表结构如图 C.26 所示。

LCB-PC.DMK - dbo.LogicRAT ×		
列名	数据类型	允许 Null 值
▶⌙ no	int	☐
X1	int	☑
X2	int	☑
X3	int	☑
Y	int	☑
		☐

图 C.25 LogicRAT 表结构

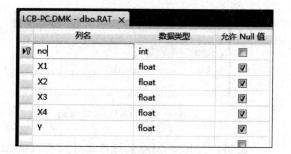

LCB-PC.DMK - db...PC.DMK - dbo.TS* ×		
列名	数据类型	允许 Null 值
⌙ T	date	☐
▶ SL	float	☑
		☐

图 C.26 TS 表结构

参 考 文 献

[1] 李春葆等.电子商务网站开发教程——基于 C♯＋ASP.NET 4.5.北京:清华大学出版社,2016.

[2] 李春葆等.数据仓库与数据挖掘实践.北京:电子工业出版社,2014.

[3] Jiawei Han,Micheling Kamber.数据挖掘概念与技术(第 2 版).范明,孟小峰译.北京:机械工业出版社,2007.

[4] Pang-Ning Tan,Michael Steinbach,Vipin Kumber.数据挖掘导论.范明,范宏建等译.北京:人民邮电出版社,2011.

[5] W. H. Inmon.数据仓库.王志海译.北京:机械工业出版社,2000.

[6] 邵峰晶,于忠清,王金龙,孙仁诚.数据挖掘原理与算法(第二版).北京:科学出版社,2009.

[7] 王丽珍,周丽华,陈红梅,肖清.数据仓库与数据挖掘原理及应用(第二版).北京:科学出版社,2009.

[8] 谢邦昌.数据挖掘基础与应用(SQL Server 2008).北京:机械工业出版社,2012.

[9] 谢邦昌,郑宇庭,苏志雄. SQL Server 2008 R2 数据挖掘与商业智能基础及高级案例实战.北京:中国水利水电出版社,2011.

[10] 李爱国,库向阳.数据挖掘原理、算法及应用.西安:西安电子科技大学出版社,2012.

[11] 蒋盛益,李霞,郑琪.数据挖掘原理与实践.北京:电子工业出版社,2011.

[12] 毛国君,段立娟,王实,石云.数据挖掘原理与算法(第二版).北京:清华大学出版社,2007.

[13] 王珊,李翠平,李盛恩.数据仓库与数据分析教程.北京:高等教育出版社,2012.

[14] 陈志泊.数据仓库与数据挖掘.北京:清华大学出版社,2009.

[15] 朱明.数据挖掘导论.合肥:中国科学技术大学出版社,2012.

[16] 李雄飞,董元方,李军.数据挖掘与知识发现(第 2 版).北京:高等教育出版社,2010.

[17] 周根贵.数据仓库与数据挖掘(第二版).杭州:浙江大学出版社,2011.

[18] 李志刚,马刚.数据仓库与数据挖掘的原理及应用.北京:高等教育出版社,2008.

[19] 夏火松.数据仓库与数据挖掘技术(第二版).北京:科学出版社,2011.

教 学 资 源 支 持

敬爱的教师：

感谢您一直以来对清华版计算机教材的支持和爱护。为了配合本课程的教学需要，本教材配有配套的电子教案(素材)，有需求的教师请到清华大学出版社主页(http://www.tup.com.cn)上查询和下载，也可以拨打电话或发送电子邮件咨询。

如果您在使用本教材的过程中遇到了什么问题，或者有相关教材出版计划，也请您发邮件告诉我们，以便我们更好地为您服务。

我们的联系方式：

地　　址：北京海淀区双清路学研大厦 A 座 707

邮　　编：100084

电　　话：010－62770175－4604

课件下载：http://www.tup.com.cn

电子邮件：weijj@tup.tsinghua.edu.cn

教师交流 QQ 群：136490705

教师服务微信：itbook8

教师服务 QQ：883604

(申请加入时，请写明您的学校名称和姓名)

用微信扫一扫右边的二维码，即可关注计算机教材公众号。

扫一扫
课件下载、样书申请
教材推荐、技术交流